网络安全技术丛书

# 物联网信息安全技术

张小松 | 刘小珍 | 牛伟纳 ◎著

人民邮电出版社
北京

图书在版编目（CIP）数据

物联网信息安全技术 / 张小松，刘小珍，牛伟纳著
. -- 北京 : 人民邮电出版社，2022.12
（网络安全技术丛书）
ISBN 978-7-115-50571-2

Ⅰ．①物… Ⅱ．①张… ②刘… ③牛… Ⅲ．①物联网
—信息安全 Ⅳ．①TP393.4②TP18

中国版本图书馆CIP数据核字(2021)第235983号

## 内容提要

本书旨在帮助读者全面、系统地掌握物联网（IoT）安全的相关知识、原理和技术。本书从 IoT 的认识、理解与安全概述开始，详细介绍攻击界面、漏洞威胁和网络安全危害等重点知识，然后针对智能家居、智能汽车、智能穿戴设备等典型应用场景，详细分析其中存在的安全风险，最后介绍 IoT 安全分析的技术、方法和所用工具，并展望了信息技术的发展可能为 IoT 安全带来的影响。

本书可作为计算机、网络通信、信息安全、软件工程等相关专业的参考用书，也可作为物联网及安全行业从业者、对信息安全感兴趣的读者的自学读物。

◆ 著　　张小松　刘小珍　牛伟纳
责任编辑　吴晋瑜
责任印制　王　郁　焦志炜
◆ 人民邮电出版社出版发行　北京市丰台区成寿寺路 11 号
邮编　100164　电子邮件　315@ptpress.com.cn
网址　https://www.ptpress.com.cn
大厂回族自治县聚鑫印刷有限责任公司印刷
◆ 开本：800×1000　1/16
印张：13　2022 年 12 月第 1 版
字数：296 千字　2022 年 12 月河北第 1 次印刷

定价：69.80 元

读者服务热线：(010)81055410　印装质量热线：(010)81055316
反盗版热线：(010)81055315
广告经营许可证：京东市监广登字 20170147 号

# 推荐序

近年来，随着通信技术的发展，第五代移动通信技术已经面世，为物联网技术的应用提供了更为广阔的平台。同时，芯片的工艺与架构也在稳步前进，使得物联网设备拥有了更强大的功能。这些都将促进物联网技术的应用，但是相关的安全问题也随之而来。物联网技术的目标是“万物互联”，随着“万物互联”时代大幕的拉开，与物联网技术相关的安全问题也面临着更为广泛、更为严重的威胁。

目前人们的研究热情与精力主要集中在物联网技术的研发与应用上，关于物联网技术应用过程中的安全问题虽然在一定程度上引起了人们的关注，但是其相关研究还处于较为不成熟的阶段。2015 年乌克兰电网被攻击、2017 年发生在俄罗斯的电网渗透、2018 年 Twitter 被曝用户密码泄露……物联网安全事件频频发生，这在很大程度上制约着物联网技术的应用与发展。

目前，国内物联网安全类相关图书较少，本书从攻防的角度全面讲解了物联网安全领域的相关问题及其应对方式，为读者提供了一种新的阅读角度。具体来讲，本书从概念出发，从物联网及其安全入手，深化了读者对物联网与物联网安全的认知；接着，对物联网“安全威胁”的攻击方式、应用场景以及危害进行了详细的描述与讲解，让读者对物联网安全问题有更加深入的认识；最后，讲解了多种应对物联网威胁的方式，让读者了解应对物联网安全威胁的思路与最新的技术。本书按照“概念—具体案例—应对方式”的思路组织内容，逻辑清晰、条理清楚，适合初学者了解物联网安全领域的相关技术，也适合安全从业人员进一步了解在物联网环境下所面临的新威胁与应对这些威胁的新思路。

本书由我熟悉的网络安全领域的教授与同事编写，他们长期在第一线进行相关项目的研究工作，有着丰富的研究经验和扎实的理论基础。编写高质量的技术图书，需要丰富的科研经验，还需要对国际上相关领域的发展前沿有着准确的把握和了解，而这些正是本书的编写团队所具备的。本书的编写，结合了大量的国内外文献与作者在科研过程中所面临的问题与解决方式，做到了理论与实践的结合；同时也加入了作者对相关问题的认识，生动形象地阐明了物联网安全的相关概念，是一本不可多得的、面向初学者的物联网安全技术类图书。

朱中梁

中国科学院院士

# 前言

改革开放40多年来，从互联网到物联网，网络技术的变革不仅见证了时代进步，也重新定义了人们的生活方式。“物联网”这一概念自2005年被正式提出后，联网设备数量快速增长，据高德纳公司预计，其复合年均增长率高达40%；随着5G通信技术的发展，“万物互联”产业规模不断扩大，相关企业如雨后春笋般不断涌现，据统计，仅我国物联网市场规模就已破万亿。物联网拉近了物理世界与虚拟世界的距离，促进了世界信息产业的发展，提高了人们的生产效率，改善了人们的生活质量。随着物联网技术的持续发展和人们对物联网认识的不断深入，物联网被赋予了新的内涵，由此衍生出新的应用场景以及众多与之结合的线上、线下新型经济模式，物联网的行业渗透率快速提升，跨界应用迅速崛起。

数以亿计的设备加入物联网，给人们的生产、生活带来极大便利，然而其网络安全问题也不可忽视。目前，国内虽有网络安全标准但尚未形成完善体系，部分智能设备制造商在产品研发过程中缺乏安全意识和安全投入，给物联网安全埋下隐患。不少电影中的情节也引发了人们对物联网安全的担忧，例如在《速度与激情8》中，反派为了制造混乱的道路环境，入侵了道路上甚至车店里的汽车系统，使得所有汽车进入了自动驾驶模式，一起涌向街道，顿时车祸横生，给人们的生命财产安全造成了极大的威胁。电影场景中出现的物联网攻击事件并非凭空设想，美国网络安全专家查利•米勒（Charlie Miller）和克里斯•瓦拉塞克（Chris Valasek）曾“黑入”了一辆切诺基吉普车系统，并远程控制了车的行驶速度，操控其空调、雨刮器、电台等设备，甚至把车“开进沟里”。物联网被攻击事件屡屡发生，不只局限于智能汽车行业，还延伸到智能家居、视频监控、智能医疗等其他领域。媒体曾报道世界各地某些物联网设备因存在漏洞或弱口令而被控制利用、开展大规模DDoS攻击的案例，造成巨大经济损失。一旦发生严重的物联网安全事件，除了隐私信息泄露、经济损失以外，交通、能源、金融、电信等方面的关键基础设施也可能会受到威胁。显然，物联网安全需要国家、行业以及民众高度重视。

目前，国内的物联网设备安全类图书较少，本书从攻防的角度全面讲解物联网设备安全领域的相关问题与应对方式，面向物联网技术爱好者尤其是安全从业者和大专院校学生，针对物联网设备安全问题和安全技术进行广泛分析和探讨。

本书共包括10章内容。第1章和第2章侧重于物联网及其安全的基础知识介绍；第3～5章从攻击界面、漏洞威胁和网络安全危害三个方面，对物联网系统的安全研究切入点、典型漏洞和虚拟现实方面的危害进行系统性讨论，这部分内容具有普适性；第6～8章针对智能家居、智能汽车、智能穿戴等应用场景的具体特点，开展安全分析和案例介绍，提供全面的学习素材；第9、

10 章着重介绍物联网安全分析的技术及工具，并提出未来结合 5G、AI 等技术可能的发展趋势，既为读者提供学习、实践的机会，又利于读者对研究趋势的把握。

本书内容主要源于电子科技大学网络空间安全研究院、成都网域探行科技有限公司等近年来在网络系统安全领域的研究成果。在编写本书的过程中，写作团队得到了国家自然科学基金项目（61572115）和国家重点研发计划“网络空间安全”重点专项（2016QY04W800）的大力支持。相关老师、博士研究生、硕士研究生和科研人员在张小松教授的带领下共同完成本书的编写。张小松院士设计了本书的总体架构，组织并指导各章的编写工作；刘小珍老师负责第 1～5、9、10 章的编写工作；牛伟纳老师负责第 6～8 章的编写工作。此外，启明星辰信息技术集团股份有限公司的王东博士负责对本书的关键原理知识和重点案例进行梳理；肖海斌等同学收集、整理了相关的论文、文献和其他素材，并参与了部分内容的修订。感谢人民邮电出版社各位编辑的精心编校，没有大家的辛勤努力和耕耘，本书就无法顺利和读者见面。

由于笔者水平有限，书中难免有疏漏之处，敬请广大读者批评指正。

# 目录

# 第1章 认识与理解 IoT

本章先介绍 IoT 的基本含义，然后逐步介绍其体系结构（包括 IoT 网络架构、智能硬件设备、移动智能终端、IoT 云端资源、IoT 通信管道和 IoT 通信协议），旨在让读者对 IoT 有一个直观的认识，为学习后续内容打下基础。

## 1.1 IoT 的基本含义

### 1.1.1 起源和发展

信息技术和网络技术的快速发展，让我们的工作和生活日新月异。在现实世界中，与我们紧密相关的信息网络主要有三大类：第一类是传统的互联网（Internet），即“计算机互联网”，它是其他网络类型的根基；第二类是“移动互联网”（Mobile Internet，MI），即把传统互联网的技术、平台、应用与移动通信技术、移动终端相结合的网络类型，其正向应用和安全性已为学术界和产业界所广泛研究，因此本书不进行重复介绍；**第三类是物联网（Internet of Things，IoT），它是在前两类网络基础上延伸发展的网络类型，目前正处于高速发展阶段，各类应用层出不穷，这是本书的主要介绍内容**。此外，工业物联网（Industrial Internet of Things，IIoT）也是一类常见的网络，主要由大量工业设备联网构成，学术界和产业界将其归为另一类网络，因此也不将其列入本书探讨的范畴。

IoT 是“信息化时代”的一个重要组成部分。事实上，它由来已久。早在 1995 年，比尔·盖茨在 *The Road Ahead* 一书对未来的描述中，就已提及“物联网”的构想：“互联网仅仅实现了计算机的联网而没有实现万事万物的互联。虽然现在看来这些预测不太可能实现，甚至有些荒谬，但是我保证这是本严肃的书，而绝不是戏言，十年后我的观点将会得到证实。”1999 年，麻省理工学院 Auto-ID 中心的 Ashton 教授在研究射频识别（Radio Frequency Identification，RFID）时首次提出了“物联网”的概念，但由于当时的技术条件和社会条件都还不成熟，这一概念提出之后未能得到重视。2005 年，国际电信联盟（International Telecommunications Union，ITU）发布的《ITU 互联网报告 2005：物联网》报告中指出“无所不在的物联网通信时代即将来临”，这进一步扩展了物联网的意义和范畴。经过十几年的发展，IoT 的技术框架和应用场景已日趋丰富，深刻影响着社会的方方面面。此外，IoT 设备数量也在飞速增长，根据高德纳（Gartner）和 HIS 等机构的预测，2021 年至 2022 年，全球 IoT 设备数量至少将超过 200 亿，覆盖传感设备、移动终端、PC 主机、网络设备等类型，设备智能化程度也持续提升。可以预见，5G、人工智能（Artificial Intelligence，AI）和区块链（blockchain）等技术推广应用之后，将很快呈现“世上万物凡存在，皆互联；凡互联，皆计算；凡计算，皆智能”的景象。

当然，IoT 作为新兴的网络类型，至今依然没有“标准”定义。本书引用一个目前普遍接受的定义：**通过射频识别技术（RFID）、红外感应器、全球定位系统（GPS）、激光扫描器等信息传感设备，按约定协议，把物品与互联网连接起来，以实现智能化识别、定位、跟踪、监控和管理的一种网络。**

简言之，IoT 就是物物相连的互联网，可以把“物品”理解为 IoT 设备。这句话有三层含义：一是 IoT 的核心和基础仍然是互联网，IoT 是在互联网基础上延伸和扩展的网络，即 IP 架构是 IoT 的基础架构；二是 IoT 的网络终端范畴延伸到了物与物之间，进行信息交换和通信；三是设备是 IoT 的必备要素与核心部件。

学术界对 IoT 的理解是，随着人工智能、边缘计算和 5G 传输的应用，未来 IoT 应具有“精确感知、可靠传输、智能处理”3 个特点。无人机、网络打印机等都可以纳入广义的 IoT 设备范畴。

## 1.1.2 典型应用场景

IoT 已广泛应用到社会和生活的方方面面，典型的应用场景如图 1-1 所示。其覆盖大众消费、公共设施等不同领域，主要包括智能家居、智能监控、车联网、智能穿戴和智慧城市等。本书将共享单车（共享经济系列）、智能物流、智能交通、智慧能源以及智能防灾等应用场景均归入智慧城市。

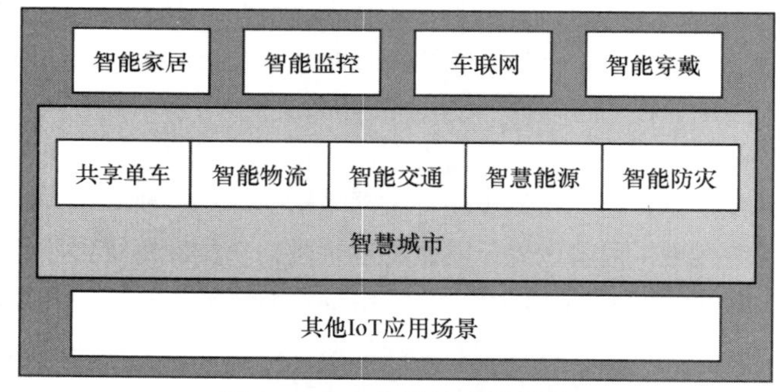


图 1-1 IoT 典型的应用场景

应用场景简要描述如下。

（1）**智能家居**。智能家居对应的英文名称为 smart home 或 home automation，它以住宅为基础平台，利用综合布线、无线/有线网络通信、安全防护、自动控制以及音视频等技术，有效集成家居生活设施，使家居生活更便利和舒适，打造良好的家居环境。典型的智能家居设备包括门锁、摄像头、家用路由器、电器（如电视、音箱、空调、插座、扫地机器人）等。

（2）**智能监控**。智能监控以网络摄像头设备为中心，用于环境监控与安防告警，通常是指公共环境（如学校、企业、商场、餐厅、地铁站等众多场景）中部署的监控系统，实际上也包括家居网络环境中的视频监控系统。

（3）**车联网**。车联网是以联网汽车（包括普通联网汽车和智能联网汽车两大类型）为信息感知对象的 IoT 网络，由车载网和外部网络组成，按照既定通信协议和数据交互接口，实现车与 X（X 代表其他车辆、公路设施、移动互联网）之间的无线通信和信息交换。主流厂商的新车大多具备智能联网特点。

（4）**智能穿戴**。穿戴医疗设备又称智能穿戴设备，能穿在身上或贴身佩戴并采集、发送信息。典型的智能穿戴设备包括智能手表、手环、眼镜等。这些设备本质上是在日常穿戴物品基础上增加了智能化设计，用微型传感器达到与人体无缝接入的目的，采集的人体信息包括心率、步数、体温、睡眠状况、血压和呼吸频率等。智能穿戴设备与云端服务互通，通过云端的计算和分析把结果反馈给用户，帮助用户实现健康管理。

（5）**智慧城市**。智慧城市对应的英文名称为 smart city，它是 IoT 应用的综合范畴，将 IoT 为代表的新一代信息技术继承到城市系统及服务中，提升城市资源的运用效率，优化城市管理及服务，改善市民的生活质量。其常见场景如共享单车、智能物流、智能交通、智慧能源、无人超市、远程医疗、智能防灾等。部分描述如下。

- 共享单车。共享单车是非常典型的 IoT 应用，也是城市共享经济的代表，是指在校园、车站、地铁站、居民点、商业区等提供分时租赁的自行车（单车）共享服务，也是近几年“绿色环保共享经济”的典型代表。目前的共享单车品牌包括美团单车、青桔单车、哈啰出行等。
- 智能物流。智能物流是 IoT 在物流运输领域的应用，其将条形码、射频识别、传感器、全球定位系统（GPS）等 IoT 设备或技术与信息处理、网络通信平台相结合，应用于物流的仓储、包装、配送、运输、装卸等各个环节，实现货物运输过程的自动化运作和高效率优化管理，提高物流行业的信息化、智能化、系统化运营水平。
- 智能交通。智能交通代表交通管理系统的发展方向，其将 IoT 关键技术与地面交通系统相结合，推进交通信息的广泛应用与服务，同时提升交通基础设施的运行效率。典型的应用场景包括 ETC、智慧路灯等。
- 智慧能源。智慧能源是指通过技术创新和制度变革，将城市生活中的水、电、气等能源开发利用、生成消费全过程与 IoT 关键技术相融合，呈现更加安全、充足、清洁的能源，使生态环境更加宜居。
- 智能防灾。智能防灾是指将 IoT 关键技术与城市、山区的自然灾害预防相结合，将大量能够自组网的传感器散播在敏感地域，通过自组网来描述环境状态。一旦环境状态发生变化，该自组网能快速感知，将信息通过网络传输到云端处理平台并发出告警提示。
- 其他 IoT 应用场景。如消费级无人机、办公打印机等，本书也将其纳入 IoT 行列。

### 1.1.3 与传统网络的区别

综合 IoT、传统互联网和移动互联网的各自特点，三者的概要对比如表 1-1 所示。为了以统一尺度描述，我们将互联网和 IoT 的云端统称为“云端”。相比而言，IoT 更加注重网络互联和网络控制，它的整个运行机制都是通过网络和协议来实现的，凸显了网络和协议的重要性；传统网络安全更偏重系统和软件，因为其用户的接触面和接触程度更广、更深。

表1-1　IoT与传统互联网、移动互联网之间的概要对比

| 对比要素 | IoT | 传统互联网 | 移动互联网 |
|---|---|---|---|
| 网络层次 | 三层：感知层、网络层和应用层<br>四层：感知层、接入层、网络层和应用层 | 缺少感知层 | 缺少感知层 |
| 网络组成 | “端—管—云”：“端”即智能硬件设备和移动智能终端，“云”即云端，“管”即通信管道（如线路、网关传输设备） | PC终端、通信管道和云端 | 移动终端、通信管道和云端 |
| 终端类型 | 嵌入式设备为主，计算资源有限；<br>移动智能终端、PC终端作为配套 | PC终端（计算机、服务器）为主，计算资源充足 | 移动终端为主（如手机、平板等），计算资源比较充足 |
| 通信关系 | 设备—云端<br>设备—网关—云端<br>设备—手机—云端 | 计算机—云端<br>计算机—网关—云端 | 移动终端—云端<br>移动终端—网关—云端 |
| 操作系统 | 嵌入式操作系统，如嵌入式Linux、Android、QNX、RTOS等 | 通用计算机操作系统，如Windows、UNIX、Linux、macOS等 | 专用移动操作系统，如Android、iOS等 |
| 网络节点 | IoT网关、IoT传输设备 | 路由器、交换机和防火墙等 | 共用互联网节点，以及移动通信专用节点等 |
| 通信协议 | 网络接入协议、网络应用协议和GPS协议 | 互联网接入，TCP/IP为主 | 3G/4G/5G移动接入、Wi-Fi接入，在此基础上的TCP/IP |
| 产品安全要求 | IoT产品厂商对安全开发及测试的要求不一，整体上逐渐重视 | 厂商通常具备严格的安全开发规范及测试流程 | 厂商通常具备严格的安全开发规范及测试流程 |

# 1.2　IoT的网络架构

## 1.2.1　网络层次

IoT以IP网络为参考框架。按照数据的采集、传输、处理流程，网络层次主要分为两种模型，一种是IoT三层模型，另一种是IoT四层模型，如图1-2所示。二者的区别是IoT四层模型对网络层进行了进一步拆分。这里给出了两种网络层次模型的含义，但为统一描述，本书将以IoT三层模型的描述为主。

（1）**IoT三层模型**。IoT三层模型自下而上包括感知层、网络层和应用层。

- 感知层。感知层是IoT数据的最初来源，主要负责采集数据。感知层通过常规传感器获取（如音频、视频、图像等）、二维扫描、GPS定位等多种途径采集数据，并将数据进行转换和

一定的预处理后以特定格式传递给网络层。

- 网络层。网络层主要负责设备接入和数据传输。设备接入的目的首先是构建数据传输通道，重点是设备到云端的接入；其次是设备到设备的连接。接入方式包括近场接入（如 Wi-Fi、蓝牙、ZigBee、NFC、车内总线等）和基于移动互联网线路（如 3G、4G、5G 等）的远程接入。数据传输基于接入通道将感知层采集的数据传输到应用层作进一步分析处理。
- 应用层。应用层主要负责对网络层传输来的数据进行分析处理，最终为用户提供丰富的应用服务，如家居管理、健康分析、单车开锁、车辆定位等。依靠感知层提供的数据和网络层的传输，应用层进行相应处理后，数据可能再次通过网络层反馈给感知层。

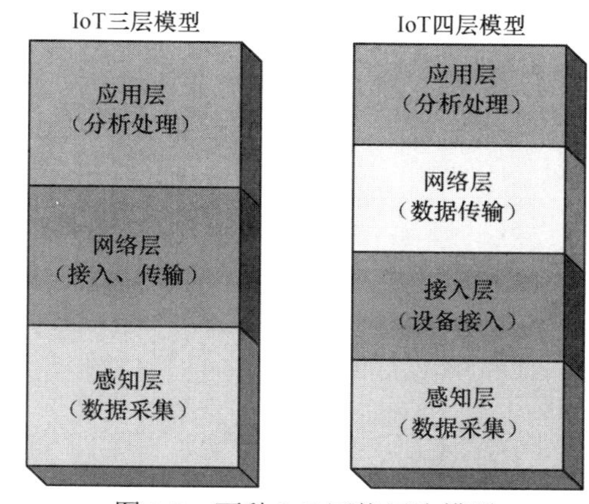


图 1-2 两种 IoT 网络层次模型

（2）**IoT 四层模型**。同 IoT 三层模型相比，IoT 四层模型对网络层做了进一步拆分——把设备接入专门划为一层，即接入层。接入层的主要职能是解决智能设备到云端并发接入的问题，这是因为一些 IoT 应用场景中智能设备的数量级较大（十万级、百万级甚至更大），如果不处理并发接入问题，那么很可能会影响云端的处理效率。在 IoT 四层模型中，网络层的功能简化成以数据传输为主，感知层和应用层的功能与 IoT 三层模型基本一致。

## 1.2.2 组成部件

接下来我们介绍 IoT 的具体组成部件。IoT 是以 IP 架构为参考的多网络叠加开放性网络，信息传输路径会经过各种网络和节点，其基本网络架构以及同 IoT 三层模型的对应关系如图 1-3 所示。它具备“端—管—云”三大要素，“端”指的是 IoT 终端，包括各种智能硬件设备和以手机为主的移动智能终端；“云”是指云端，即为 IoT 提供各种服务的云平台和服务资源；“管”是指终端之间、终端与云端之间的通信管道，包括网络通信线路和网关传输设备。

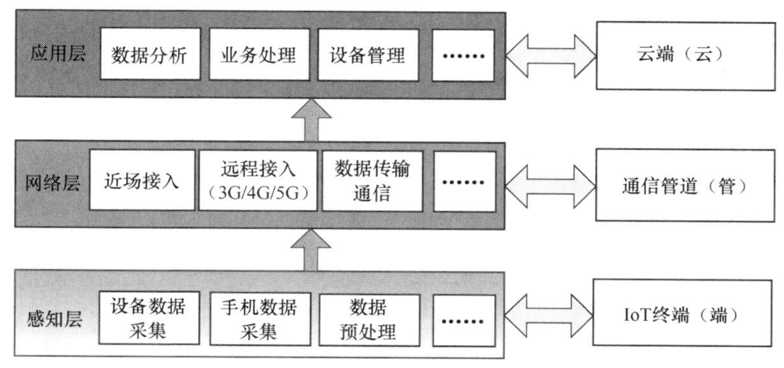


图 1-3 IoT 基本网络架构以及同 IoT 三层模型的对应关系

我们将在后文详细介绍 IoT 的组成部件，在这里只做概要描述。

（1）**智能硬件设备（端）**。智能硬件设备理论上分为两类，一是采集外界数据的传感器，二是负责局部计算处理功能的应用终端。随着 AI 和边缘计算日益普及，二者大多集成在同一 IoT 设备中，如家用摄像头（摄像拍照+部分计算分析）、智能门锁（锁功能+人脸识别）、智能音响（语音录入+语音识别）等。后文中，智能硬件设备、智能设备、硬件设备、终端设备等称谓均指这类对象。

（2）**移动智能终端（端）**。其主要是指智能手机，是 IoT 的重要用户接口，用户可以通过移动应用（Application，App）对 IoT 中的智能设备进行配置管理和状态查询；同时，在某些场景下移动智能终端还起到硬件设备的通信网关（如蓝牙网关等）作用。移动智能终端按操作系统一般可分为安卓（Android）手机和苹果手机。

（3）**通信管道（管）**。IoT 通信管道包括“虚”和“实”两部分：“虚”的部分主要是指 IoT 网络通信协议；“实”的部分主要是指承载通信的信道链路和配套的网关传输设备，前者分为无线信道和有线信道（如光纤、网线等），后者包括路由器、各种 IoT 网关中控（如 ZigBee 网关、车载网关等）、防火墙设备等。

（4）**云端（云）**。云端通常部署在互联网中，其主要功能是 IoT 数据管理和面向行业的计算应用。除数据管理外，云端还作为智能设备和用户（智能手机）之间的通信“汇集区”，承载设备辅助管理和用户管理等功能。

按照最初的 IoT 设计，应用层数据处理和计算都集中在云端，如早期的家用网络摄像头只具备数据的采集与上传功能，数据分析和业务处理则在云端进行。随着处理性能的提高和应用场景的丰富，部分面向行业应用的计算处理已变为放在智能设备开展。因此，应用层实际上可能分布在智能设备和云端。

## 1.2.3　通信方式

IoT 通信涉及设备接入和数据传输，各部件之间的通信方式如图 1-4 所示。IoT 通信以 IoT 智能设备到云端的接入通信为主线，兼顾智能手机的作用，大致包括**设备直连通信**、**Wi-Fi 代理通信**、**手机代理通信**（手机作为特殊网关）和 USB 总线通信 4 种类型。

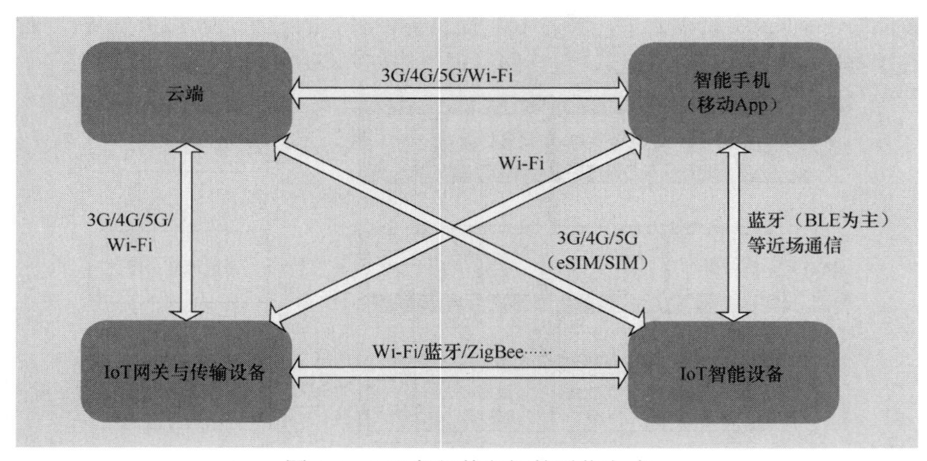


图 1-4　IoT 各部件之间的通信方式

（1）**设备直连通信**。设备直连通信主要涉及可移动类 IoT 设备，是指智能硬件设备通过 3G/4G/5G 等移动通信线路直接接入云端通信，如图 1-5 所示。设备直连通信的前提是设备集成了嵌入式用户标志模块（embedded Subscriber Identity Module，eSIM）或者内置用户标志模块（Subscriber Identity Module，SIM），即具备独立的移动上网功能。基于体积、供电和研发成本等综合因素，联网汽车和部分智能穿戴（如手表等）大多支持 eSIM，单车一般会内置专用 SIM 卡。以共享单车的一种早期开锁通信方式为例，起初共享单车通过 2G/3G 移动通信线路入网，用户进入移动 App 扫描二维码，然后向云端发送对应单车信息，再由云端通过移动互联网向单车发送开锁指令（现在的单车开锁过程更加安全）。

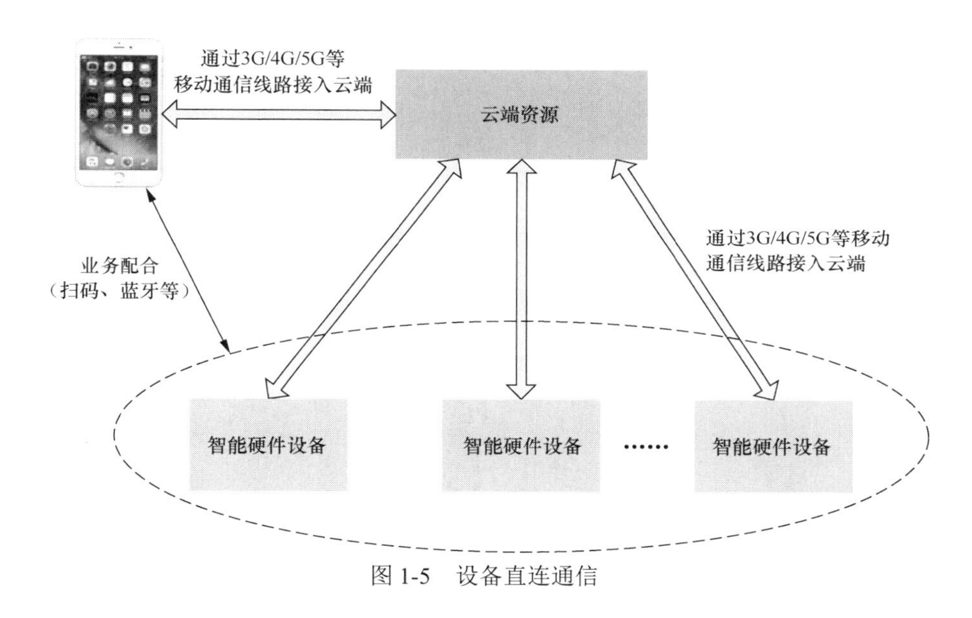


图 1-5　设备直连通信

智能手机在通信过程中主要起到业务配合作用，如二维码扫描激活、蓝牙辅助认证等。此外，设备直接接入云端需要考虑如下问题。

- 独立入网。设备需要 SIM 卡或 eSIM 卡，可通过移动运营商专门申请。
- 数据流量。如果有视频数据等，可能会产生较高的流量费用。
- 通信质量。如果设备所处环境没有信号或信号不好，会影响通信质量。

（2）Wi-Fi **代理通信**。Wi-Fi 代理通信是指单个或多个智能硬件设备运行在一个局域网环境中，直接或间接通过 Wi-Fi 无线路由器接入云端通信。智能手机也通过 Wi-Fi 无线路由器接入云端或管理设备，智能家居是典型的应用场景。按照智能硬件设备对 IP 的支持情况，Wi-Fi 代理通信分为图 1-6 和图 1-7 所示的两种方式。

图 1-6 所示的代理通信方式中，支持 IP 的智能硬件设备直接通过 Wi-Fi 入网，常见的家居环境与办公环境中的网络摄像头、智能音箱（或智能闹钟）、部分门锁、网络打印机以及扫地机器人等都采用该代理通信方式。

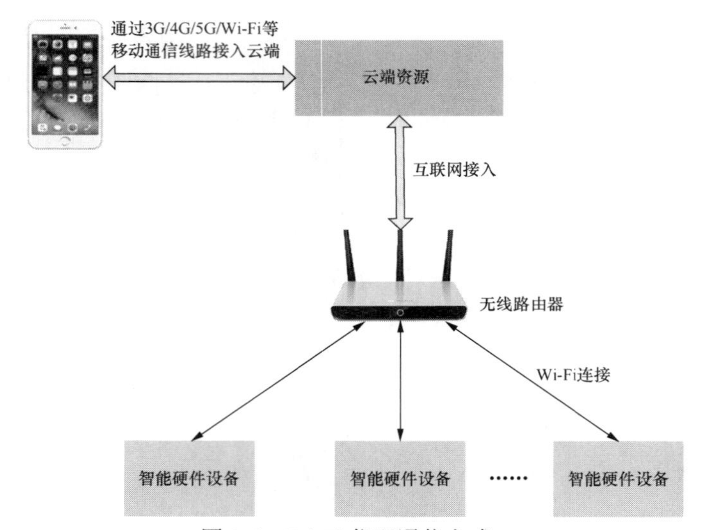


图1-6　Wi-Fi代理通信方式1

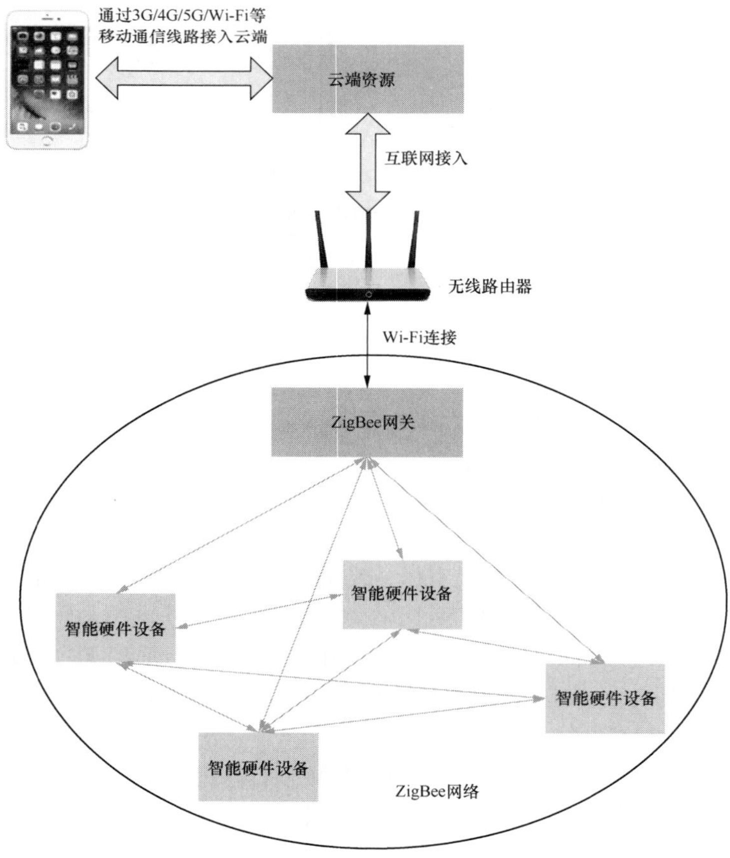


图1-7　Wi-Fi代理通信方式2

图 1-7 所示的代理通信方式中，某些家居生态系统的智能硬件设备只支持 ZigBee 组网协议，不支持 IP，需要无线路由器和 ZigBee 两级代理实现云端接入。实际上，部分厂商的无线路由器也集成了 ZigBee、蓝牙等协议支持，即提供复合网关，这种情况下通信连接同方式 1 基本一致。“复合网关”代理通信如图 1-8 所示，多个智能硬件设备通过复合网关接入云端通信。

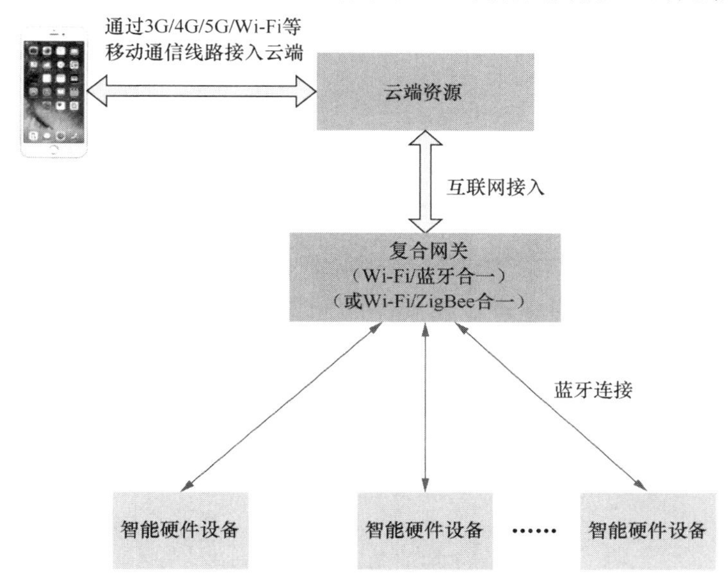


图 1-8 “复合网关”代理通信

（3）**手机代理通信**。手机代理通信是将智能手机作为蓝牙网关，实现智能硬件设备的云端接入通信，如图 1-9 所示。

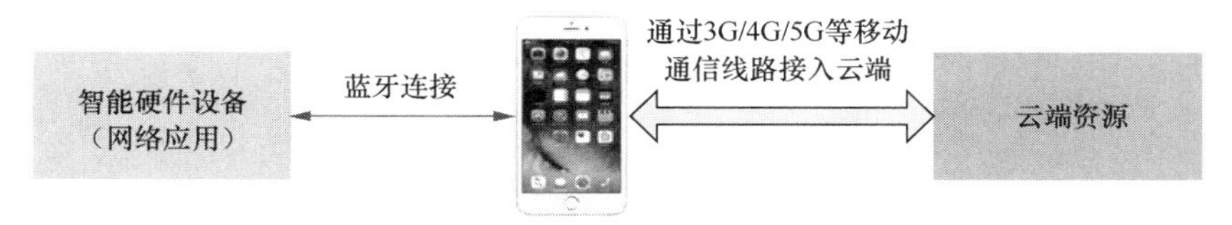


图 1-9 手机代理通信

实际上，大多数蓝牙通信场景没有把智能手机作为蓝牙网关使用，而只进行普通配对基础上的数据传输处理，包括车载蓝牙音频同步、移动 App+蓝牙开启车门或居家门锁、智能手环与手机数据同步等，这基本符合蓝牙网关作用的场景。智能手机开启“蓝牙共享网络”，如图 1-10 所示。智能手表中的网络应用软件（如移动微信等）通过共享智能手机的“蓝牙热点”直接访问网络。

（4）**USB 总线通信**。USB 总线通信主要出现在车联网场景中，车载 USB 总线通信如图 1-11 所示。

车载 USB 总线通信是典型的车联网通信方式。其中，车载 T-BOX 设备通过 3G/4G/5G 线路接入云端通信，这几乎是车上唯一的上网接口。车载信息娱乐系统（In-Vehicle Infotainment，IVI）和控制器局域网络（Controller Area Network，CAN）总线网关通过 USB 连接 T-BOX，其他电子控制单元（Electronic Control Unit，ECU）设备（如车窗、油门、空调等）则通过 USB 总线连接车联网安全网关。智能手机通过 3G/4G/5G 访问云端，管理配置车载设备、查询车辆状态或 GPS 信息。

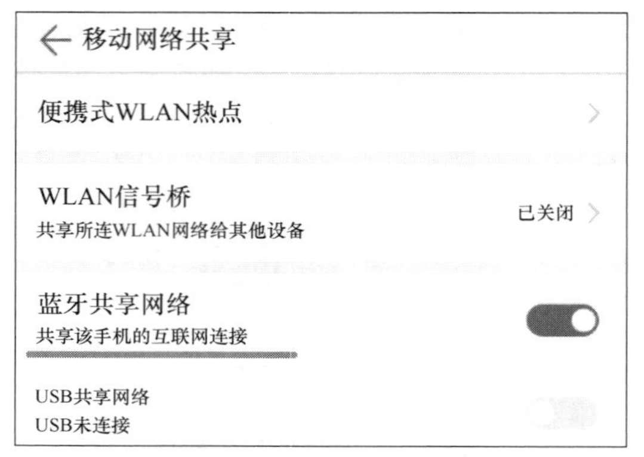


图 1-10　在智能手机中开启“蓝牙共享网络”

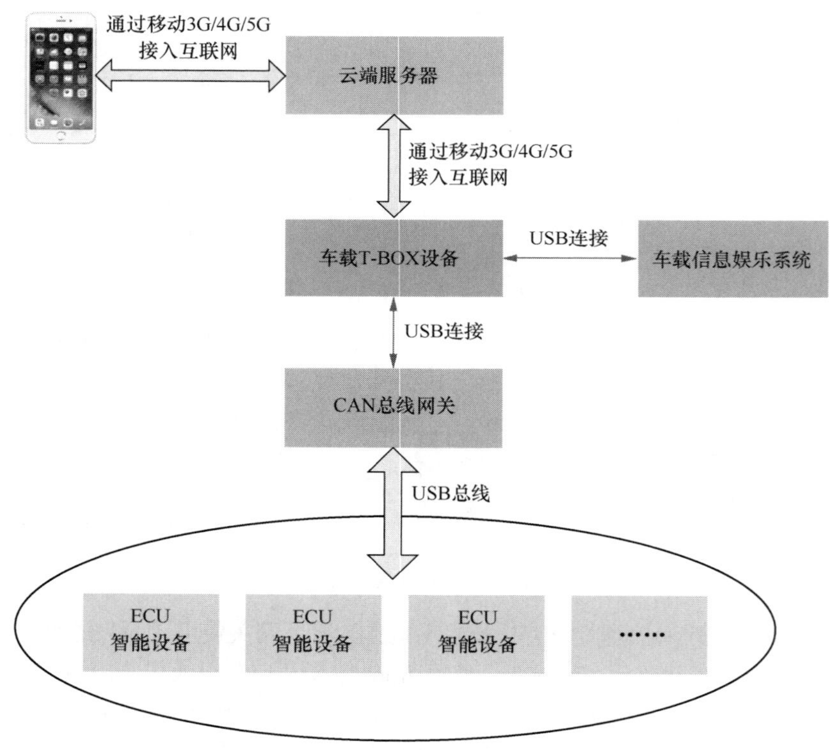


图 1-11　车载 USB 总线通信

## 1.2.4　生态系统

生态系统是某些 IoT 行业的一个发展趋势，通常是指该行业中由同一厂商提供面向应用场景的整体解决方案，即该场景下的 IoT 设备几乎都来自这一厂商。目前，生态系统以智能家居行业为代表，厂商包括小米、苹果、三星、LG、微软、亚马逊等，他们大多以“全家桶”形式提供解决方案，包括门锁、摄像头、音箱、插座、空调、家用路由器以及网关等种类众多的 IoT 设备，这些设备之间可能出现一些额外的互联互通协议或接口（如果不是“全家桶”形式，则可能没有这样的协议或接口）。

## 1.3 智能硬件设备

智能硬件设备是 IoT 系统中重要的实体要素，也是网络空间和现实世界的衔接点。目前全球有上百亿台智能硬件设备同时联网，设备厂商、应用场景和系列型号繁多，为有利于后续安全知识和技术的学习，读者需要对智能硬件设备的共性和个性进行基本了解。因此，本节将自下向上地按照智能硬件设备的架构，从底层硬件资源、基础操作系统和功能应用这 3 个方面进行介绍，如图 1-12 所示。

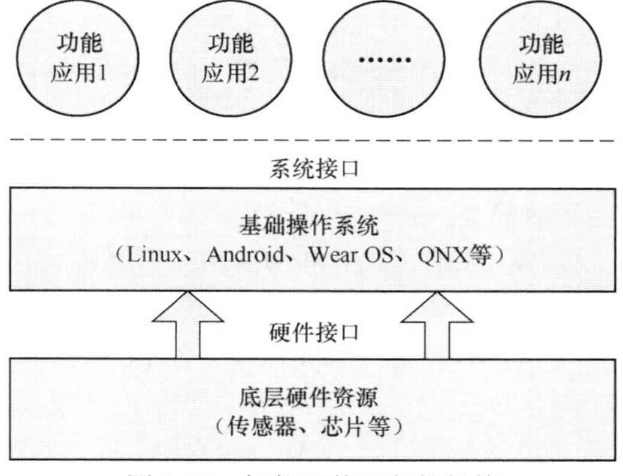


图 1-12 智能硬件设备的架构

其中，针对底层硬件资源重点介绍设备的处理器芯片和指令集，针对基础操作系统重点介绍系统类型和常见命令，针对功能应用重点介绍应用形态和场景差异。智能硬件设备组成要素如图 1-13 所示。

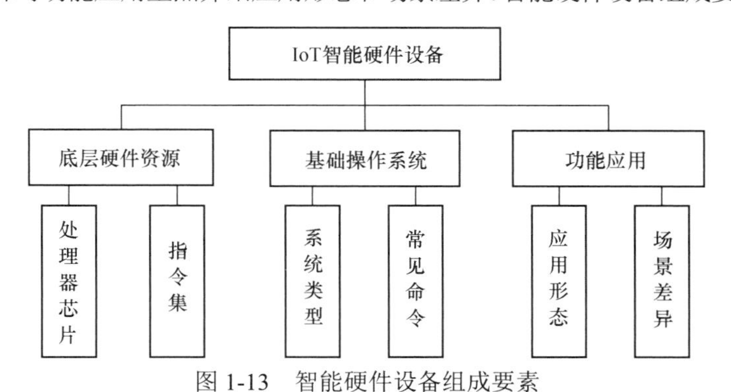


图 1-13 智能硬件设备组成要素

### 1.3.1 底层硬件资源

如前所述，IoT 由“端—管—云”构成。为便于读者理解，本节统一介绍智能设备和 IoT 通信管道的网关传输设备硬件资源，后文不赘述。对智能设备而言，其核心硬件资源主要包括传感器和处理器芯片，本节重点介绍处理器芯片的相关知识，对传感器不予过多讨论。

目前，提供 IoT 设备处理器芯片的厂商有两大类：一类是通信芯片提供商，包括高通（Qualcomm）、博通（Broadcom）、联发科（MediaTek）等公司，无线路由器芯片大多由这些公司提供；另一类是智能设备芯片提供商，一些主流 IoT 厂商自己提供芯片及集成解决方案（SoC 或模组），如小米、华为、苹果等厂商。就硬件特点而言，IoT 设备处理器芯片本质上仍然是芯片，只是比传统芯片更具指向性，可应用于众多面向行业场景的智能设备中，需要配合各种各样的应用解决方案。同时，IoT 设备处理器芯片的智能化、高速化以及安全性成为关注焦点，AIoT 芯片、

5G 芯片等成为近几年的热点。

常见的 IoT 设备处理器芯片处理器架构有 x86、ARM、MIPS 和 Power PC（PPC），为便于读者理解，我们先给出指令集相关的一些基本概念。

（1）**复杂指令集计算机（Complex Instruction Set Computer，CISC）**。指令系统庞大，指令功能复杂，指令格式、寻址方式多，每条指令的长度并不固定，x86 就是典型的 CISC 架构。

（2）**精简指令集计算机（Reduced Instruction Set Computer，RISC）**。指令数量少且指令功能相对简单，指令长度固定。ARM、MIPS 和 PPC 大都采用 RISC。

（3）**大端模式（Big-Endian）**。数据的高字节保存在内存的低地址中，而数据的低字节保存在内存的高地址中，ARM、MIPS 和 PPC 通常采用大端模式。

（4）**小端模式（Little-Endian）**。数据的高字节保存在内存的高地址中，而数据的低字节保存在内存的低地址中，x86 是典型的小端模式。

接下来我们介绍 ARM、MIPS 和 PPC 指令集。

**1. ARM 指令集**

（1）**ARM 指令集的特点**。ARM（Advanced RISC Machine）为 RISC 处理器架构，广泛应用于嵌入式系统设计。其指令集的主要特点如下。

- 指令长度固定为 4 字节，即 32 位。
- 使用寄存器。大量数据操作在寄存器中完成，指令执行速度快。
- 寻址方式灵活简单，执行效率高。
- 采用流水线处理方式，实现指令集并行操作。

（2）**ARM 通用寄存器的用途**。ARM 通用寄存器分为三类：未分组寄存器（R0～R7）、分组寄存器（R8～R14）和程序计数器 PC（R15）。

ARM 通用寄存器有一些使用规则，如表 1-2 所示。

表 1-2　ARM 通用寄存器的使用规则

| 寄存器名称 | 别名 | 使用规则 |
| --- | --- | --- |
| R0 | a1 | 变量/参数/返回值 |
| R1 | a2 | 变量/参数/返回值 |
| R2 | a3 | 变量/参数/返回值 |
| R3 | a4 | 变量/参数/返回值 |
| R4 | v1 | 变量 |
| R5 | v2 | 变量 |
| R6 | v3 | 变量 |
| R7 | v4 | 变量 |
| R8 | v5 | 变量 |
| R9 | v6 | 变量 |
| R10 | v7 | 变量 |

续表

| 寄存器名称 | 别名 | 使用规则 |
| --- | --- | --- |
| R11 | v8 | 变量 |
| R12 | IP | 子程序内部调用的 scratch 寄存器 |
| R13 | SP | 堆栈指针 |
| R14 | LR | 连接寄存器（保存返回地址） |
| R15 | PC | 程序计数器 |

若函数的参数少于或等于 4，参数由 R0、R1、R2 和 R3 这 4 个寄存器传递；若参数个数大于 4，则大于 4 的部分通过堆栈进行传递。如果函数返回结果为一个 32 位的整数，那么用 R0 存储返回值；如果函数返回结果为一个 64 位的整数，那么可以用 R0 和 R1 存储返回值。

（3）**ARM 指令集的分类和功能**。ARM 指令集可分为跳转指令、数据处理指令、程序状态寄存器（Program Status Register，PSR）处理指令、加载/存储指令、协处理器指令和异常指令六大类。表 1-3 简要总结了 ARM 指令集中的主要指令及其功能。读者如需进一步学习，可以查阅相关资料。

表 1-3　ARM 指令集中的主要指令及其功能

| 助记符 | 功能 | 助记符 | 功能 |
| --- | --- | --- | --- |
| ADC | 带进位加法指令 | MRC | 协处理器寄存器到 ARM 通用寄存器的数据传输指令 |
| ADD | 加法运算指令 | MRS | 程序状态寄存器到 ARM 通用寄存器的数据传输指令 |
| AND | 逻辑与操作指令 | MSR | ARM 通用寄存器到程序状态寄存器的数据传输指令 |
| B | 跳转指令 | MUL | 乘法指令 |
| BIC | 位清零指令 | MVN | 数据取非传输指令 |
| BL | 带返回的跳转指令 | ORR | 逻辑或操作指令 |
| BLX | 带返回和状态切换的跳转指令 | RSB | 逆向减法指令 |
| BX | 带状态切换的跳转指令 | RSC | 带进位逆向减法指令 |
| CMN | 负数比较指令 | SBC | 带进位减法指令 |
| CMP | 比较指令 | STC | 协处理器写入内存指令 |
| EOR | 逻辑异或操作指令 | STM | 批量数据存储指令 |
| LDC | 协处理器数据加载指令 | STR | ARM 通用寄存器到内存的数据传输指令 |
| LDM | 批量数据加载指令 | SUB | 减法指令 |
| LDR | 内存到 ARM 通用寄存器数据传输指令 | SWI | 软件中断指令 |
| MCR | ARM 通用寄存器到协处理器寄存器的数据传输指令 | SWP | 交换指令 |
| MLA | 乘加运算指令 | TEQ | 相等测试指令 |
| MOV | 数据传输指令 | TST | 位测试指令 |

此外，ARM 指令集中的指令会根据程序状态寄存器（CPSR）条件码的状态和指令的条件域有条件地执行，例如，B 可以加上后缀 EQ（BEQ）表示相等则跳转。指令条件码如表 1-4 所示。

表 1-4　指令条件码

| 助记符 | 含义 | 助记符 | 含义 |
|---|---|---|---|
| EQ | 相等 | HI | 无符号数大于 |
| NE | 不相等 | LS | 无符号数小于或等于 |
| CS | 无符号数大于或等于 | GE | 带符号数大于或等于 |
| CC | 无符号数小于 | LT | 带符号数小于 |
| MI | 负数 | GT | 带符号数大于 |
| PL | 正数或零 | LE | 带符号数小于或等于 |

**2. MIPS 指令集**

（1）**MIPS 指令集的特点**。MIPS 指令集的主要特点如下。

- 指令均为 32 位编码，固定为 4 字节指令长度。
- 内存中的数据访问必须严格对齐（至少 4 字节对齐）。
- 跳转指令只有 26 位目标地址，加上 2 位对齐位，可寻址 28 位空间，即 256MB。
- 条件分支指令只有 16 位跳转地址，加上 2 位对齐位，可寻址 18 位空间，即 256KB。
- 默认函数的返回地址不存放到栈中，而存放到$31（$ra）寄存器中。
- 采用了高度的流水线，最重要的一个效应就是分支延迟效应：当执行跳转指令时，跳转指令还没有执行，分支后面的指令就执行了。例如：

```
move $a0,$s1
jalr src
move $a0,$s0
```

其中，在执行位于第一行的跳转指令时，位于第三行的指令已经执行完了，因此跳转后的函数参数 a0 的值为 s0 而不是 s1。

（2）**MIPS 通用寄存器的用途**。MIPS 有 32 个通用寄存器（可以用编号$0～$31 表示）。表 1-5 所示为 MIPS 通用寄存器的功能及使用规则。

表 1-5　MIPS 通用寄存器的功能及使用规则

| 通用寄存器名称 | 别名 | 功能及使用规则 |
|---|---|---|
| $0 | $zero | 常量 0 |
| $1 | $at | 保留寄存器 |
| $2～$3 | $v0～$v1 | 返回值 |
| $4～$7 | $a0～$a3 | 函数调用前 4 个参数 |
| $8～$15 | $t0～$t7 | 临时寄存器 |
| $16～$23 | $s0～$s7 | 子函数临时变量 |

续表

| 通用寄存器名称 | 别名 | 功能及使用规则 |
|---|---|---|
| $24～$25 | $t8～$t9 | 临时寄存器 |
| $26～$27 | $k0～$k1 | 保留，中断函数使用 |
| $28 | $gp | 全局指针 |
| $29 | $sp | 堆栈指针 |
| $30 | $fp | 帧指针 |
| $31 | $ra | 返回地址 |

其中，$a0～$a3 用于函数调用传递参数，如果不够用，那么用栈传递多余的参数；$v0～$v1 用于传递返回值，如果不够用，那么用栈传递多余的返回值。

（3）**MIPS 指令的分类与功能**。MIPS 指令共 32 位，最高 6 位为操作码，剩下的 26 位表示指令类型，分为 R 型、I 型和 J 型 3 类。

- R 型指令组成如表 1-6 所示。

表 1-6 R 型指令组成

| 操作码 | 指令类型 | | | | |
|---|---|---|---|---|---|
| 6 | 5 | 5 | 5 | 5 | 6 |
| op | rs | rt | rd | shamt | funct |

其中，op 表示操作码；rs 表示第一个源操作数寄存器；rt 表示第二个源操作数寄存器；rd 表示目的寄存器；shamt 表示位移量；funct 表示功能码。

R 型常见指令及示例如表 1-7 所示。

表 1-7 R 型常见指令及示例

| 助记符 | 示例 | 示例含义 |
|---|---|---|
| add | add $1,$2,$3 | $1=$2+$3 |
| sub | sub $1,$2,$3 | $1=$2−$3 |
| and | and $1,$2,$3 | $1=$2&$3 |
| or | or $1,$2,$3 | $1=$2\|$3 |
| xor | xor $1,$2,$3 | $1=$2^$3 |
| slt | slt $1,$2,$3 | if($2<$3) $1=1<br>else $1=0 |
| sll | sll $1,$2,10 | $1=$2<<10 |
| srl | srl $1,$2,10 | $1=$2>>10 |
| jr | jr $31 | goto $31 |

- I 型指令用于加载/存储字节、半字、字、双字，还可用于条件分支、跳转、跳转并链接寄存器。I 型指令的组成如表 1-8 所示。

**表 1-8 I 型指令的组成**

| 操作码 | 指令类型 | | |
|---|---|---|---|
| 6 | 5 | 5 | 16 |
| op | rs | rt | immediate |

I 型常见指令及示例如表 1-9 所示。

**表 1-9 I 型常见指令及示例**

| 助记符 | 示例 | 示例含义 |
|---|---|---|
| addi | addi $1,$2,100 | $1=$2+100 |
| lw | lw $1,10($2) | $1=memory [$2+10] |
| lui | lui $1,10 | $1=10*65535 |
| sw | sw $1,10($2) | memory [$2+10]=$1 |
| ori | ori $1,$2,100 | $1=$2\|100 |
| beq | beq $1,$2,10 | if($1==$2) goto PC+4+10*4 |
| bne | bne $1,$2,10 | if($1!=$2) goto PC+4+10*4 |
| slti | slti $1,$2,10 | if($2<10) $1=1<br>else $1=0 |

- J 型指令用于跳转、跳转并链接、陷阱和从异常中返回。J 型指令组成如表 1-10 所示。

**表 1-10 J 型指令组成**

| 操作码 | 指令类型 |
|---|---|
| 6 | 26 |
| op | Address |

J 型常见指令及示例如表 1-11 所示。

**表 1-11 J 型常见指令及示例**

| 助记符 | 示例 | 示例含义 |
|---|---|---|
| j | j 1000 | goto 1000 |
| jal | jal 1000 | $31<−PC+4<br>goto 1000 |

特别地，R、I、J 这 3 类 MIPS 指令类型中，都存在不少分支跳转指令，如表 1-12 所示。

表 1-12 分支跳转指令及示例

| 助记符 | 示例 | 示例含义 |
|---|---|---|
| b | b target | goto 1000 |
| beq | beq $1,$2, target | if ($1==$2) goto target |
| blt | blt $1,$2, target | if ($1<$2) goto target |
| ble | ble $1,$2, target | if ($1<=$2) goto target |
| bgt | bgt $1,$2, target | if ($1>$2) goto target |
| bge | bge $1,$2, target | if ($1>=$2) goto target |
| bne | bne $1,$2, target | if ($1!=$2) goto target |

**3. PPC 指令集**

（1）**PPC 指令集的特点**。PPC 指令集的特点如下。

- 大量使用寄存器，数据操作大多在寄存器中完成，指令执行速度更快。
- 指令长度固定，都使用定长的 32 位指令。
- 采用流水线处理方式。

（2）**PPC 通用寄存器的用途**。PPC 有 32 个通用寄存器（可以用编号 r0～r31 表示），表 1-13 所示为 PPC 通用寄存器的功能及默认用途。

表 1-13 PPC 通用寄存器的功能及默认用途

| 通用寄存器名称 | 功能及默认用途 |
|---|---|
| r0 | 函数开始时使用 |
| r1 | 栈指针 sp |
| r2 | 内容表指针 toc |
| r3 | 第一个参数和返回值 |
| r4～r10 | 函数调用参数 |
| r11 | 用于指针的调用或当作环境指针 |
| r12 | 用于异常处理和动态连接器代码 |
| r13 | 系统线程 ID |
| r14～r31 | 本地变量 |

PPC 还有多个专用寄存器，其专用寄存器功能及默认用途如表 1-14 所示。

表 1-14 PPC 专用寄存器功能及默认用途

| 专用存器名称 | 功能及默认用途 |
|---|---|
| lr | 连接寄存器，返回地址 |
| ctr | 计数寄存器，用作循环计数器 |
| xer | 定点异常寄存器，记录溢出和进位标志 |
| msr | 机器状态寄存器，用来配置微处理器的设定 |
| cr | 条件寄存器，反映算法操作的结果并且提供条件分支 |

（3）**PPC 指令分类与功能。**PPC 指令分为存储/加载指令、转移指令、特殊寄存器传送指令、系统调用指令等类型，PPC 主要指令及其功能具体如表 1-15 所示。

表 1-15 PPC 主要指令及其功能

| 助记符 | 功能 | 助记符 | 功能 |
| --- | --- | --- | --- |
| stb | 字节存储（偏移地址寻址） | Stmw | 多字存储 |
| stbx | 字节存储（寄存器寻址） | b(ba bl bla) | 无条件转移 |
| stbu | 记录有效地址的字节存储（偏移地址寻址） | bc(bca bcl bcla) | 条件转移 |
| stbux | 记录有效地址的字节存储（寄存器寻址） | bclr(bclrl) | 条件转移（转移目标地址由 LR 指出） |
| sth | 半字存储（偏移地址寻址） | bcctr(bcctrl) | 条件转移（转移目标地址由 CTR 指出） |
| stw | 字存储（偏移地址寻址） | Mfmsr | 读取机器状态寄存器 |
| lbz | 高位清零的加载字节指令（偏移地址寻址） | Mtmsr | 写入机器状态寄存器 |
| lbzx | 高位清零的加载字节指令（寄存器寻址） | Mfspr | 读取特殊功能寄存器 |
| lbzu | 高位清零的加载字节并记录有效地址指令（偏移地址寻址） | Mtspr | 写入特殊功能寄存器 |
| lbzux | 高位清零的加载字节并记录有效地址指令（寄存器寻址） | Mfsr | 读取段寄存器 |
| lhz | 高位清零的加载半字指令（偏移地址寻址） | Mtsr | 写入段寄存器 |
| lha | 加载半字指令（偏移地址寻址） | Mfsrin | 间接读取段寄存器 |
| lwz | 加载字指令（偏移地址寻址） | Mtsrin | 间接写入段寄存器 |
| lmw | 多字加载 | Mftb | 读取时基寄存器 |

## 1.3.2 基础操作系统

与传统嵌入式操作系统相比，智能设备内置的操作系统弱化了对实时性的严格区分，增加了对无线连接和 IoT 协议种类的支持。部分 IoT 设备的操作系统如表 1-16 所示。可以看到，IoT 设备（智能设备+网关传输设备）的操作系统可以分为两大类：一类是使用率较高的标准架构操作系统，如嵌入式 Linux、Android、VxWorks、QNX、实时操作系统（Real Time Operating System，RTOS）等；另一类是专用 IoT 操作系统，如智能穿戴设备中的原生态 WearOS（类似于 Android）、修改版 WearOS、watchOS 等。此外，因供电受限等原因，门锁、单车等设备以单片机为主，大多没有集成上述操作系统。

表 1-16 部分 IoT 设备的操作系统

| 操作系统大类 | 操作系统名称 | 典型设备 |
| --- | --- | --- |
| 标准架构操作系统 | 嵌入式 Linux | 网络摄像头、智能音箱、无线路由器、车载 T-BOX 设备等 |
| | Android | 车载信息娱乐系统（IVI）、智能电视等 |
| | QNX | 车载仪表设备 |
| | RTOS | 车载 ECU 设备 |
| 专用 IoT 操作系统 | WearOS（原生态） | 智能穿戴设备（如三星等公司的产品） |
| | WearOS（修改版） | 智能穿戴设备（如小米、华为等公司的产品） |
| | watchOS | 智能穿戴设备（如苹果公司的产品） |

下面重点介绍部分操作系统及其常见命令。

**1. 嵌入式 Linux**

嵌入式 Linux 是将 Linux 系统进行裁剪修改，专门为某个应用场景而设计实现的操作系统。嵌入式 Linux 和传统 PC Linux 在内核、函数库及上层应用程序上没有本质区别，它们之间的区别更多在于底层驱动程序是本地编译的还是交叉编译的。

嵌入式 Linux 常用的工具和命令（如 ls、cat 和 ping 等）一般压缩集成到 BusyBox 的单一可执行文件中。BusyBox 提供了一个比较完善的 Shell（命令行会话）环境，可适用于各种小的嵌入式操作系统。嵌入式 Linux 的 Shell 可以使用 ls、cat 等命令，实际上这些命令不是独立的执行程序，而是指向 BusyBox 的一个链接。表 1-17 所示为一些常见的嵌入式 Linux 命令。

表 1-17 常见的嵌入式 Linux 命令

| 序号 | 命令 | 备注 |
| --- | --- | --- |
| 1 | ps | 查看进程 |
| 2 | ipconfig | 查看网络配置 |
| 3 | uname | 显示系统信息（如内核版本、硬件架构、操作系统类型等） |
| 4 | cd xxx | 进入目录 xxx |
| 5 | ls | 列出当前目录文件 |
| 6 | cat | 显示文件内容 |
| 7 | cat /proc/version | 显示 Linux 版本信息 |
| 8 | ping xx.xx.xx.xx | ping 目标 xx.xx.xx.xx |
| 9 | pwd | 显示当前工作目录 |
| 10 | netstat | 显示网络连接和开放端口 |
| 11 | vi | Shell 命令下的文本编辑器 |

**2. Android 和 Android Things**

Android 是一种基于 Linux 内核的开源操作系统，主要应用于移动设备（如手机、平板电脑等），由谷歌公司和开放手机联盟开发。目前，Android 已逐渐扩展到 IoT 领域，包括智能电视（Android

TV）、智能车载系统（Android Auto）、智能穿戴设备（WearOS）等。基于 IoT 特殊应用场景，谷歌公司推出了全新的 IoT 操作系统 Android Things。Android Things 的前身是 IoT 平台 Brillo，除了继承 Brillo 的常见功能，Android Things 还加入了 Android Studio、Android SDK、Google Play 服务以及谷歌云平台等 Android 开发者熟悉的工具和服务。基于 Android Things，Android 开发者可以使用 Android API 和谷歌公司提供的服务轻松构建智能联网设备。

Android 的主要开发和调试工具为 adb。adb 提供了一系列用于调试 Android 设备的 shell 命令。adb 调试工具命令示例如图 1-14 所示。

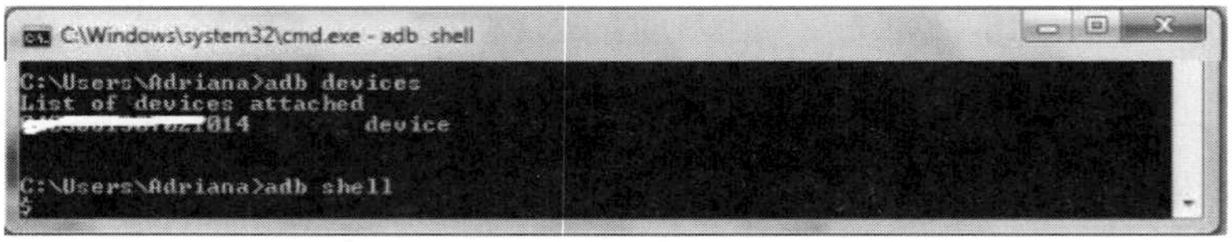

图 1-14　adb 调试工具命令示例

表 1-18 所示为一些常见的 adb shell 命令。

表 1-18　一些常见的 adb shell 命令

| 序号 | 命令 | 备注 |
| --- | --- | --- |
| 1 | adb devices | 查看设备 |
| 2 | adb install <apk 文件路径> | 安装 APK 软件 |
| 3 | adb shell | 登录设备 shell，shell 下可以执行 Linux 命令 |
| 4 | adb push <本地路径> <远程路径> | push 命令可以把计算机上的文件或者文件夹复制到设备中 |
| 5 | adb pull <远程路径> <本地路径> | pull 命令可以把设备上的文件或者文件夹复制到计算机中 |

### 3. VxWorks

VxWorks 是美国风河（Wind River）公司推出的实时操作系统。VxWorks 的 shell 界面如图 1-15 所示。

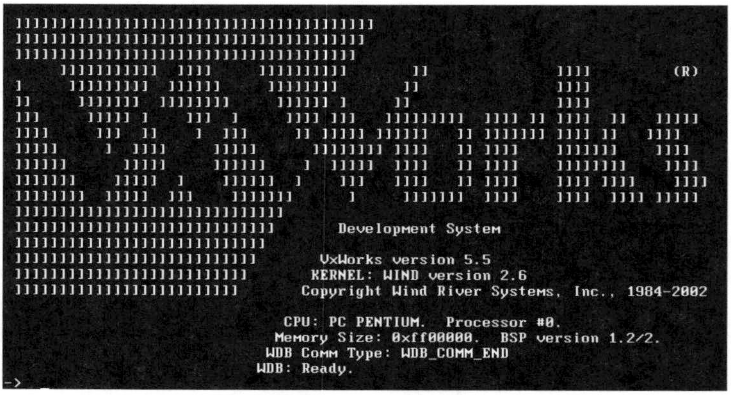

图 1-15　VxWorks 的 shell 界面

为了便于程序开发，风河公司提供了 VxWorks 集成开发环境 Tornado（VxWorks 6 以后的集成开发环境称为 Workbench）。开发者可以通过 Tornado 编辑、编译、链接和调试 VxWorks 代码。图 1-16 所示为集成开发环境 Tornado 界面。

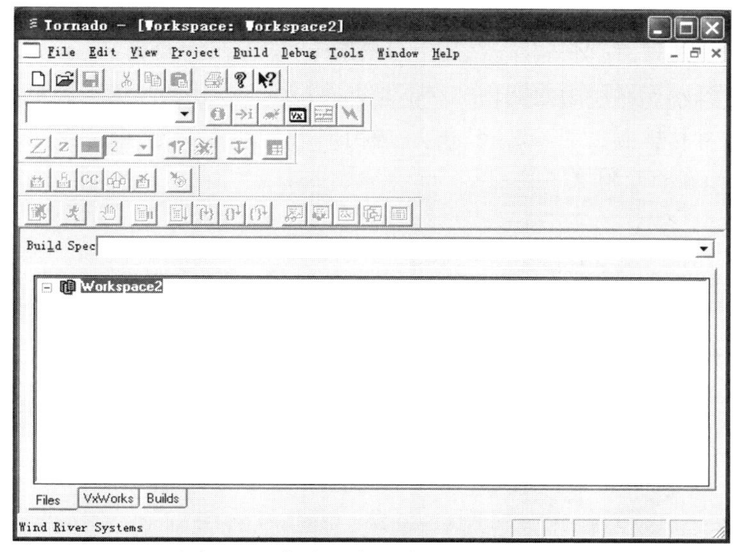


图 1-16 集成开发环境 Tornado 界面

VxWorks shell 又称为内核 shell，可以通过串口或者 Telnet 连接。表 1-19 所示为一些常见的 VxWorks shell 命令。

表 1-19 常见的 VxWorks shell 命令

| 序号 | 命令 | 备注 |
| --- | --- | --- |
| 1 | I | 查看进程 |
| 2 | ifShow | 查看网络配置 |
| 3 | devs | 列出系统所有设备 |
| 4 | cd xxx | 进入目录 xxx |
| 5 | ls | 列出当前目录文件 |
| 6 | ll | 详细列出当前目录文件 |
| 7 | version | 显示 VxWorks 版本 |
| 8 | ping xx.xx.xx.xx | ping 目标 xx.xx.xx.xx |
| 9 | pwd | 显示当前工作目录 |
| 10 | d xxxx | 显示地址 xxxx 内存 |
| 11 | m xxxx | 修改地址 xxxx 内存 |

## 1.3.3 功能应用

本节将更多地从软件层面介绍智能硬件设备的功能应用。

### 1. 应用类型及形态

智能硬件设备的功能应用主要分为两类，如图 1-17 所示。一是完成感知层的功能，对传感器采集的数据进行转换和预处理，包括摄像头视频数据、智能音响音频数据、穿戴设备的健康数据、GPS 数据等；二是发挥应用层的部分功能（边缘计算），配合云端完成 IoT 数据的局部分析和业务处理，在此基础上围绕场景应用得到相关结论或采取相应动作，同时将原始数据和上述分析计算得到的结果数据一并传输到云端。这些功能在应用形态上大多以软件程序的方式存在，如 Linux 的应用程序、Android 的应用程序等。

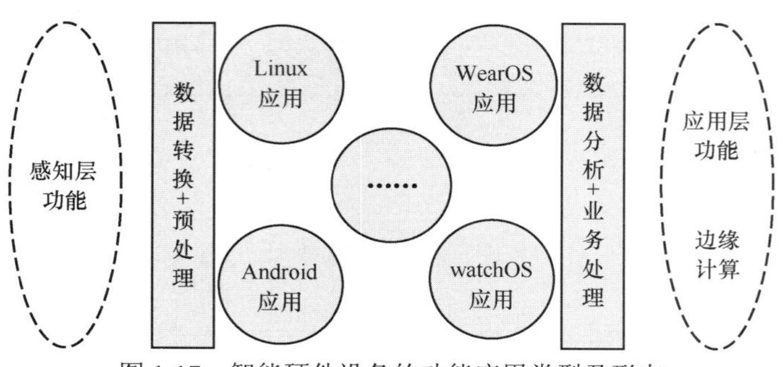


图 1-17　智能硬件设备的功能应用类型及形态

### 2. 应用差异性

前文提到，智能硬件设备应用于社会生活的各个领域，典型场景如家居、汽车、安防、穿戴、共享单车、物流等，不同行业的智能硬件设备甚至是不同厂商的类似智能硬件设备差异较大。这些差异性体现在包括智能硬件设备的部署方式、外在形状、体积大小、计算资源、通信方式、耗电情况等环节，如图 1-18 所示。了解这些差异性的存在，能为后续安全原理知识和分析技术的学习打下基础。

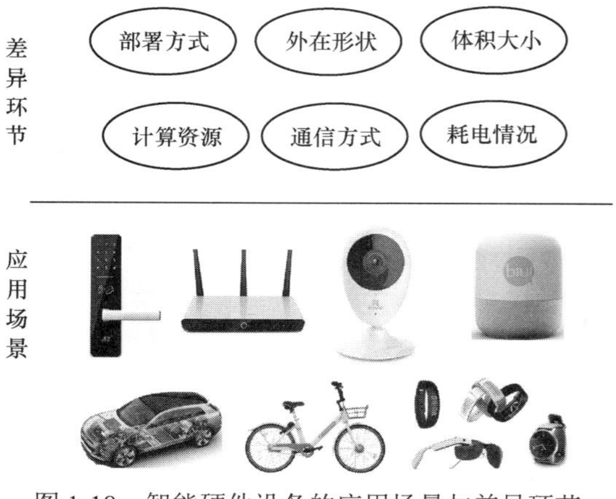

差异环节
部署方式　外在形状　体积大小
计算资源　通信方式　耗电情况
应用场景

图 1-18　智能硬件设备的应用场景与差异环节

## 1.4　移动智能终端

本书提到的“移动智能终端”主要是指智能手机，它在消费类 IoT 应用场景中是不可或缺的。用户通过智能手机和智能设备、云端进行信息交互，智能手机在 IoT 中的关联示意如图 1-19 所示。目前，主流的智能手机操作系统分为 Android 和 iOS 两大类。Android 智能手机厂商众多，操作系统为 Android——华为、三星、小米、OPPO、vivo 等厂商的智能手机均使用 Android；苹果智能手机厂商唯一，操作系统为 iOS。就 IoT 普通用户而言，其关心与智能设备管理相关的移动 App 使用方法；就信息安全专业用户而言，其还关心智能手机在 IoT 中的具体作用，以了解底层的数据通信和业务处理机制。

智能手机在 IoT 中主要起到管设备、搭桥梁和查业务的作用，如图 1-20 所示。其中，“管设备”是指智能手机作为智能设备管理终端，“搭桥梁”是指智能手机作为智能设备网关或读卡器，“查业务”是指智能手机作为业务应用查询终端。

图 1-19　智能手机在 IoT 中的关联示意

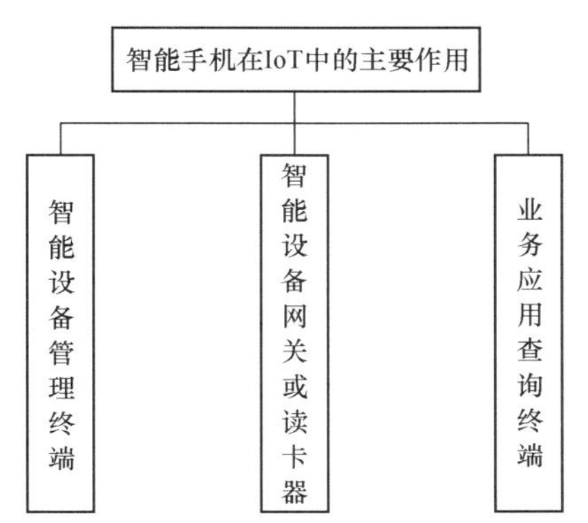


图 1-20　智能手机在 IoT 中的主要作用

## 1.4.1 作为智能设备管理终端

消费类 IoT 设备大多支持通过智能手机移动 App 完成对智能设备的远程管理，某智能汽车移动 App 和某智能家居移动 App 分别如图 1-21 和图 1-22 所示，包括设备的入网配置、远程操作、状态显示、固件升级、安全设置等功能。

图 1-21　某智能汽车移动 App

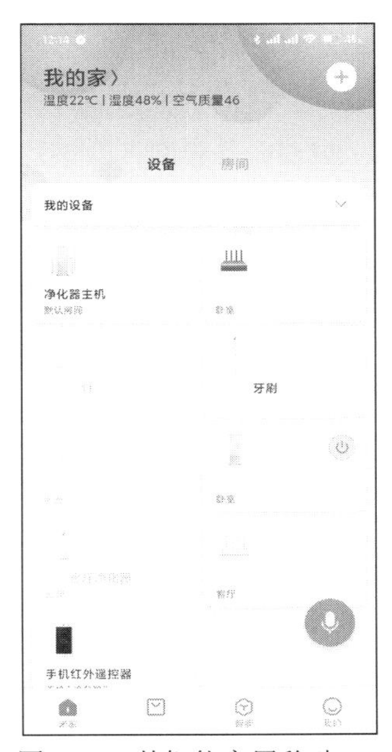


图 1-22　某智能家居移动 App

根据 1.2 节中介绍的 IoT 通信方式，移动 App 管理智能设备的通信方式包括以下 3 种。

（1）智能手机通过 3G/4G/5G 或 Wi-Fi 入网连接到云端服务，通过云端中转进行智能设备管理。在这种通信方式下，智能设备也是接入互联网并连接到云端，本质上云端作为业务交互平台，目前许多智能家居设备都采用该方式。

（2）智能手机通过 Wi-Fi 局域网内部直接访问智能设备开放的网络服务端口，以此进行智能设备管理。出于安全性考虑，主流 IoT 智能设备厂商大多不支持该方式。

（3）智能手机通过蓝牙等非 IP 信道进行智能设备管理，针对单个智能设备可直接配对连接管理，针对多个智能设备使用 IoT 网关进行集中管理。

### 1.4.2　作为智能设备网关或读卡器

智能手机常作为智能设备的蓝牙网关。智能手机通过自身蓝牙与智能设备蓝牙进行通信，然后通过智能手机的 Wi-Fi 或 3G/4G 与云端服务进行数据通信，从而承担起智能设备和云端的数据传输桥梁作用。典型应用场景包括智能家居、智能穿戴、共享单车等，例如，智能穿戴设备的人体健康数据同步，车载网络中的音频数据同步，共享单车使用蓝牙来配合开锁和身份验证等。

智能手机作为近场读卡器或读码器，通过近场扫描（如二维码、NFC 等）获取硬件设备信息，然后将信息传输到云端。典型应用场景如共享单车、网购取货平台（如中邮速递易、京东、丰巢）等。

### 1.4.3　作为业务应用查询终端

通过移动 App 查询 IoT 业务应用状态，包括主动业务查询和被动业务查询两种方式。

（1）**主动业务查询**。智能手机主动发起的业务查询。IoT 设备采集的数据一般存储在云端或者智能设备自带的存储卡中，用户如果想查看这些数据，需要通过移动 App 远程读取云端中的业务数据，这些数据查询是通过移动 App 主动向云端发起的。

（2）**被动业务查询**。智能手机被动实施的业务查询。对一些具有报警和计费功能的 IoT 设备，如果设备监测环境、计费等发生改变，其会主动通过云端向移动 App 推送消息，以便用户实时掌控 IoT 环境变化、设备状态变化等情况。例如，智能摄像头因为周围环境发生改变给出警告信息，共享单车使用完成后的计费信息推送到云端等。

### 1.4.4　移动 App 的系统差异

IoT 设备厂商一般会同时提供针对 Android 和 iOS 两个系统的移动 App，供不同的用户选择。Android 和 iOS 上的生态系统不尽相同，移动 App 相应的特点也有所差异，这些会对安全性产生一定的影响。

（1）**系统差异**。Android 由于其开源的特性，碎片化较为严重，即版本很多、很杂，尽管谷歌公司也一直在努力解决这个问题，但是收效甚微。iOS 基于其特有的封闭性，版本一直处于相对统一的状态。

（2）**代码开发差异**。Android App 在开发过程中可能使用一些第三方组件或代码资源，可能导致引入新的安全风险；iOS App 在开发过程中基本使用自己的代码。

（3）**移动 App 安装差异**。Android App 部署、下载和安装过程相对简单，通常在应用商城就能完成；iOS App 安装过程相对复杂，需要注册 Apple ID 之后去 App Store 下载。计算机需要安装 iTunes，连接并打开 App Store 下载软件，然后同步。

（4）**移动 App 权限差异**。Android App 在安装时就会提示用户赋予一定的权限；iOS 对移动 App 的访问控制较为严格，许多操作调用必须用户手动确定。

（5）**移动 App 保护差异**。由于 Android 开源，因此其移动 App 保护措施较多，如移动 App 加壳保护等；由于 iOS App 不开源，因此很少有相应的保护措施。

# 1.5 IoT 云端资源

IoT 云端资源是指由云平台提供、基于互联网通信的 IoT 服务资源，主要负责设备接入、业务处理、设备管理、用户管理、数据管理等应用层功能，是 IoT 重要的用户操作和数据汇聚平台。长远来看，“IoT 管控云端化”即通过云端进行智能设备管理与配置是必然趋势。

IoT 云端资源的基本架构如图 1-23 所示，自下而上为基础云平台、Web 服务软件和 IoT 管理应用。

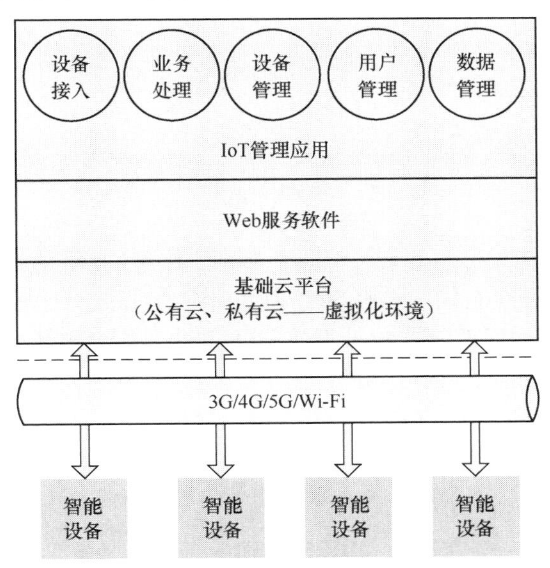


图 1-23 IoT 云端资源的基本架构

## 1.5.1 基础云平台

基础云平台是部署在互联网中的虚拟化系统环境，主要提供基础架构即服务（Infrastructure as a Service，IaaS）和平台即服务（Platform as a Service，PaaS）等服务，从类型上可分为大型互联网公司提供的公有云和厂商/组织机构的私有云。

（1）典型的公有云包括以下几种。

- 华为云

- 阿里云
- 百度智能云
- 腾讯云
- ThingWorx 8 IoT 平台
- Bosch IoT 云平台
- Oracle IoT 云平台
- Microsoft Azure IoT 套件
- Google Cloud IoT 平台
- IBM Watson IoT 平台
- AWS IoT 平台
- Cisco IoT Cloud Connect 平台

（2）典型的私有云（主流 IoT 厂商）包括以下几种。

- 小米 IoT 开发者平台
- 京东云
- 海尔 U+云
- 美的云
- 大华乐橙云开放平台
- 海康威视萤石云开放平台
- 电信运营商的私有云

## 1.5.2 Web 服务软件

Web 服务软件是基于云平台的网络服务软件，并作为容器支持运行 IoT 管理相关 Web 应用。Web 服务软件可能是 Web 中间件（或 Web 框架），也可能是厂商定制开发的服务软件。

Web 中间件大多使用 Java、PHP、JSP 等服务器脚本开发，典型类型有 JBoss、Joomla、Struts 2、vBulletin、Tomcat、WebLogic、Zabbix 等，如图 1-24 所示。实际上，许多非 IoT 网站也会采用这些典型的 Web 中间件。

图 1-24 典型的一些 Web 中间件

### 1.5.3 IoT 管理应用

IoT 管理应用是基于 Web 服务软件的上层功能应用，包括设备接入、业务处理、设备管理、用户管理、数据管理等具体功能。

（1）**设备接入**。支持不同类型、不同规模的智能设备以不同协议（如 HTTP、HTTPS、MQTT 等）及方式快速并发接入云端，在此基础上利用身份认证和消息推送等机制保证智能设备与云端的正常数据传输。

（2）**业务处理**。即数据业务处理，它根据定义的业务规则，对来自智能设备的 IoT 数据进行分析、响应以及可视化等处理。

（3）**设备管理**。为移动终端（用户）提供包括智能设备状态可视化、远程控制、远程配置、故障定位、升级维护等管理服务，使用户能远程灵活操控智能设备。

（4）**用户管理**。为 IoT 用户提供注册、登录、授权等服务，确保具有合法身份的用户能使用恰当的权限对智能设备进行远程管理。

（5）**数据管理**。提供对 IoT 业务数据的录入、查询、删除、修改以及数据挖掘等服务，也可以随时更新规则以实现新智能设备和应用程序的功能。

## 1.6 IoT 通信管道

IoT 通信管道是智能设备、移动终端和云端之间通信的基础支撑，包括网关传输设备和网络通信线路两部分，如图 1-25 所示。其中，网关传输设备主要是指 IoT 网关设备和无线路由器设备，网络通信线路主要是指无线线路和有线线路。

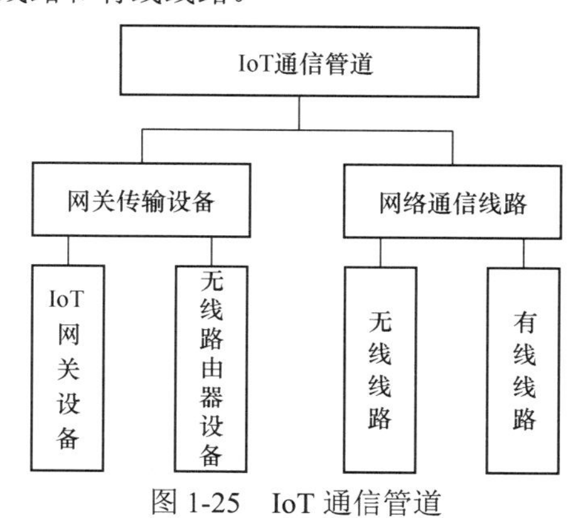


图 1-25 IoT 通信管道

### 1.6.1 网关传输设备

顾名思义，网关传输设备包括 IoT 网关设备和无线路由器设备两类。

**1. IoT 网关设备**

IoT 网关设备作为网络和互联网之间的通信桥梁。对于不支持 IP 的智能设备而言，传感器采集的数据要到达云端必须经过 IoT 网关设备。IoT 网关设备采集来自传感器的数据后进行协议转换，并在数据中转之前进行清洗和预处理。典型的 IoT 网关设备包括 ZigBee 网关、蓝牙网关、CAN 总线网关等。IoT 网关设备大多不支持 IP 协议，智能设备连接到 IoT 网关设备之后，通过 Wi-Fi（+光纤）路由器或移动通信线路接入云端，如图 1-26 所示。同时，IoT 网关设备还会对连接的智能设备提供一些额外的安全性和配置更改管理。目前一些智能家居厂商在其生态系统中已逐步将 IoT 网关设备和无线路由器设备集成为复合网关。

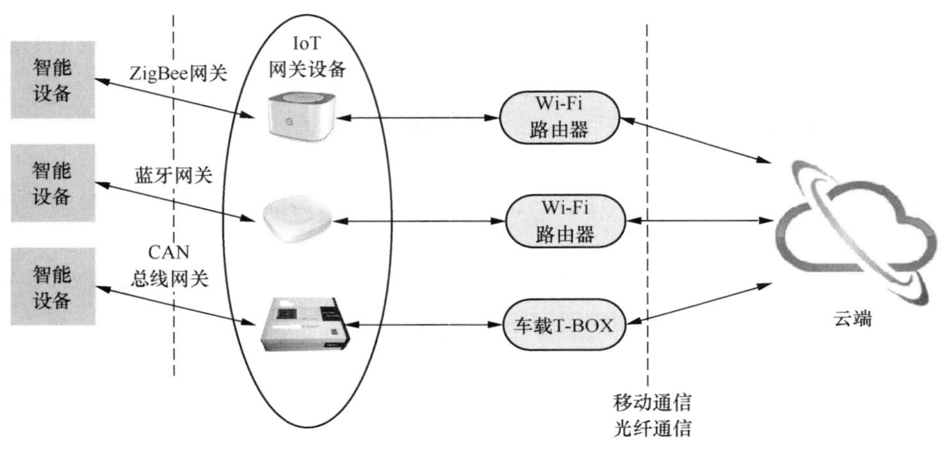


图 1-26　IoT 网关设备部署示意

**2. 无线路由器设备**

生产与 IoT 相关的无线路由器设备的厂商很多，有多个品牌，如友讯（D-Link）、普联（TP-Link）、华为、华硕、网件（Netgear）、腾达等，主要用于为智能设备接入云端提供 Wi-Fi 通道。同体积较大的骨干路由器设备相比，这些无线路由器设备体积更小且支持 Wi-Fi 功能，如图 1-27 所示。

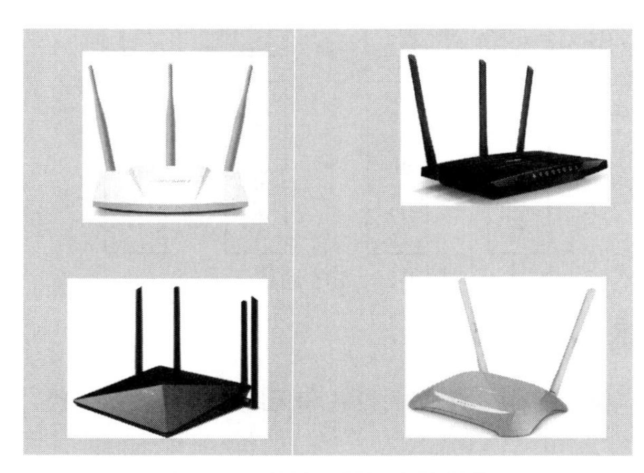

图 1-27　部分无线路由器设备

## 1.6.2 网络通信线路

IoT 是复合的网络系统，数据从传感器采集到云端分析的通信传输过程可能经过不同的线路，分为无线线路和有线线路，整体上无线为主、有线为辅。

无线线路以无线空间为介质、以无线信号为承载进行数据传输，例如近场的 Wi-Fi、蓝牙、ZigBee、NFC 等通信，以及远程的 3G、4G、5G 移动通信，相关无线协议参见 1.7 节。

有线线路以光纤线路或专用有线线路进行数据传输。许多 IoT 应用场景，如智能设备、智能手机等都是直接采用光纤线路通信。采用专用有线线路的典型通信场景，一是家庭或企业办公网络采用有线光纤入网，如调制解调器（光猫）接入互联网；二是联网汽车的车载设备，其内部通过 CAN 总线+网关进行特殊的（按行业标准，有别于以太网）有线通信。

# 1.7 IoT 通信协议

IoT 通信协议分为网络接入协议、网络应用协议和 GPS 协议三大类，如图 1-28 所示。其中，网络接入协议用于设备组网和接入，支持数据传输，以无线协议为主，包括无线近场协议和无线远程协议；网络应用协议主要以 IP 为基础，用于设备接入后的业务应用通信，包括常规的 HTTP/HTTPS 和定制应用协议；GPS 协议用于对智能设备（移动设备为主）的实时定位。

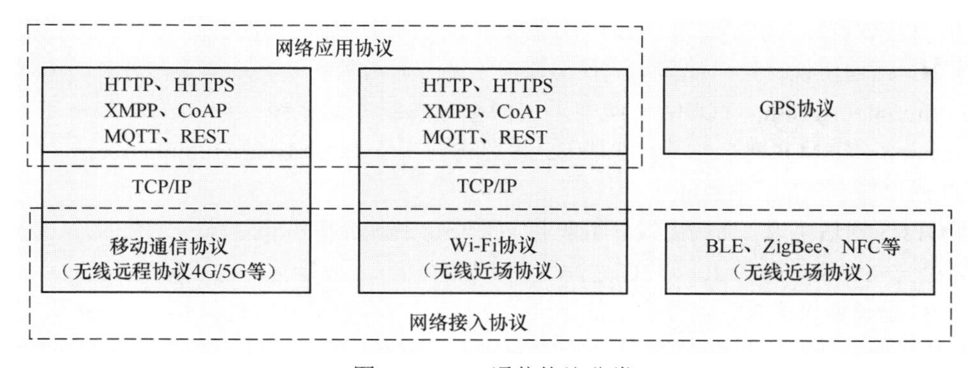


图 1-28 IoT 通信协议分类

## 1.7.1 无线近场协议

无线近场协议是网络接入协议的重要组成部分之一，支持相对近距离的设备连接与通信。目前，IoT 中使用较广泛的无线近场协议包括 Wi-Fi 协议（IEEE 802.11）、蓝牙或蓝牙低功耗（Bluetooth Low Energy，BLE）、ZigBee（IEEE 802.15.4）、NFC 等。表 1-20 所示为常见无线近场协议的特点比较，关于这些协议的更多细节信息，读者可查看相关标准进一步学习。

表 1-20 常见无线近场协议的特点比较

| 协议名称 | 基本描述 | 覆盖范围 | 功耗 | 应用场景 | 安全性 |
| --- | --- | --- | --- | --- | --- |
| Wi-Fi | 基于 IEEE 802.11 标准，通常使用 2.4GHz UHF 或 5GHz SHF ISM 射频频段，设备必须通过 Wi-Fi 热点接入 Wi-Fi 网络才能进行通信 | 100 米左右 | 较高 | 智能家居，公共环境 | 较低，密码可能被破解，如果未设置密码，则任何人都可以接入 Wi-Fi |
| 蓝牙 | 使用 2.4～2.485GHz 的 ISM 频段，支持设备之间短距离数据交换。因低功耗需求，多数 IoT 设备都支持蓝牙 4.0 及以上，即 BLE | 15 米以内 | 低，尤其是 BLE | 智能家居、联网汽车、智能穿戴、共享单车等场景 | 较高 |
| ZigBee | 基于 IEEE 802.15.4 标准，组网能力强，需要网关进行协议转换 | 10～100 米 | 很低，一节电池可使用 2～10 年 | 智能家居 | 高，提供了数据完整性检查和鉴权功能，加密算法采用通用的 AES～128 |
| NFC | 短距高频的无线通信协议，设备自动连接 | 20 厘米以内 | 低 | 智能门锁、门禁、移动支付等 | 高，支持身份验证，且近距离通信容易被攻击 |

## 1.7.2 无线远程协议

无线远程协议主要是指 2G、3G、4G 和 5G 等通信协议。这些协议借助移动通信技术连接互联网，也可以称为移动通信协议。NB-IoT、LoRa 等低功耗广域网协议不属于本书介绍范围。

（1）**2G 通信协议**。第二代移动通信协议，主要分为两类：一类是基于时分多路访问（Time Division Multiple Access，TDMA）所发展出的全球移动通信系统（Global System for Mobile Communication，GSM）规格；另一类是码分多路访问（Code Division Multiple Access，CDMA）规格。2G 通信速率一般在 32kbit/s。

（2）**GPRS 通信协议**。通用无线分组业务（General Packet Radio Service，GPRS）是基于 GSM 的无线分组交换协议，介于 2G 和 3G 之间，由中国移动开发并运营，也被称为 2.5G。

（3）**3G 通信协议**。第三代移动通信协议，支持高速数据传输的蜂窝移动通信技术。3G 服务能够同时传送声音及数据信息，下行速率一般为 2M～3Mbit/s。目前 3G 存在 3 种标准：CDMA2000（美国版）、WCDMA（欧洲版）和 TD-SCDMA（中国版）。

（4）**4G 通信协议**。第四代移动通信协议，集 3G 与无线局域网（Wireless Local Area Network，WLAN）于一体，能够快速传输高质量音频、视频和图像数据等。4G 传输速率可达 100Mbit/s，目前包括 TD-LTE 和 FDD-LTE 两种制式。

（5）**5G 通信**。第五代移动通信协议于 2019 年陆续推出，已广泛应用于 IoT 领域。

## 1.7.3 网络应用协议

网络应用协议是支持 IoT 业务应用的网络协议。传统应用协议是 HTTP 和 HTTPS，二者的主要区别在于 HTTPS 增加了认证和加密，将 HTTP 和 HTTPS 直接应用到 IoT 中存在以下局限性。

（1）设备主动向服务器发送数据，难以实现服务器主动向设备发送数据。

（2）HTTP 采用明文数据传输，安全性不高。

（3）资源占用率高，一些资源受限的设备处理速度跟不上。

因此，一些基于消息推送的定制应用协议更受关注，部分如下。

（1）**MQTT 协议**。消息队列遥测传输（Message Queuing Telemetry Transport，MQTT）协议是 IBM 公司开发的一个即时通信协议，比较适用于智能设备通信应用场景。MQTT 协议构建于 TCP/IP 上，采用发布/订阅消息模式，提供一对多的消息发布，可以解除应用程序耦合；MQTT 协议头部固定长度为 2 字节，可适用于低功耗低网速的设备；MQTT 协议支持服务质量（Quality of Service，QoS），有“至多一次”“至少一次”和“只有一次”3 种消息服务模式。

MQTT 协议的上述特点使其在卫星链路通信传感器、医疗设备、智能家居、受限环境小型化设备中广泛应用。小米、华为、三星、苹果等公司的 IoT 设备重点支持 MQTT 协议，一般同时集成两种协议，MQTT 协议为主，外加一个常规的其他协议。

（2）**XMPP**。可扩展通信和表示协议（Extensible Messaging and Presence Protocol，XMPP）是一种基于标准通用标记语言的子集可扩展标记语言（eXtensible Markup Language，XML）的协议，可用于服务类实时通信、表示和需求响应服务中的 XML 数据元流式传输。XMPP 采用客户端/服务器（C/S）通信模式，使用简单的客户端，将多数工作放在服务器进行。

XMPP 是基于 XML 的协议，得益于开放性、易用性等特点，在即时通信、网络管理、内容供稿、协同工具、游戏等方面得到了广泛应用。

（3）**REST 协议**。表述性状态传递（Representational State Transfer，REST）协议是一种针对网络应用的设计和开发协议，可以降低开发的复杂性，提升系统的可伸缩性，可快速实现客户端和服务器之间交互的松耦合，降低客户端和服务器之间的交互延迟。采用 REST 协议的客户端和服务器之间的交互在请求时是无状态的，并且使用标准的 HTTP 方法（如 GET、PUT、POST 和 DELETE）。

REST/HTTP 主要为了简化互联网中的系统架构，因此适合应用在 IoT 中。在 IoT 应用中，REST 协议可以通过开放 REST API 的方式被互联网中其他应用所调用。

（4）**CoAP**。受限制的应用协议（Constrained Application Protocol，CoAP）基于 REST 架构，应用于无线传感网中。CoAP 是一种应用层协议，它运行于用户数据报协议（User Datagram Protocol，UDP）之上，包含一个紧凑的二进制报头和扩展报头。CoAP 基本报头只有 4 字节，基本报头后面跟扩展选项，一个典型的请求报头为 10～20 字节。为了实现客户端访问服务器上的资源，CoAP 支持 GET、PUT、POST 和 DELETE 等方法。CoAP 支持异步通信，适用于机对机（Machine-to-Machine，M2M）通信。CoAP 支持内置的资源发现格式，用于发现设备上的资源列表。

CoAP 的设计目标是为了让小设备可以接入互联网，解决设备直接连接到 IP 网络的问题，满足将 IP 技术应用到设备之间、互联网与设备之间的通信需求。

### 1.7.4 GPS

GPS 是一种以空中卫星为基础的高精确无线导航定位系统。作为移动感知技术，它是 IoT 中用于采集移动设备位置信息的重要技术。目前，GPS 协议在智能穿戴、智能汽车和共享单车、智能物流、智能交通等许多领域均有应用。

## 1.8 本章小结

本章从 IoT 的起源、发展和应用场景等方面着手，给出了 IoT 的概念和基本含义，在此基础上引出了典型的 IoT“端—管—云”架构，并详细介绍了 IoT 的网络层次、组成部件及其通信模型；然后，从 IoT 的智能硬件设备、移动智能终端、通信管道、云端资源和通信协议等方面介绍 IoT 基础知识。通过学习本章内容，读者可对 IoT 有一个清晰认识，为后续进行 IoT 安全分析奠定了基础。

# 第2章

# IoT 安全概述

本章将在第 1 章的基础上，以信息安全为主线，简要介绍 IoT 安全的研究范畴、IoT 安全行业现状、IoT 设备安全关注点以及近年来的典型 IoT 安全事件，最后给出一些参考资源，以便让读者对 IoT 安全知识有一个整体的认识。

## 2.1 IoT 安全的研究范畴

本节将讨论 IoT 安全的研究范畴，先探讨 IoT 安全的意义所在，然后介绍 IoT 安全的研究对象、IoT 安全的知识板块、IoT 安全的发展视角等内容。

### 2.1.1 IoT 安全的意义

所谓“万物互联、安全先行”，IoT 在提供丰富应用、迅速改变世界、提升人们工作和生活质量的同时，也带来了难以规避的网络安全问题。例如，家里的智能门锁遭到非法打开，摄像头遭到非法禁用或视频数据遭到窃取，智能音箱或智能玩具被黑客控制后会窃取用户语音数据；共享单车一度大量遭到“免费”开启使用；行进中的智能汽车遭到恶意加速或刹车，车主信息遭到泄露；联网的医疗设备参数遭到黑客远程恶意操控；数万甚至数十万的家用路由器和网络摄像头感染病毒（僵尸网络），一波又一波的分布式拒绝服务（Distributed Denial of Service，DDoS）攻击致使网络瘫痪等。

综上所述，网络安全问题有三大类：一是“多”，数以亿计的智能设备连接或暴露到互联网中，可能遭受安全威胁的点呈现多、分布广的特征；二是“杂”，智能设备来自不同厂商，不仅资源性能、通信协议存在差异，安全性设计也是参差不齐，存在安全相对薄弱的智能设备，其遭受安全威胁的概率较大；三是“联”，IoT 网络架构中“端—管—云”任何一个环节存在弱点，都可能被黑客攻破并牵连其他环节（例如，云端或智能手机被攻破可能导致智能设备被操控），这就是典型的“木桶效应”（见 2.1.2 节）。

显然，IoT 安全需要引起我们的重视。我们尤其要重视智能设备数量快速增长以及无线连接带来的安全挑战。其实，IoT 安全是传统互联网和移动互联网安全的进一步延伸，其安全思想和分析方法以二者为基础。

### 2.1.2 关于“木桶效应”

对许多 IoT 应用场景而言，从终端到云端面临着广泛的安全威胁，但黑客往往会选择最为“合适”的切入点展开攻击，这就是“木桶效应”，又称为“木桶原理”或“短板效应”。其原意是说，一只木桶的盛水量不取决于最长的那块木板，而取决于最短的那块木板，如果某块木板太短或木板下面有洞，就无法盛满水，如图 2-1 所示。

图 2-1 “木桶效应”

引申到网络安全领域，“木桶效应”是指信息系统的整体安全水平由其安全级别最低的部分决定，系统最薄弱的环节往往最可能被黑客利用。IoT 系统大多具有较高的复杂度，智能设备、手机、云端由不同厂商提供或由不同团队研发，安全考虑参差不齐，其中的薄弱环节很有可能成为黑客攻击的目标，如图 2-2 所示。

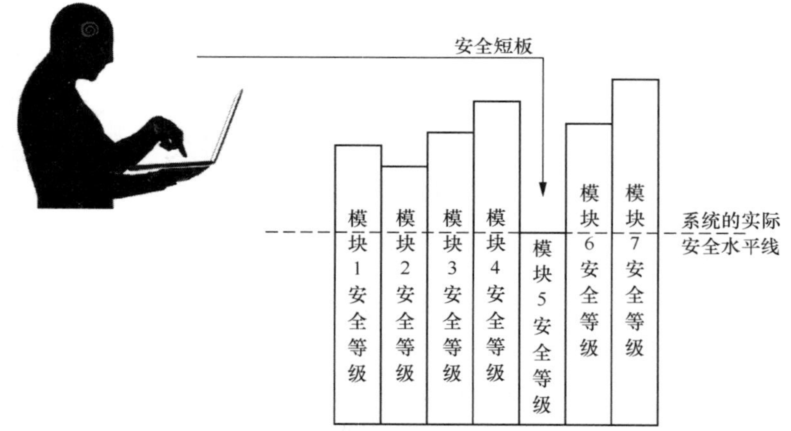


图 2-2 信息系统的“木桶效应”

其实，黑客不是盲目寻找信息系统的薄弱环节，他们通常是对信息系统各个组成部分的安全性逐一分析、客观评估，在此基础上尝试从某一处或某几处最有把握的地方入手，挖掘漏洞并加以利用和攻击。这里谈到的以漏洞挖掘、利用为目的的分析评估，业界称其为攻击界面（attacking surface）分析，相关内容参见第 3 章。

### 2.1.3 重点知识内容

IoT 安全不是一个单点问题，而是体系化的问题。IoT 安全的知识内容如图 2-3 所示，本节将从 IoT 安全的研究对象、IoT 安全的知识板块和 IoT 安全的发展视角这 3 个维度介绍。

**1. IoT 安全的研究对象**

IoT 安全的研究对象就是“靶子”。为体系化认识 IoT 安全问题，本书将研究对象与网络组成相对应，包括“端—管—云”网络架构各部件，即智能设备安全、移动终端安全、云端资源安全和通信管道安全；对于智能家居等应用场景，还关注其设备生态安全。针对不同研究对象，读者可以沿“硬件—软件—协议—业务”这条主线选择学习入手点。

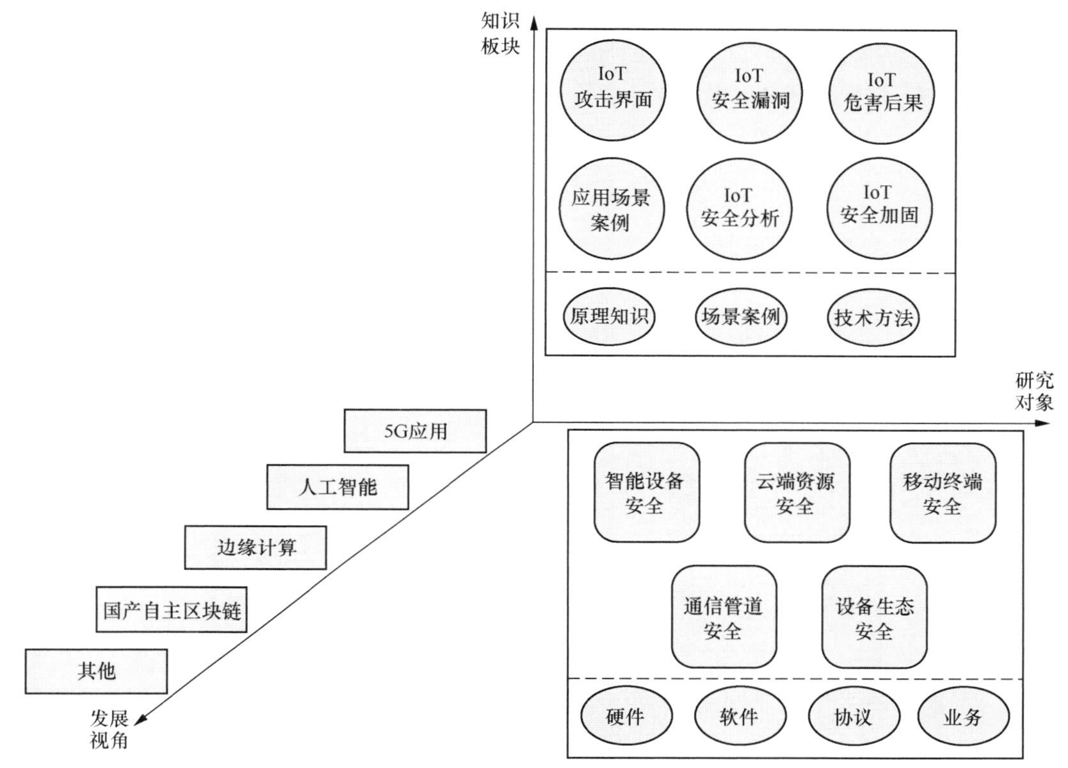


图 2-3 IoT 安全的知识内容

同时，智能设备相关的安全知识和技术方法，可适当拓展到对打印机、传真机、投影仪等常见联网办公设备的安全研究。

**2. IoT 安全的知识板块**

IoT 安全的知识板块就是为命中“靶子”所应掌握的“内容”。在本书中，IoT 安全的知识板块包括原理知识、场景案例和技术方法三大部分。

（1）**原理知识**。主要是指 IoT 的攻击界面、漏洞、危害后果等基础原理和相关知识。漏洞是焦点，大多数 IoT 网络攻击威胁都是由存在漏洞所导致的，而攻击界面则是研究、分析漏洞的切入点；漏洞类型方面，不同 IoT 应用场景组网模式、业务内涵差异较大，既要关注传统漏洞、共性漏洞，也要关注各应用场景业务漏洞、个性漏洞。危害后果分为“虚拟”和“现实”两方面，包括对虚拟网络空间的危害和对现实物理世界的危害。

（2）**场景案例**。主要是指结合家居、监控、汽车、穿戴、单车等社会生活常见应用场景的安全风险分析和案例介绍，尤其突出与应用场景相关的差异化知识，这些内容有利于对原理知识的直观认识和强化理解。

（3）**技术方法**。即开展 IoT 安全知识实践和验证所需要的基本技术和工具用法，重点是 IoT 的安全分析技术、安全加固技术、通用及专用的辅助工具推荐。一些技术工具即使相对传统、通用，但结合实际应用场景的实施操作方式也往往会有具体要求。

**3. IoT 安全的发展视角**

IoT 安全的发展视角就是未来的发展趋势。发展视角着眼于未来 2～3 年（甚至 3～5 年）内可能与 IoT 融合发展的一些重要学科方向，如 5G 应用、人工智能、边缘计算、国产自主区块链等，并在此基础上探究和分析它们为 IoT 安全可能带来的各种影响。

# 2.2 IoT 安全行业现状

## 2.2.1 谁在关注 IoT 安全

IoT 行业目前是"百花齐放"，其行业分支（与应用场景对应）厂商及设备规模都在激增，大基数、多领域的 IoT 设备带来的安全问题也日益棘手。那么，有哪些机构或群体正关注 IoT 安全呢？如图 2-4 所示，IoT 安全分为管理、产线、第三方和用户 4 个角度的主体角色。

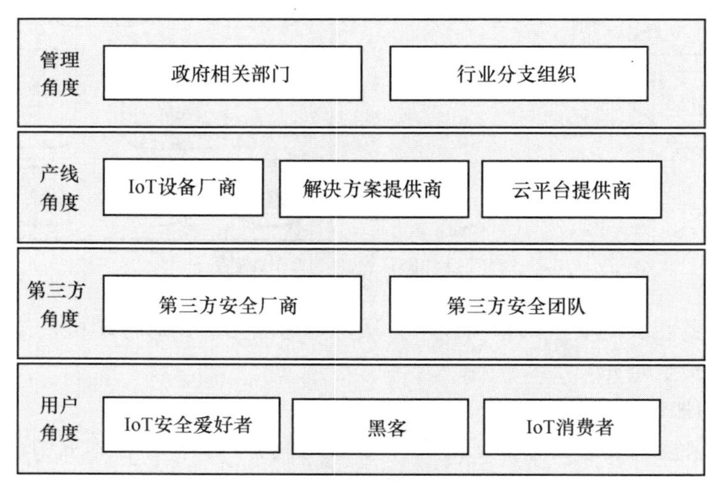


图 2-4 IoT 安全相关的主体角色组成

（1）**管理角度**。政府相关部门关注大众消费安全，如 IoT 安全法律法规、强制安全标准制定等；行业分支组织包括应用场景相关的产业联盟、安全协会等组织（如车联网安全联盟等），关注行业安全标准拟制以及用户权益保护等工作。

（2）**产线（提供商）角度**。IoT 设备厂商关注用户对设备的安全体验、设备安全要素集成以及对安全事件的应急响应等，厂商之间会存在供应链的情况，同时不同厂商对安全的重视程度有所差异（基本情况是主流厂商更加注重安全，小厂商大多以功能实现为主、安全意识较为薄弱）；

解决方案提供商主要关注设备集成方案的整体安全性，以及方案中硬件来源的安全可靠性，可能会协助解决部分设备安全问题；云平台提供商主要关注云端资源安全性以及对设备安全解决方案的衔接等。

（3）**第三方角度**。第三方安全厂商大多为深耕多年的、向 IoT 安全局部转型的互联网安全企业，第三方安全团队主要是指互联网服务提供商、高校、科研院所等单位的 IoT 安全研究团队，主要关注热点 IoT 设备（如汽车、家居等）安全评估、安全加固和安全事件响应等问题。

（4）**用户角度**。这里的“用户”是广义上的，IoT 安全爱好者、黑客和 IoT 消费者本质上都需要购买设备来使用或研究。IoT 安全爱好者的出发点是个人兴趣，黑客的出发点是不良目的，IoT 消费者则关注设备使用过程中自身的隐私、财产和人身安全是否得到保障。不同用户的安全意识和安全更新习惯也不一样。

此外，IoT 应用场景类型决定其安全性的被重视程度。高消费、高敏感度的行业显然会更受关注，例如智能家居安全（尤其是生态系统的安全性）、车联网安全、智能穿戴、公共基础设施安全等行业都是热门的关注点。

### 2.2.2 安全标准和白皮书

随着 IoT 技术的应用日益广泛，如何保证其安全性显得越发重要。相关法律法规应尽早得以完善，才能为行业的正常发展保驾护航。在我国，主要参考的是 2017 年 6 月起开始实施的《网络安全法》。

近两年，IoT 安全标准逐渐出现和丰富起来。IoT 安全标准按传统分法包括国际标准（国际标）、国家标准（国标）和行业标准（标准）等几个层次，各个行业不定期发布一些行业白皮书，如图 2-5 所示。

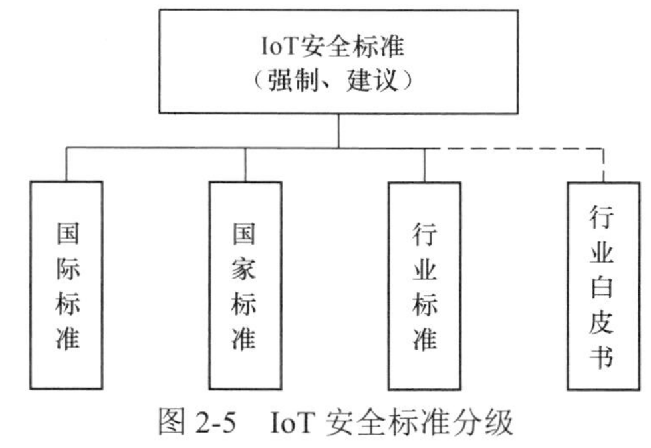

图 2-5 IoT 安全标准分级

（1）**国际标准**。指的是由全球性组织（如 ISO）牵头制定的标准，在世界范围内统一使用。

（2）**国家标准**。指的是由我国相关部门起草、制定的标准，目前已发布或处于草案阶段的 IoT 安全国家标准为数不多。

（3）**行业标准**。汽车、家居、穿戴等分支行业近几年陆续推出相关安全技术标准，行业内统一遵从。

（4）**行业白皮书**。是指企业级或机构级的行业白皮书，由一家独立或多家联合发布，对某分支行业的技术现状、安全风险、典型案例等内容进行阶段总结和趋势展望。

### 2.2.3 安全比赛和安全会议

IoT 作为新兴领域，整体正处于技术更迭频繁的高速发展阶段，每年都会有一些安全比赛和安全会议作为 IoT 领域发展和人才发现的汇聚平台。

#### 1. 安全比赛

目前与 IoT 安全相关的比赛处于摸索阶段，类型包括以设备破解为主的比赛和以安全防御为主的比赛。以设备破解为主的比赛，重点考察参赛者对 IoT 设备的漏洞挖掘和分析利用能力，例如 2019 年“某杯”设备破解大赛，各种极棒比赛，2020 年举办的鹏城靶场智能汽车安全比赛（CAN 总线逆向为主）等；以安全防御为主的比赛，重点考虑参赛者从防护加固角度对 IoT 安全的实践能力，例如“某杯”物联网安全大赛。

此外，传统安全比赛或某些安全会议也可能增加 IoT 安全比赛环节，包括固件设备、云端 Web 管理分析等类型的题目。

**2. 安全会议**

安全会议主要分三大类：一是全球或全国性的专题会议，例如世界物联网安全峰会、中国物联网安全国际峰会等，这些会议本身就以 IoT 安全为主题，按照应用场景又可分为不同的论坛，如智能家居网络安全论坛、车联网安全论坛等；二是传统安全会议下的 IoT 安全板块，例如 RSA 大会的 IoT 分会，以及每年在我国举办的各种互联网安全大会下设的 IoT 安全议题；三是由部分主流 IoT 厂商举办的安全会议，例如小米公司的 IoT 安全峰会。

## 2.3 IoT 设备安全关注点

IoT 设备安全关注软件漏洞、数据安全和业务安全等问题，应贯穿整个设备生命周期。如图 2-6 所示，IoT 设备安全关注点涉及安全研发、安全测试、安全部署、安全运行和安全响应等多个环节。同时，IoT 设备的安全性也受厂商重视程度、硬件资源条件、网络分布特点以及供应链安全性等因素综合影响。

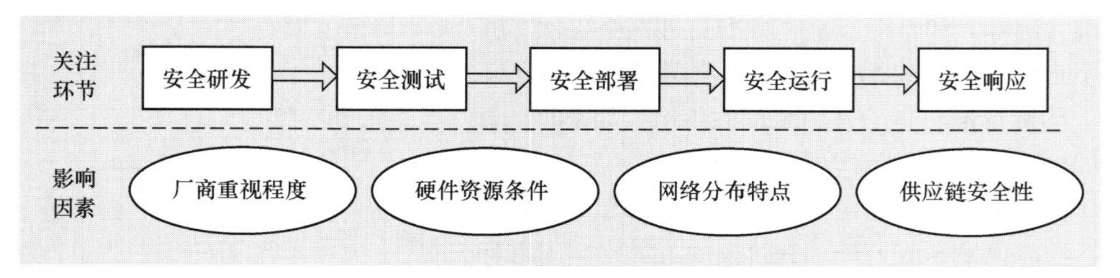


图 2-6 IoT 设备安全关注点

我们先来简要介绍一下影响 IoT 设备安全的因素。

（1）**厂商重视程度**。除部分新兴的互联网厂商及安全厂商外，许多 IoT 厂商之前从事传统制造业，并没有很强的信息安全背景，对设备安全的重视不够、投入较少。出于成本控制等原因，一些 IoT 厂商没有设置专门的安全团队及安全响应机制，设备出厂之前缺乏安全考虑，一般在用户使用出现了网络安全问题后才进行检测、加固。相较而言，新兴 IoT 厂商更加重视安全，在设备研发阶段或出厂前往往就有严格的安全检测，从而会让设备的先天安全属性相对高一些。

（2）**硬件资源条件**。IoT 设备大多是运行嵌入式操作系统的智能设备，设备功耗、计算和存储等硬件资源对安全性有直接影响。设备的低功耗要求，导致部分设备难以具备完整的安全保护功能或难以较长时间运行安全保护功能，例如访问控制、数据保护、代码保护、漏洞缓解等；计算资源受限的特点使得设备难以支持复杂的保护措施或加解密计算，即便支持其强度也会打折扣，一般采用快速、轻量级加解密算法；存储资源受限（如存储容量仅几兆字节），使设备很难移植运行于 PC 的安全组件（占用空间较大），往往只能运行弱化的裁剪版。因此，硬件资源的局限，会导致许多 IoT 设备或多或少存在一些安全风险隐患。

（3）**网络分布特点**。IoT 系统具有“端—管—云”的分布式网络架构，“木桶效应”使得网络安全问题很难从单点进行防护。智能设备、云端资源、智能手机、通信管道等组成部件都要考虑安全问题，既包括物理部署方面的安全问题，也包括身份认证、访问控制、加密通信等方面的安全问题。

（4）**供应链安全性**。对于 IoT 厂商而言，智能设备不必全都自行研发，可以集成第三方的共性软、硬件模块。其中，共性硬件主要是第三方（通常是主流 IoT 厂商）提供的底层芯片或围绕芯片的硬件解决方案；共性软件主要是指设备固件中采用第三方提供或开源的代码库，如 OpenSSL、OpenSSH 等。第三方和 IoT 厂商之间的支撑关系为供应链关系，如图 2-7 所示。显然，即使 IoT 厂商注重自研部分的安全性，但供应链出现漏洞隐患，风险也是很大的。

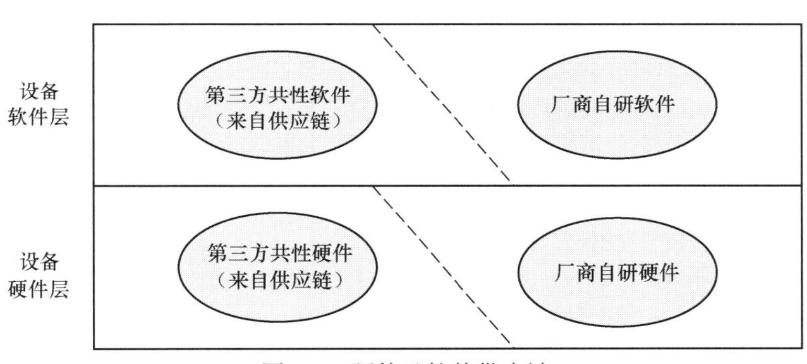


图 2-7 硬件及软件供应链

接下来，我们以 IoT 设备的生命周期为主线，逐一介绍安全研发、安全测试、安全部署、安全运行和安全响应这 5 个环节的安全关注重点。

## 2.3.1 安全研发

IoT 设备的安全研发环节包括设备设计和设备开发两个环节，设备设计环节关注设备架构设计和流程设计安全，设备开发环节关注代码实现的漏洞问题。

### 1. 设备设计安全

在设备设计环节，我们需要把握安全和性能之间的平衡点，应考虑软、硬件架构和业务逻辑流程的设计安全要素，同时预留一定的弹性空间，以便后续安全维护和升级更新。如果不针对设备架构和流程设计考虑安全问题，那么在用户使用过程中出现漏洞后才修补可能会很被动，甚至可能会造成设备性能的严重下降。例如，典型的“熔断”和“幽灵”漏洞会导致侧信道攻击与信息泄露，而补丁修复又会造成 CPU 性能下降，厂商为了性能反而不愿去修复漏洞。

同时，设备“后门”也是设备设计环节值得关注的问题。这里的“后门”，主要是指开发者为了便于未来进行故障查找等售后技术支持有意留下的某些未公开的接口或功能。通过这些接口或功能，黑客往往可以远程获取设备或云端的配置管理和系统控制等权限，显然安全风险是比较大的。

**2. 设备开发安全**

设备开发环节关注代码实现过程中是否会产生软件漏洞，软件漏洞主要包括内存破坏漏洞和逻辑错误漏洞两大类（见第 4 章）。编写代码时应尽可能避免使用不安全的应用程序接口（Application Programming Interface，API）函数，同时应避免集成容易出现软件漏洞的第三方软件模块或底层芯片。

## 2.3.2 安全测试

设备测试环节涉及功能测试、性能测试、接口测试和安全性测试等几方面，本书重点关注安全性测试。在这一环节，应尽量采用丰富多样的测试样例及测试方案来提前发现 IoT 设备中的各类漏洞，可以将多种传统网络安全中的经典测试思路与 IoT 安全特性进行融合测试。

目前，IoT 行业内没有一套非常标准化的安全测试方法，也基本没有专业的第三方安全评测机构和标准化的评测方式，安全测试基本都是由厂商团队按照自己的方式开展的。主流厂商在此过程中逐渐形成了具备一定标准化的测试条件和测试流程，而一些小厂商因为不具备完善的安全测试团队和较强的安全测试能力而可能忽略设备中存在的漏洞。

## 2.3.3 安全部署

由于 IoT 设备本身具有物理分布属性，许多 IoT 设备部署在户外或其他人为可接触的区域，而且 IoT 设备大多有无线通信的特性，因此针对 IoT 设备的实时定位和检测物理位置变化就显得尤为重要。例如在共享单车的 IoT 场景下，共享单车的投放位置和数量需要经过非常精确的计算，这样才能实现效率的最大化，而普通用户的感受就是随时有共享单车可使用，便捷性非常高。用户可以如此便捷地接触到 IoT 设备，那么恶意攻击者同样可以接触到 IoT 设备，因此如何更好地识别和判断用户或恶意攻击者也是需要慎重考虑的问题。

IoT 设备类型以路由器、网络摄像头、调制解调器和网络打印机为主；IoT 设备开放的服务主要有 HTTP、SSH、UPnP、TR-069、RTSP 等。IoT 设备一旦暴露在互联网中就会增加攻击界面，存在被攻击的风险。如果 IoT 设备自身安全性不高，将会导致自身成为恶意软件或蠕虫病毒攻击的目标。大量 IoT 设备被蠕虫病毒感染可能形成“僵尸”网络，对互联网整体安全造成非常大的影响。

## 2.3.4 安全运行

设备运行环节重点关注用户部署 IoT 设备之后业务运行过程的安全性。首先是智能设备的运行参数配置，例如通信协议选择、协议加密套件、密钥安全性（如是否存在明文分发）以及业务交互过程的信息流转等环节，如果配置不当可能引起运行时的安全风险，尤其是对数据隐私和数据完整性造成严重威胁。

以数据安全为例。用户隐私数据主要存储在 IoT 设备中或云端，云端可能遭受外部攻击或内部泄密，导致用户隐私数据泄露；同时，IoT 设备之间也存在数据泄露渠道，在同一网络或相邻网络的 IoT 设备可能会查看到其他 IoT 设备的信息。典型的数据泄露问题是 IoT 厂商直接在互联网上暴露了未采取加密措施的数据库，导致谁都可以下载和搜索这些数据，造成了影响非常恶劣的数据隐私泄露。

此外，IoT 设备的升级更新是运行环节另一个安全相关的问题。目前，IoT 设备更新主要是固件更新，更新方式以空中激活（Over-The-Air，OTA）为主。更新过程如果没有加密保护和较强的完整性校验，就会存在固件被黑客劫持替换的风险。

## 2.3.5 安全响应

安全响应主要强调 IoT 厂商对 IoT 设备出现网络漏洞或引起安全事件时的综合响应能力，包括安全响应中心、安全响应机制和安全响应效率等。

（1）**安全响应中心**。除部分传统的 IoT 厂商外，主流 IoT 厂商大多都逐步成立了自己的网络安全团队，包括安全响应中心（Security Response Center，SRC）或安全实验室等实体形式，例如小米、华为、360、三星等厂商的网络安全团队。以小米公司为例，其安全中心 MiSRC 站点如图 2-8 所示。此外，也有部分 IoT 厂商联合成立安全响应中心，例如 2018 年创维集团和百度公司合作成立安全团队，为其智能电视提供安全解决方案。

图 2-8 小米安全中心

（2）**安全响应机制**。目前，各 IoT 厂商提供的安全响应机制的基本模式是：首先由 IoT 厂商发现漏洞或者通过自身平台或第三方平台（如华为、小米、苹果、特斯拉等厂商都有自己的漏洞奖励计划）收到 IoT 设备漏洞提交，通过安全响应中心（如果有的话）分析得出漏洞的成因以及合适的修复建议（包括修复的位置和修改的方式等）；然后在此基础上，由设备研发团队对漏洞修复方案进行考虑及评估；最终按较高性价比的方式完成修复，进而实施设备更新。

（3）**安全响应效率**。安全响应效率通常也和 IoT 厂商的研发能力挂钩。在 IoT 设备研发过程中，小型 IoT 厂商可能不具备某些核心技术能力而引入第三方的解决方案。当 IoT 设备出现漏洞问题时，开展安全响应时将比对自主技术进行更新而多引入环节和操作步骤，从而较大程度降低了安全响应效率。相比而言，主流 IoT 厂商的安全响应效率理论上更高，但在实施层面也会综合性价比等因素考虑。

## 2.4 近年来的IoT安全事件

近几年来，围绕IoT的安全事件层出不穷，“大规模断网”“隐私泄露”“设备失控”等都是严重的后果。为便于读者直观理解，本节将面向基础IoT设备、智能穿戴、智能汽车、智能手机和公共IoT设施等事件类型筛选出几个典型的IoT安全事件案例加以介绍和分析，如图2-9所示。

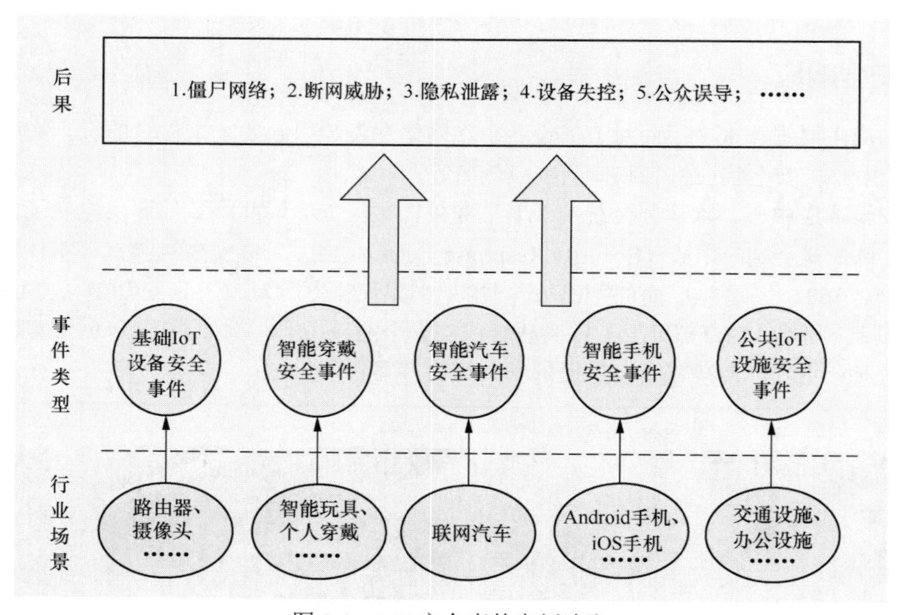


图2-9 IoT安全事件案例选取

### 2.4.1 用户隐私泄露事件

IoT设备大多存储容量有限，因此用户最新的隐私信息通常存储在IoT设备中，其余大部分都存储在云端，相关的部分安全事件如下。

2017年6月，央视报道大量家庭智能摄像头被破解，相关视频在网上传播，并且有人借此非法牟利，建立了很多家庭智能摄像头破解交流群，公开叫卖被破解家庭智能摄像头的IP地址、登录名和密码等信息。更有甚者，一些家庭私人视频被私下出售，严重侵犯了他人隐私。

2017年3月，Spiral Toys公司旗下的智能泰迪熊玩具遭遇数据泄露，此次事故的泄露数据包括玩具录音、MongoDB泄露的数据、220万账户中儿童与父母的录音数据。存储这些数据的数据库可以公开访问，没有访问控制和防火墙防护，任何人不需要身份认证就能访问数据库。此外，有的黑客还删除了某些账户数据并索要赎金。

2018年2月，美国体育运动装备品牌Under Armour公司发现，其健康和健身追踪应用MyFitnessPal遭到攻击，大约有1.5亿用户受到影响，泄露的信息包括用户名、电子邮件地址以及密码等。据悉，该公司直至 2018 年 3 月 25 日才发现此次攻击行为，并在一周之内对外披露了这一消息。事实上，Under Armour 公司做了充足的工作来建立其数据保护，尽管黑客获取了足够多的登录凭证，但仍然无法访问到有价值的用户信息，如位置、信用卡号或出生日期等。

2019 年 7 月，智能家居公司欧瑞博旗下的 Orvibo Smart Home 被安全人员曝出其链接的开放数据库公开了超过 20 亿条记录，囊括了用户名、电子邮件、密码、定位地址等敏感用户信息。在欧瑞博公司运行的 IoT 平台上大约存在 100 万的用户，其中包括使用其智能家居设备的私人、酒店、企业用户等。据悉，这次泄露的信息中包括来自日本、美国、英国等多个国家和地区的用户信息。

## 2.4.2 “供应链”安全事件

提到“供应链”安全事件，不得不先说“棱镜计划”曝光事件。2013 年 6 月，斯诺登将美国国家安全局关于“棱镜计划”监听项目的秘密文档披露给了媒体。“棱镜计划”是一项由美国国家安全局自 2007 年起开始实施的绝密电子监听计划，该计划的正式代号为“US-984XN”，其直接进入美国网际网络公司的中心服务器里挖掘数据、收集情报，微软、雅虎、谷歌、苹果等在内的 9 家国际网络公司皆参与其中。以思科公司为代表的科技公司利用其占有的市场优势在其科技产品中隐藏“后门”，协助美国政府对世界各国实施大规模信息监控，随时获取各国最新动态。

2017 年 5 月，瑞士安全公司 Modzero 的安全人员在惠普笔记本电脑的音频驱动中发现一个内置键盘记录器，其实现了对用户所有按键输入的监控。安全人员发现，这次的后门代码除抓取按键输入以外，还会将用户的按键输入记录在人类可读的文本文件中，其中包括用户数据、密码等私人敏感信息。在这次内置键盘记录器后门事件中，大约 30 多款惠普计算机设有这种功能。

2018 年，ShadowHammer 攻击行为被发现。ShadowHammer 攻击使合法的华硕安全证书被攻击者和签名木马化软件滥用，误导目标受害者在他们的系统中安装后门，并下载额外的恶意载荷到他们的设备上。2019 年 3 月，卡巴斯基实验室的研究人员公开了 ShadowHammer 攻击，攻击者通过入侵华硕自动更新工具 ASUS Live Update 的服务器，利用自动更新将恶意后门推送到用户计算机。华硕公司随后宣布其释出了自动更新工具 ASUS Live Update 的新版本 3.6.8，加入了多个安全验证机制，防止以软件自动更新或其他方式进行的任何恶意操纵，实现了端对端加密机制，加强了服务器到终端的软件架构，防止未来类似的攻击再次发生。华硕公司还发布了一个诊断工具，帮助华硕用户诊断是否感染了恶意后门。

2020 年 1 月，据国外媒体报道，在博通公司生产的 Wi-Fi 芯片中存在内核级漏洞。利用该漏洞，攻击者可以通过端点远程控制且完全控制调制解调器，进而进行拦截私人消息、重定向流量或加入僵尸网络等操作。博通公司作为芯片供应商，其 Wi-Fi 芯片被广泛用于智能手机和无线设备，如苹果公司的 iPhone、iPad、MacBook，谷歌公司的 Pixel，树莓派等都有使用博通公司的芯片，影响范围较广。

2020 年 6 月，JSOF 公司宣布了 19 个零日漏洞，这组漏洞影响了数百万台运行有 Treck 公司开发的 TCP/IP 软件库的设备。这组漏洞被命名为“Ripple20”，以反映利用这些漏洞可能对来自不同行业的设备产生的广泛影响。Ripple20 影响物联网的关键设备，包括打印机、输液泵和工业控制设备。通过利用软件库的漏洞，攻击者可以远程执行代码并获取敏感信息。Ripple20 是一个供应链漏洞，这意味着很难跟踪使用该 TCP/IP 软件库的所有设备，从而加重了这些漏洞的影响。

## 2.4.3　智能汽车安全事件

随着互联网和人工智能等技术的发展，以辅助驾驶、自动驾驶、无人驾驶为代表的智能和联网技术已经成为今天汽车技术创新的热点，但是这些技术也增加了智能联网汽车的攻击界面。随着特斯拉汽车的推出，以及苹果、谷歌等互联网公司新的智能汽车系统的成熟，车联网正在从概念变为现实。但是智能汽车一旦遭受黑客攻击，发生安全问题，可能会造成严重的交通事故，威胁人们的生命安全。车联网相关的部分安全事件如表 2-1 所示。

表 2-1　车联网相关的部分安全事件

| 序号 | 时间（年） | 事件描述 |
| --- | --- | --- |
| 1 | 2014 | 360 公司破解了特斯拉汽车的远程控制功能 |
| 2 | 2015 | 宝马汽车的 ConnectedDrive 功能存在漏洞，需要进行大规模的运营修复 |
| 3 | 2015 | 360 公司破解了比亚迪汽车的云服务、遥控加时功能 |
| 4 | 2015 | 360 公司破解了特斯拉汽车的毫米波雷达系统 |
| 5 | 2015 | 查利·米勒和克里斯·瓦拉塞克远程破解了 Jeep 汽车，导致克莱斯勒公司召回 140 万辆汽车 |
| 6 | 2016 | 日产 Leaf 电动汽车 API 遭泄露，黑客可远程控制 |
| 7 | 2016 | Troy Hunt 发现了日产聆风手机 App 存在漏洞，全球停止 NissanConnect 服务 |
| 8 | 2016 | 腾讯科恩实验室实现了远程无接触式破解特斯拉汽车，可以在驻车状态和行驶状态下远程控制 |
| 9 | 2017 | 腾讯科恩实验室再次实现远程无接触式破解特斯拉汽车 |
| 10 | 2018 | 安全人员演示可以通过 Wi-Fi 连接入侵大众高尔夫和奥迪 A3 汽车 |
| 11 | 2019 | 百度公司在 BlackHat 世界黑客大会上公布黑客可以通过 APN 直接访问车厂后台核心网内的资源，进而控制汽车的方法 |
| 12 | 2020 | 奇安信的车联网安全研究员演示通过远程方式开启一辆智能汽车的车窗、后视镜，并启动汽车 |

## 2.4.4　病毒攻击安全事件

2016 年 10 月 21 日，美国域名服务（Domain Name Service，DNS）商 DYN 遭遇 DDoS 攻击，严重影响其 DNS 业务服务，导致 Twitter、Etsy、GitHub、SoundCloud、Spotify、Heroku、PagerDuty、Shopify、Intercom 等网站无法正常访问。据分析，这次共有超过百万台 IoT 设备（以路由器、网络摄像头、硬盘录像机设备为主）参与 DDoS 攻击。这些 IoT 设备感染了 IoT 病毒 Mirai，Mirai 通过互联网扫描上述 IoT 设备，当扫描到目标 IoT 设备后尝试使用默认密码或弱密码进行登录。一旦登录成功，这台 IoT 设备就成为被控制的僵尸网络的一个节点，黑客可以操控此 IoT 设备攻击其他网络设备，从而形成一个庞大的 IoT 僵尸网络。

实际上，这只是 Mirai 系列病毒泛滥的开始，由于其代码具有开源性特点，因此 Mirai 成了后续各类 IoT 恶意代码的参考源头。截至 2019 年，Mirai 已经过多次变异，派生出适用于各种设备的变种形态和僵尸网络，波及小型路由器、网络摄像头、硬盘录像机设备、电视机机顶盒以及智能手机等多种设备类型。Mirai 系列病毒导致的部分安全事件如表 2-2 所示，其“断网”威胁如图 2-10 所示。

表 2-2 Mirai 系列病毒导致的部分安全事件

| 序号 | 时间 | 事件描述 |
| --- | --- | --- |
| 1 | 2016 年 11 月 | Mirai 的变种病毒导致德国电信用户的网络大面积中断 |
| 2 | 2017 年 4 月 | Mirai 的变种病毒针对美国连续发起 54 小时的 DDoS 攻击，经分析是 Mirai 病毒利用了 IoT 上的应用层漏洞所致 |
| 3 | 2017 年 4 月 | 参照 Mirai 代码的 Persirai，感染了全球约 12 万台网络摄像机 |
| 4 | 2017 年 8 月 | Mirai 的变种病毒 Rowdy 袭击我国有线电视网，经分析，大量电视机机顶盒设备在此次事件中受到影响 |
| 5 | 2017 年 10 月 | IoTroop 在 1 个月之内感染超过百万台 IoT 设备，经分析，该病毒是在 Mirai 基础上进行复用与提升的，其技术更先进，破坏力更强 |
| 6 | 2018 年 3 月 | Mirai 的变种病毒控制日本约 5 万台摄像头，用于发动 DDoS 攻击 |
| 7 | 2019 年 | Mirai 的变种病毒又持续控制众多 IoT 设备，用于发动 DDoS 攻击 |

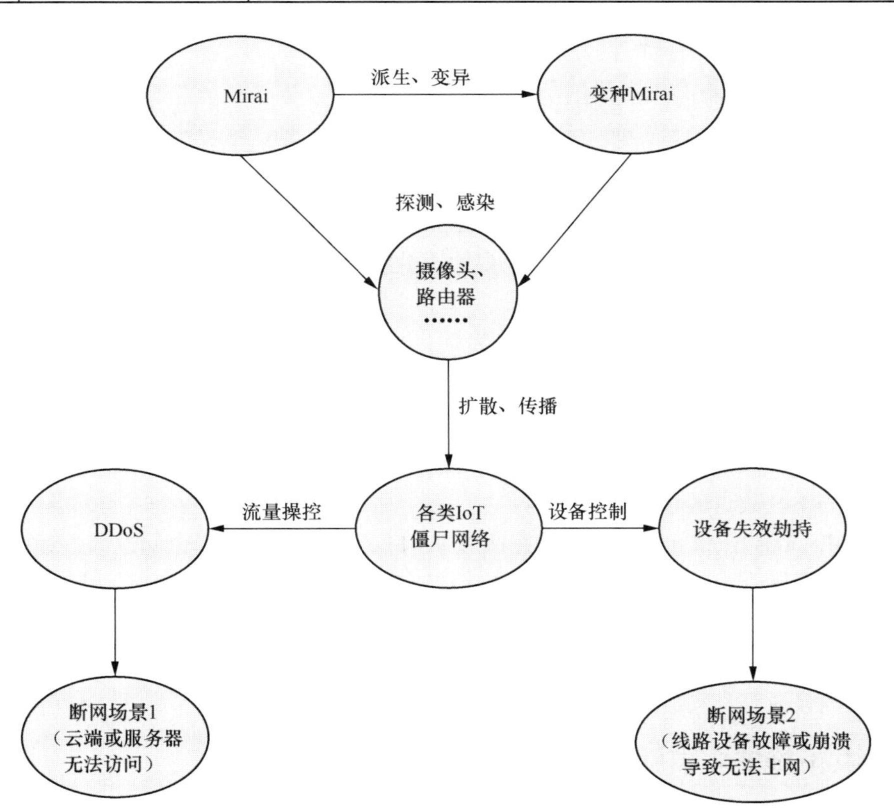


图 2-10 “断网”威胁

结合图 2-10，IoT 僵尸网络是 DDoS 攻击的主要推动力，其影响的直观体现形式是网络通信中断，简称“断网”。实际上，IoT 僵尸网络威胁下的“断网”包括两种形式，一是服务器上的，二是线路上的。

（1）云端或服务器无法访问，IoT 僵尸网络通过 DDoS 对服务器实施大规模流量攻击。服务器一旦无法即时处理，将会导致正常用户客户端无法访问这些服务器，从而形成断网的直观效果，但实际上用户一侧仍然是稳定接入互联网的。

（2）线路设备故障或崩溃，IoT 僵尸网络控制大量路由器等网络设备。如果对这些网络设备实施进一步控制劫持操作失败，极可能导致网络设备瘫痪，从而使经过这些网络设备的通信流量全部中断，形成另一种断网的直观效果，但实际上服务器一侧是可以访问的。

此外，2018 年 5 月底，美国联邦调查局称，某国黑客攻击活动已经影响了全球超过 50 万台路由器。该活动传播了一种名为“VPNFilter”的恶意软件，用于在受感染的路由器上创建大规模的僵尸网络，同时也可以直接监视和操纵受感染路由器上的 Web 活动。这种恶意软件有多种用途，包括启动网络操作或垃圾邮件活动、窃取数据、制定有针对性的本地化攻击等。2018 年 6 月，思科公司发布了受“VPNFilter”影响的设备厂商，包括华硕、友讯、华为、Linksys、MikroTik、网件、威连通、普联、Ubiquiti、Upvel 和中兴。

### 2.4.5　智能手机安全事件

智能手机作为消费类 IoT 主要用户终端，其安全性问题一直是关注的重点。本节介绍的智能手机安全事件分两类，一是与智能手机应用相关的，二是由底层芯片引起的。

2018 年，一款名为 RottenSys（Check Point 命名）的 Android 恶意软件感染超过 500 万台移动终端设备，而一款名为系统 Wi-Fi 服务的恶意软件不仅不会向用户提供任何安全的 Wi-Fi 相关服务，还可能读取到与 Wi-Fi 服务无关的用户敏感数据。RottenSys 波及国内多款 Android 手机，包括华为、小米、OPPO、vivo 等主流品牌。

2017 年，一个名为 WireX 的僵尸网络被发现，该僵尸网络由数十万 Android 设备（智能手机、平台为主）构成，用以对酒店行业的若干大型网站进行持续的 DDoS 攻击，导致这些网站无法正常访问。经分析，运行 WireX 的恶意软件分散在 Google Play 约 300 种移动应用中，包括视频播放器、铃声或文件管理器之类的移动应用。谷歌公司经证实后，紧急下架了部分移动应用以减少目标设备沦为 DDoS 攻击的动力来源。

2017 年，Exodus Intelligence 研究院在博通 Wi-Fi 芯片中发现了一个漏洞。该漏洞的影响是：只要在无线网络范围内，无论手机是否连接到该 Wi-Fi，黑客都可以远程控制手机，整个过程不需要用户任何交互。谷歌公司也于当月发布了关于 Android 移动终端设备的安全更新，警示博通 Wi-Fi 芯片存在一处远程代码执行漏洞 BroadPwn（CVE-2017-3544），该漏洞或影响数百万台 Android（谷歌、三星等厂商设备）移动终端设备以及部分 iOS 移动终端设备。

### 2.4.6　公共设施安全事件

公共设施相关的 IoT 场景覆盖面广，包括公共交通、公共办公、公共监控等类型，部分典型安全事件如下。

2017 年 2 月，一个名为 stackoverflowin 的黑客自称入侵了超过 15 万台打印机。被入侵的这些打印机都打印出了这名黑客留下的警告信息。受到影响的打印机品牌包括 Afico、Brother、佳能、爱普生、惠普、利盟、柯尼卡美能达、OKI 和三星。虽然这次攻击中 stackoverflowin 给出的攻击代码只是善意地提示用户打印机存在安全问题，但是如果这些打印机漏洞被恶意地利用，很可能会形成一个类似于 Mirai 的僵尸网络，后果不堪设想。

2017 年 12 月，1000 多台利盟打印机被发现存在安全问题，且被暴露在互联网中。这些打印机分布在全球多个国家，涉及企业、大学甚至某些国家的政府办公室。这些打印机均没有设置密码保护，只要黑客能够找到这些打印机，就可以完全控制打印机，并能执行添加后门、劫持打印作业、发送特定内容打印指令等操作。

2018 年 11 月，Akamai 公司在其博客网站公开在 350 万台设备中，有 27.7 万台运行着存在漏洞的 UPnP 服务，已确认超过 4.5 万台设备在 UPnP 网络地址转换（Network Address Translation，NAT）注入攻击中受到感染。注入攻击会将路由器背后的内网设备暴露到互联网，黑客可以渗透进更多的内网设备，进一步攻击家庭，威胁智能家居的运行安全和个人隐私。

2019 年 3 月 7 日，委内瑞拉包括首都加拉加斯在内的大部分地区停电超过 24 小时。长时间大范围的电力供应停滞导致了民众生活多方面的不便，包括交通堵塞、学校停课、工厂停工和网络瘫痪等，也给该国的经济带来了严重的负面影响。此次停电是委内瑞拉自 2012 年以来时间最长、影响地区最广的停电。据悉这次停电事件是由电力系统遭受了三阶段的攻击所致。第一阶段是网络攻击，主要针对西蒙·玻利瓦尔水电站，即国家电力公司位于玻利瓦尔州（南部）古里水电站的计算机系统中枢，以及连接到加拉加斯控制中枢发动网络攻击。第二阶段是电磁攻击，即“通过移动设备中断和逆转恢复过程”。第三阶段是“通过燃烧和爆炸”对 Alto Prado 变电站（米兰达州）进行破坏，进一步瘫痪了加拉加斯的电力系统。

## 2.5 IoT 安全参考资源

随着 IoT 应用的日渐普及，其安全问题也越来越受到广泛关注。在本节中，我们将给出一些研究 IoT 安全的常见网络参考资源，包括一些组织和网站。

开放式 Web 应用程序安全项目（Open Web Application Security Project，OWASP）组织针对 IoT 安全创建了“OWASP Internet of Things Project”项目，旨在帮助制造商、开发者和使用者更好地了解 IoT 相关的安全问题，帮助用户在构建、部署或者评估 IoT 技术时可以做出更好的安全决策。OWASP 在 IoT 安全方面做了很多研究，包括 IoT 设备攻击界面、IoT 设备存在的漏洞类型、固件分析等工作，并总结出了 IoT 设备十大安全威胁。

云安全联盟（Cloud Security Alliance，CSA）成立了 IoT 工作组，并在 2015 年 RSA 大会上发布了一份 IoT 安全指南 *Future-proofing the Connected World*: 13 *Steps to Developing Secure IoT Products*，旨在帮助 IoT 设计开发人员了解整个开发过程必须纳入的基本安全保障措施。这些安全保障措施都是根据 IoT 的特性提出的，以降低 IoT 设备存在的安全风险。

全球移动通信系统协会（Global System for Mobile Communication Association，GSMA）成立了 IoT 小组，并于 2016 年发布《物联网（IoT）安全指南》以确保 IoT 服务的可靠性。《物联网（IoT）安全指南》通过分析和寻找潜在威胁，帮助 IoT 服务提供商、设备开发商以及研发人员建立安全可靠的服务。

绿盟科技于 2016 年和 2017 年参与了《物联网安全白皮书》的发布工作，从 IoT 安全的体系架构、需求、对策、安全技术等相关方面着手，详细描述工业控制、智能汽车、智能家居这 3 个 IoT 领域的安全问题，列出了 IoT 安全网关、应用层的 IoT 安全服务、漏洞挖掘研究、IoT 僵尸网络研究、区块链技术、IoT 设备安全设计需要重点关注的方面。

看雪论坛的智能硬件板块有很多关于智能家居、智能穿戴、智能汽车等 IoT 设备的逆向分析、脆弱性发现的文章，可供读者了解关于 IoT 安全的知识。

FreeBuf 经常会更新 IoT 安全资讯，并会分享关于 IoT 的安全工具，其中有很多高质量的技术文章，文章中深入剖析了技术细节。

世界物联网安全峰会汇集了多位具有影响力的 IoT 行业专家、相关安全产业链的企业高层以及研究人员。他们共同分析未来 IoT 安全的市场趋势，探讨最热门的 IoT 安全技术，分析我国最新《中华人民共和国网络安全法》对于 IoT 行业的影响以及讨论未来 IoT 安全的发展方向。

## 2.6　本章小结

本章是本书 IoT 安全知识的索引，先从研究对象、知识板块和发展视角等 3 个角度介绍了 IoT 安全的研究范畴，意在让读者对“学什么”和“如何学”IoT 安全有整体了解，然后介绍 IoT 安全行业现状以及 IoT 设备安全关注点，并结合近年的典型 IoT 安全事件进一步加深读者对 IoT 安全的理解，最后分享了一些研究 IoT 安全较好的参考资源。

# 第3章 IoT 攻击界面

IoT 漏洞是 IoT 安全威胁的一个焦点问题，攻击界面分析是发现 IoT 漏洞的常见切入点。本章重点介绍 IoT 系统的关键安全属性——攻击界面，通过阐述攻击界面的含义和主流的攻击界面类型（智能设备攻击界面、移动终端攻击界面、云端攻击界面和通信管道攻击界面），为后续从攻防对抗角度构建 IoT 漏洞发现方法做好基础准备。

## 3.1 攻击界面简介

本节先介绍攻击界面的定义，然后详细介绍智能设备攻击界面、移动终端攻击界面、云端攻击界面和通信管道攻击界面的相关内容。

### 3.1.1 攻击界面的定义

攻击界面也称攻击面、攻击表面，是指信息系统或软件对象中可被攻击者利用来实施未授权数据注入或者数据窃取的点的集合，它可能是一个网络服务、一个应用协议、一个网页界面输入框，也可能是一个本地代码接口。针对 IoT 系统的攻击界面，本书将其定义为 IoT 攻击界面（简称攻击界面），以下是一些典型的示例。

- 对于开放了 TCP 22 端口安全外壳（Secure Shell，SSH）服务（或 TCP 23 端口 Telnet 服务）的 IoT 设备，该服务是这类 IoT 设备的一类攻击界面，因为黑客可能会在这些服务中发现可利用的认证漏洞或后门漏洞。
- 对于集成有第三方共性模块（硬件芯片或软件库）的设备，共性模块是这些设备的一类攻击界面，因为这些共性模块可能存在漏洞。
- 设备的通信协议也是一类攻击界面，因为这些通信协议可能存在不加密或弱加密的漏洞，导致通信过程被监听、篡改或伪冒重放。

攻击界面分析对于 IoT 安全攻防研究十分重要，因为其核心是目标 IoT 系统的数据交互点分析，而漏洞大部分是与数据交互相关的，所以攻击界面在一定程度上是漏洞攻防的切入点。攻击者和防御者都需要深入分析攻击界面，哪一方分析得更深入，获得胜利的可能性就更大。从防御者的角度来看，理想情况如下。

- IoT 系统暴露的攻击界面恰好与系统自身的业务应用相匹配，即没有一个与业务应用无关的攻击界面。
- 针对 IoT 系统的必要应用，只赋予应用运行实际需要的最小权限，避免权限滥用。

从攻击者的角度看，只有尽可能深入地了解更多的 IoT 系统的攻击界面，才有可能发现更多的漏洞。

### 3.1.2 攻击界面的范畴

典型的 IoT 系统包含“端—管—云”3 个环节，它们有着紧密的数据交互关系。因此，IoT 系统的每一个环节都有相应的攻击界面，其分布如图 3-1 所示。

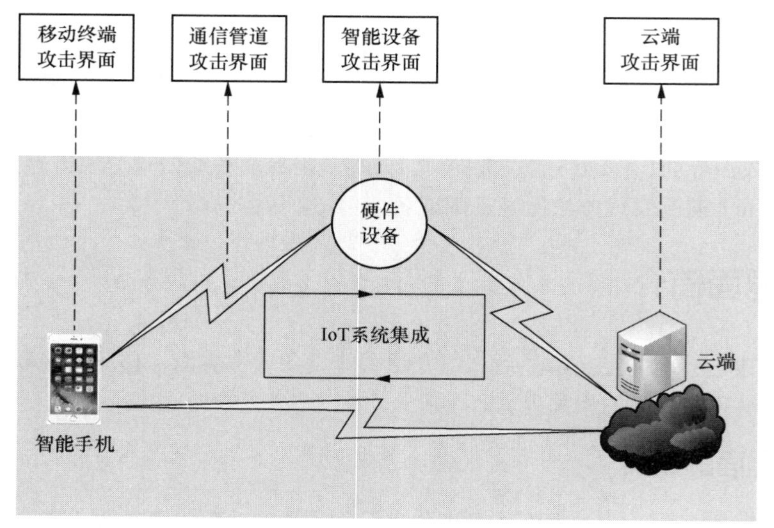


图 3-1 攻击界面分布

攻击界面作为 IoT 系统的关键安全属性之一，其本质是 IoT 系统在处理输入数据中面临的风险点集合。相比传统的信息系统，IoT 系统的“输入/输出”在数据类型上更加宽泛。因此，为了更准确地分析攻击界面，我们需要全面地梳理这些数据处理。具体来说，一方面是常规数据的处理，如无线通信、网络通信相关的数据处理；另一方面是宏观要素数据的处理，如图 3-2 所示。

这里主要介绍攻击界面的宏观要素。

（1）**资产暴露**。对智能设备而言，重点描述智能设备在网络上的可达性或者可访问性。通常地，在公网中可直接访问的智能设备，其安全风险相对较大。

（2）**安全机制**。关键的抽象对象，重点是访问控制、数据保护、逆向对抗、漏洞防护、漏洞补丁等多个方面的安全措施或机制引入。

（3）**共性集成**。典型的实体对象，对智能设备而言，重点是集成的第三方模块，包括主流的硬件芯片、协议栈、软件库等。

（4）**特色功能**。IoT 围绕特定场景而引入的某些功能，如智能音响中集成的人工智能等复杂计算功能。

（5）**设备固件**。对智能设备而言，固件是其重点的关注对象，尤其是固件的存储形态、提取接口和升级更新方式等方面。

（6）**生态系统**。一些主流厂商推出“全家桶”套装等产品，在形成的 IoT 中，可能会额外增加一些同厂商产品之间的业务处理和数据通信。

对于攻击界面，我们认为应主要从其可认知性、可伸缩性、影响流动性和漏洞松耦合性这 4 个特点进行考虑，如图 3-3 所示。

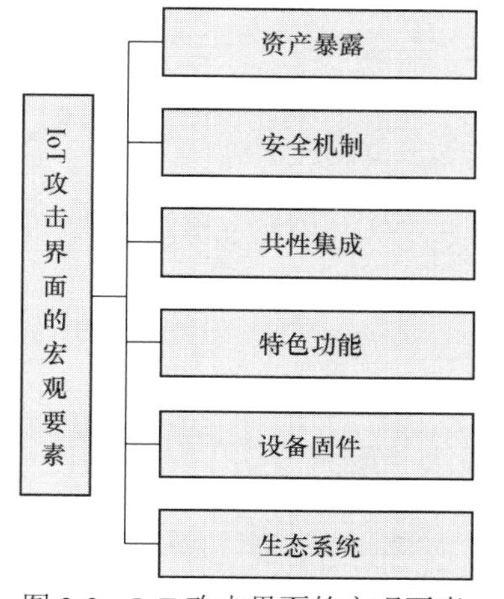


图 3-2 IoT 攻击界面的宏观要素

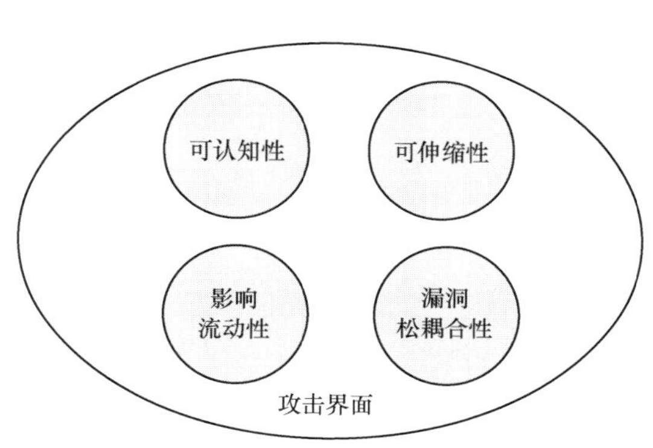


图 3-3 IoT 攻击界面特点

（1）**可认知性**。攻击界面尽管是客观存在的，但它需要被人挖掘或发现。攻击界面与人的理解认知相关：不同的人对同一个 IoT 系统的攻击界面在认识上可能有所差异；同一个人在不同时间阶段对同一个攻击的攻击界面在认识上也可能是有差异的。这意味着，对于一个复杂的 IoT 系统，我们也许很长时间都只能认识它的一部分攻击界面。

（2）**可伸缩性**。IoT 系统具有网络边界模糊的特点，智能设备对网络的接入或退出，都可能增加或减少 IoT 系统的攻击界面。此外，将第三方代码引入智能设备也可能会增加攻击界面。

（3）**影响流动性**。攻击界面的增减会影响 IoT 系统的数据流动性，减少攻击界面会导致 IoT 系统的数据流动性变差，增加攻击界面则可以增强数据的流动性。

（4）**漏洞松耦合性**。需要特别注意的是，攻击界面和漏洞不是一一对应的关系。同一个攻击界面中可能出现多个或不同类型的漏洞，而不同攻击界面中也可能出现同一类型甚至是同一个漏洞。

## 3.1.3 攻击界面的描述

本节采用二维描述方式对攻击界面进行描述，如图 3-4 所示。

本节按照经典的“端—管—云”网络架构对 IoT 系统进行攻击界面横向切分，具体分为智能设备、移动终端、云端和通信管道四大组件的攻击界面。针对每一类攻击界面，我们会根据其所承载的功能机制进行详细的描述。

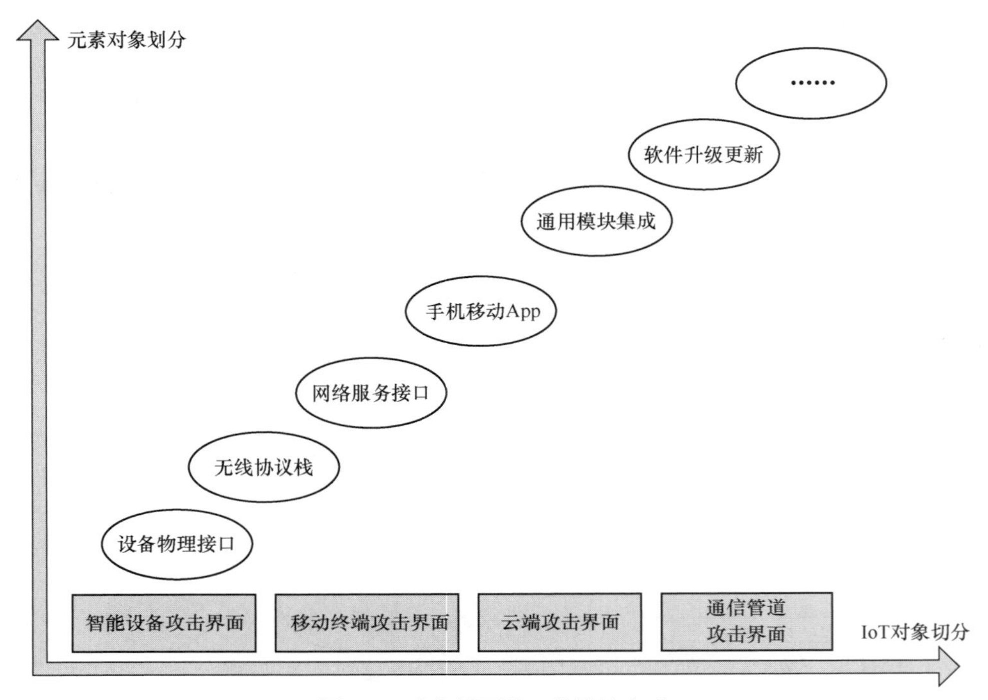


图 3-4　攻击界面的二维描述方式

## 3.2　智能设备攻击界面

通过前文的介绍可知，IoT 系统的设备主要包括智能设备、网络设备和移动终端三类。根据 3.1 节的划分方式，网络设备攻击界面是通信管道攻击界面的一部分，移动终端攻击界面和智能设备攻击界面是独立板块，而本节只介绍智能设备攻击界面。

智能设备是 IoT 系统中的“虚实融汇点”，即它连接着虚拟网络空间和现实物理世界。随着 5G、人工智能和边缘计算技术的应用，越来越多的智能设备承担起“精确感知、智能处理（部分处理）和数据传输”的复合职能，即除了常规的传感器和数据发送功能外，智能设备还承担一部分对数据的应用处理功能，以减轻云端的处理负担。但是，在数百亿智能设备接入开放互联网络后，智能设备厂商和类型的碎片化问题日趋严峻，由此带来的网络安全性风险与日俱增。

智能设备攻击界面划分如图 3-5 所示，主要包括物理调试接口、无线通信协议、开放网络服务、感知交互功能、固件升级更新和供应链安全性这 6 个攻击界面。

接下来，我们针对上述的每一个攻击界面展开介绍。

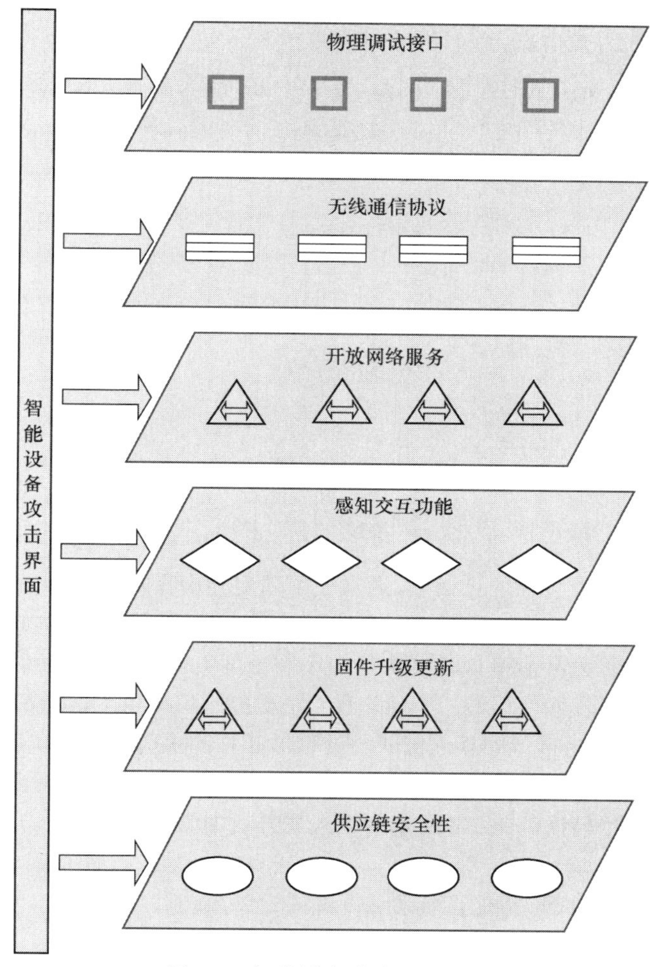


图 3-5 智能设备攻击界面划分

## 3.2.1 物理调试接口

智能设备的外部接口主要有两大类，一是用于远程通信的网络接口，二是面向实际接触的物理接口（或称物理调试接口），如图 3-6 所示。其中，网络接口包括网络调试接口和网络通信端口；物理接口则包括设备串口（通常指 COM 接口，保留在电路板上供调试或者支持可扩展的硬件接口）和在线编程接口联合测试行动小组（Joint Test Action Group，JTAG）接口两种类型，形态为设备板卡上的引脚或硬件端口。

通过设备串口或 JTAG 接口，我们能以物理接触的方式对智能设备开展一些分析调试。

（1）**通过设备串口**。串口通信是嵌入式设备通信方式的一种。串口通信以位为基本单位接收和发送字节，与有多根数据线以字节为基本单位的并行通信相比，串口通信速度略慢。串口通信通常只使用两根数据线——一根用作发送数据，另一根用作接收数据。为了加快通信速度，串口通信使用异步数据传输，端口在一根数据线上发送数据的同时，在另一根数据线上接收数据。

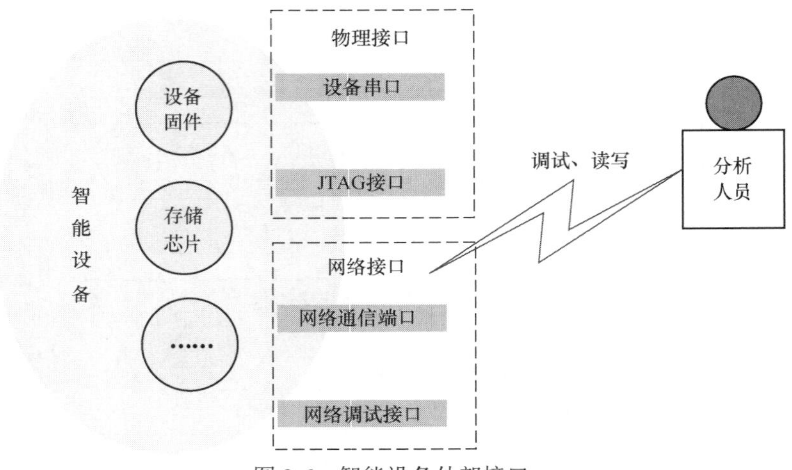


图 3-6 智能设备外部接口

智能设备在嵌入式开发设计的过程中，通常使用通用异步收发传输器（Universal Asynchronous Receiver/Transmitter，UART）来实现主机与物联网设备之前的通信调试，如 PC 与物联网设备之前的通信调试。UART 作为异步串口通信协议的一种，可实现串口通信和并行通信的直接转化，将并行输入信号转化成串行输出信号。UART 有 4 个引脚接口（VCC、GND、RXD 和 TXD），其中 RXD 和 TXD 一般通过直接或间接的方式与处理器芯片的引脚连接。在调试使用的 PC 上，通常使用的接口有 COM 接口和 USB 接口。如果要将 PC 和开发中的物联网设备相连，需要硬件设备来实现接口转换和电平转换。图 3-7 所示为嵌入式开发中常用的 USB 转 UART 调试线。

从安全的角度来说，如果找到了物联网设备的设备串口（简称串口），那么就有可能登录物联网设备的操作系统（如嵌入式 Linux、VxWorks 等），在此基础上执行任意命令或者提取系统固件中的关键软件模块，以支撑进一步的安全分析。通过串口登录物联网设备的过程，根据物联网设备的自身配置，可能需要或者不需要输入账号。

图 3-7 USB 转 UART 调试线

在实际的安全分析过程中，首先需要找到物联网设备上的串口，然后才能考虑下一步的分析操作。

要寻找串口，需要有一定的嵌入式硬件开发基础，这里只是简单进行介绍。

在物联网设备上串口所使用的引脚接口总共只有 4 个，那么首先需要使用万用表找到 GND 和 VCC 两个简单的引脚接口。通常在物联网设备的印制电路板（Printed Circuit Board，PCB）上看到 4 个或者 5 个紧挨并排的引脚接口时，极有可能是串口。在疑似的串口中，使用万用表连接焊点和万用表的输入负极，判断焊点与万用表负极之间的电势差（也就是电压）。如果电势差为最大值，如嵌入式设备常用的 3.6V、5V 等，就可能是 VCC 接口；如果电势差为 0，则可能是 GND

接口。然后通过 UART 的 4 个引脚接口，连接已经判断出的 VCC 接口和 GND 接口，在 PC 上使用串口通信软件配置通信的相关参数，就可以尝试判断出 PCB 上的 RXD 和 TXD 接口。

在找到物联网设备上的串口引脚后，PC 通过串口连接器件访问物联网设备系统，需要对串口的几个关键参数做出配置。

- **波特率**。衡量串口通信时双方发送数据的速率。波特率是每秒传送的字节数。例如每秒传送 1920 个字符，每个字符一共需要 10 位（1 个起始位、1 个停止位、8 个数据位），此时波特率为 192000bit/s。双方在传输数据过程中，波特率保持一致是通信成功的基本保障。
- **数据位**。衡量串口通信中实际数据位的参数，例如在波特率中一个字符需要 10 位，其中 8 个数据位则是使用扩展的 ASCII 来表示一个字符。
- **停止位**。表示传输的结束，并且给通信双方校正同步时钟的机会。
- **奇偶校验位**。串口通信使用的一种简单的校错方式，即用一个值确保传输的数据有奇数个或偶数个逻辑高位。这样使得物联网设备可以通过一个位判断是否有噪声干扰了通信或者传输和接收数据是否同步。

minicom 是 Linux 下应用得比较广泛的开源串口软件，它可以通过命令行的方式配置串口所需的一些参数，以登录物联网设备，并进行操作。图 3-8 所示为 minicom 配置界面。

```
+-----------------------------------------------------------------------+
| A -    Serial Device      : /dev/modem                                |
| B - Lockfile Location     : /usr/local/Cellar/minicom/2.7.1/var       |
| C -   Callin Program      :                                           |
| D -  Callout Program      :                                           |
| E -    Bps/Par/Bits       : 115200 8N1                                |
| F - Hardware Flow Control : Yes                                       |
| G - Software Flow Control : No                                        |
|                                                                       |
|    Change which setting?                                              |
+-----------------------------------------------------------------------+
        | Screen and keyboard      |
        | Save setup as dfl        |
        | Save setup as..          |
        | Exit                     |
        | Exit from Minicom        |
        +--------------------------+
```

图 3-8 minicom 配置界面

（2）**通过 JTAG 接口**。JTAG 是一种国际标准测试协议，主要用于芯片内部测试以及对系统进行仿真、调试。JTAG 也是一种常用的嵌入式调试技术，其在调试设备内部封装了专门的测试访问口（Test Access Port，TAP），通过调试设备可以对嵌入式设备（J-link 下载线）进行调试，如图 3-9 所示。

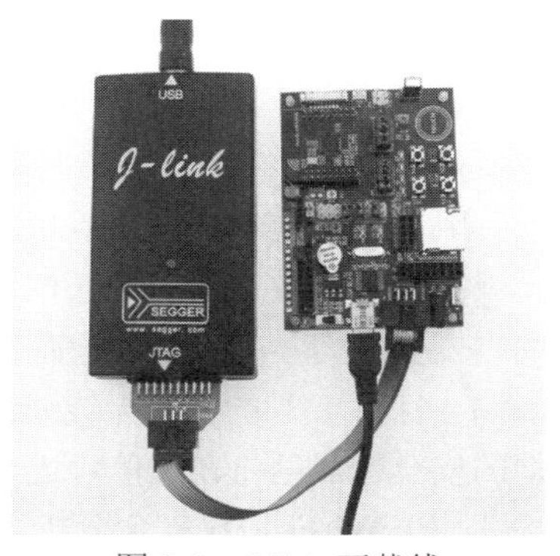

图 3-9 J-link 下载线

JTAG 接口的用途主要有 3 个。

- 下载器。即下载程序固件到设备存储芯片中，例如 ROM 或者 flash 存储器中。
- 调试器。类似医生的听诊器，对来自芯片内部的错误进行探听。

- 边界扫描。访问芯片内部的型号逻辑状态、芯片引脚的状态等。

JTAG 接口可以结合仿真器对存储固件的芯片进行在线读写操作，但难以像串口那样实现对设备运行时系统的登录，其作用之一是实现固件的提取，以支撑进一步的安全分析。

站在黑客的角度分析，通过串口或 JTAG 接口可获取设备的高访问权限，支持提取固件或提取固件中的软件模块，为研究设备漏洞、实施设备攻击提供了便利。因此，串口或 JTAG 接口的开发，客观上会造成设备一定程度上的安全隐患，属于攻击界面之一。

### 3.2.2 无线通信协议

无线通信是 IoT 系统的主要通信手段之一，IoT 无线通信以 ISM 频段（工业、科学和医用频段）为主，低频段 ISM 通常为 433MHz 和 868/915MHz，亚太地区主要使用 433MHz 附近（如汽车外部钥匙遥控频率）的频段；高频段 ISM 以 2.4GHz 为主、5.8GHz 为辅，Wi-Fi、蓝牙、ZigBee 等通信大多工作在 2.4GHz 频段，Wi-Fi 通信也可工作在 5.8GHz 频段（5G Wi-Fi）。IoT 通信与无线通信协议的基本对应关系如图 3-10 所示。

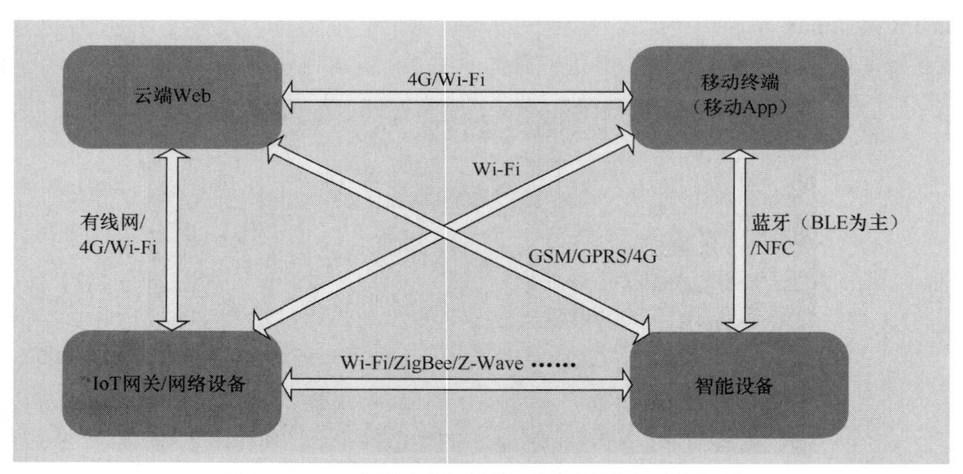


图 3-10 IoT 通信与无线通信协议的基本对应关系

智能设备与 IoT 系统其他部分之间的无线通信协议如下。

- 智能设备与移动终端之间的无线通信，以蓝牙、NFC 为主。
- 智能设备与 IoT 网关/网络设备之间的无线通信，以 Wi-Fi、ZigBee、Z-Wave 等为主。
- 智能设备与云端 Web 之间通信，以 GSM、GPRS、4G 等网络通信技术为主。

IoT 设备使用的无线通信协议都有标准的协议规约，协议在设计上都有相应的安全要求。然而，安全能力参差不齐的设备厂商在实现这些协议时很容易犯错，从而导致这些协议的实现存在漏洞。针对 IoT 的主流无线通信协议，本章只分析协议实现层中的攻击界面，协议规范及流量方面的安全性问题将在通信管道攻击界面介绍。

（1）**Wi-Fi 协议安全分析**。在 IoT 系统的“端—管—云”网络架构中，“端”中的大量设备都通过 Wi-Fi 连接到路由器进行互联网通信。Wi-Fi 协议存在的一个典型安全问题就是加密协议容易被破解。常见的 Wi-Fi 协议有有线等效保密（Wired Equivalent Privacy，WEP）、WPA，以下是对协议的简单介绍以及存在的脆弱点说明。

WEP 是用在两台无线设备之间传输数据的加密协议。在使用 WEP 的系统中，无线设备传输的数据使用一个随机产生的密钥进行加密。但是，WEP 用来产生这些密钥的方法很快被发现具有可预测性。由于存在加密体制缺陷，因此攻击者可以通过抓包方式破解使用 WEP 加密的 Wi-Fi。收集足够多的数据包，便可以使用分析算法还原出 Wi-Fi 密码。WPA 和 WPA2 这两个标准，是为了解决 WEP 中的严重缺陷而产生的。虽然 WPA 安全性较 WEP 有所提升，但是攻击者依旧可以通过暴力破解的方式获得 Wi-Fi 密码。

利用 Wi-Fi 协议漏洞一方面可以获取 IoT 设备的通信数据，另一方面还可以通过接入 Wi-Fi 来对网络中的其他 IoT 设备进行扫描和攻击，如典型的中间人攻击。

此外，Wi-Fi 芯片在设计上可能会存在一些漏洞，利用这些漏洞可实现远程代码执行。Wi-Fi 芯片漏洞比系统漏洞危害更大，更具有广泛性和普适性。其中，近年来 Wi-Fi 芯片漏洞影响较大的有博通 Wi-Fi 芯片的远程代码执行漏洞 BroadPwn，利用该漏洞可实现无线网络范围内在特定 Android 设备和特定 iOS 设备上执行任意代码的功能。

（2）**蓝牙协议安全分析**。蓝牙协议在低功耗 IoT 设备中十分常见，同 Wi-Fi 协议类似，该协议也存在被破解的风险。蓝牙协议定义了 4 种配对模式。

- Numeric Comparison。双方设备都有人机交互能力，配对时都显示一个 6 位的数字，由用户来核对数字是否一致，一致即可配对，否则拒绝配对。典型的有两部手机之间的蓝牙通信配对。
- Just Works。双方设备没有人机交互能力，配对时一方设备主动发起连接即可配对，用户无法控制配对过程。典型的有手机连接蓝牙耳机。
- Passkey Entry。目标设备有人机交互能力，配对时在目标设备上输入一个在本地设备上显示的 6 位数字，输入正确即可配对。典型的有连接蓝牙键盘。
- Out of Band。配对的双方设备通过别的途径交换配对信息，如 NFC 等。典型的有一些 NFC 蓝牙音箱。

其中，大量无人机交互能力的 IoT 设备采用无认证的 Just Works 模式，存在较高的被攻击风险。

如果 IoT 设备通过蓝牙协议进行管理和通信时没有考虑传输加密、身份认证和访问控制等安全问题，则攻击者可以对蓝牙传输的数据进行嗅探和重放，实现对 IoT 设备的控制。如今已经有较为成熟的针对 BLE 协议的嗅探硬件以及与之配对的软件工具，如 Ubertooth。

此外，蓝牙芯片同样也会存在各种漏洞。例如，2017 年暴露的 BlueBorne 系列漏洞影响了支持蓝牙功能的桌面、移动和物联网操作系统，包括 Windows、Linux、Android 和 iOS 等。凭借该系列漏洞，黑客能够通过无线方式利用蓝牙协议攻击和控制设备、访问数据和网络，并在设备间传播恶意软件。

虽然 BlueBorne 系列漏洞已经公开几年了，但有很多设备仍然存在该漏洞。这些设备有些未修复，而有些不可修复，包括可穿戴设备、工业设备和医疗设备等。在实际中，很多企业也不知道内部有多少支持蓝牙功能的设备。

（3）**ZigBee 协议安全分析**。ZigBee 协议是一种短距离传输的无线网络协议，主要优点有低功耗、低成本，支持大量网络节点、支持多种网络拓扑，低复杂度、快速、安全、可靠。由于这些优点，ZigBee 协议也广泛应用于 IoT 设备。相比 Wi-Fi 协议和蓝牙协议，ZigBee 协议在设计时充分考虑了安全性。具体来说，ZigBee 协议提供了 3 种等级的安全模式。

- 不采用任何安全服务的非安全模式。这是默认的安全模式，即不采取任何安全服务，因此这种模式下的 ZigBee 协议通信数据可能被窃听。
- 使用访问控制列表的访问控制模式。通过构建访问控制列表（定义允许接入的硬件设备 MAC 地址）来限制非法节点获取数据。
- AES 128 位加密的安全模式。采用 AES 128 位加密算法进行通信数据加密，同时提供 0、32、64、128 位的完整性校验，该模式又分标准安全模式（明文传输密钥）和高级安全模式（禁止传输密钥）。

ZigBee 协议在设计上是很安全的，但是其安全依赖于通信密钥的安全。如果设备在具体实现时没有进行有效的安全配置，就可能使得密钥被泄露，从而导致安全模式形同虚设。

与 Wi-Fi 协议和蓝牙协议类似，不同厂商在实现 ZigBee 协议时也可能会引入代码层级的漏洞，存在设备被突破控制的风险。

（4）**RFID 协议安全分析**。RFID 是自动识别技术的一种，通过无线射频的方式进行非接触双向数据通信。其典型的应用有门禁管制、停车场管制、自动化生产线等。RFID 协议存在的安全攻击界面更多，如 RFID 伪造、RFID 嗅探、RFID 欺骗、RFID 重放攻击等。RFID 协议常见的漏洞就是嗅探其无线通信数据并进行重放，实现设备的控制。

除此之外，IoT 设备相互之间的通信通常是近源通信，采用嵌入式常用的通信协议，如 CoAP、MQTT、XMPP 等，这些协议具有通信格式简单、功耗小等优点，安全方面主要分析协议的实现缺陷、设计缺陷和配置缺陷。

（5）**CoAP 安全分析**。CoAP 是在物联网世界中使用的一种 Web 协议。在资源受限的 IoT 设备上运行，CoAP 和 TCP 与 HTTP 相比，消耗较小。CoAP 基于 UDP 进行通信，该协议本身支持数据包传输层安全（Datagram Transport Layer Security，DTLS）加密。但是有些设备考虑性能并没有启用加密功能。没有启用加密功能的 CoAP 存在数据嗅探和通信劫持等安全问题。

此外，CoAP 在多播通信情况下没有启用加密功能，如果没有引入安全的认证方式，该协议的多播模式存在安全问题。

（6）**MQTT 协议安全分析**。MQTT 协议是一种基于发布/订阅模式的轻量级通信协议。该协议构建于 TCP/IP 上，由 IBM 公司于 1999 年发布。MQTT 协议最大的优点在于可以使用极为精简的代码和有限的带宽，为远程设备提供实时可靠的消息服务。由于低开销、低带宽占用等优势，MQTT 协议在物联网、小型设备、移动应用等方面有着广泛的应用。

使用 MQTT 协议时，需要通过在传输层使用安全套接字层（Secure Socket Layer，SSL）/传输层安全（Transport Layer Security，TLS）协议提高安全性，在应用层通过身份认证确保只有可信的设备才能通信。但是有些厂商具体实现时并没有启用 SSL/TLS 加密传输数据，而是明文传输数据，攻击者通过嗅探可以获取明文数据，有的设备甚至通过 MQTT 协议明文传输用户名和密码。

MQTT 协议通信的认证不是强制的，很多设备管理没有认证或者通过弱口令认证，通过 MQTT 协议可以直接连接到 IoT 服务器订阅所有主题，甚至可以通过向 MQTT 主体发送命令来实现 IoT

设备的控制。

（7）**XMPP 安全分析**。XMPP 是一种基于 XML 的即时通信协议。XML 是一种结构化的数据，XMPP 则将设备现场和上下文敏感信息嵌入 XML，使得应用系统之间可以即时相互通信。

XMPP 具有开放性和易用性等特点。如果 XMPP 设计不当，那么可能会导致很多安全问题，如对 XMPP 数据通信的加密处理、用户认证和身份信息存储等方面设计不当可导致数据泄露、权限绕过等安全问题。

（8）**REST 协议安全分析**。REST 协议是一种分布式超媒体系统设计的架构风格。Web 架构实际上是各种规范的集合，如 HTTP 或是常见的 C/S 通信模式。REST 协议也是这样的一种基于 Web 架构的架构风格。

REST 协议使用了很多 HTTP 方法，本身缺少安全特性。如果 REST 协议在传输层没有引入 SSL/TLS 加密传输，则常见的 HTTP 攻击方式也同样适用于 REST 协议，如数据嗅探、协议劫持等。

## 3.2.3 开放网络服务

IoT 设备不是一个封闭系统，它需要与外部系统建立网络连接从而实现数据的交换。TCP/IP 经过数十年的发展，相对已经十分成熟，因而在 IoT 设备中被大量使用。基于 TCP/IP 的网络连接有两种形式：一是主动连接形式，即设备主动建立到外部系统的连接并发送数据；二是被动侦听形式，即设备只建立侦听端口，然后等待外部系统主动请求连接自己。本书将这种被动侦听形式称为开放网络服务，很多设备为了方便自身的配置都自带了本地开放网络服务，图 3-11 所示的乐橙摄像机可以通过局域网通信对该设备进行各种功能的管理和配置。

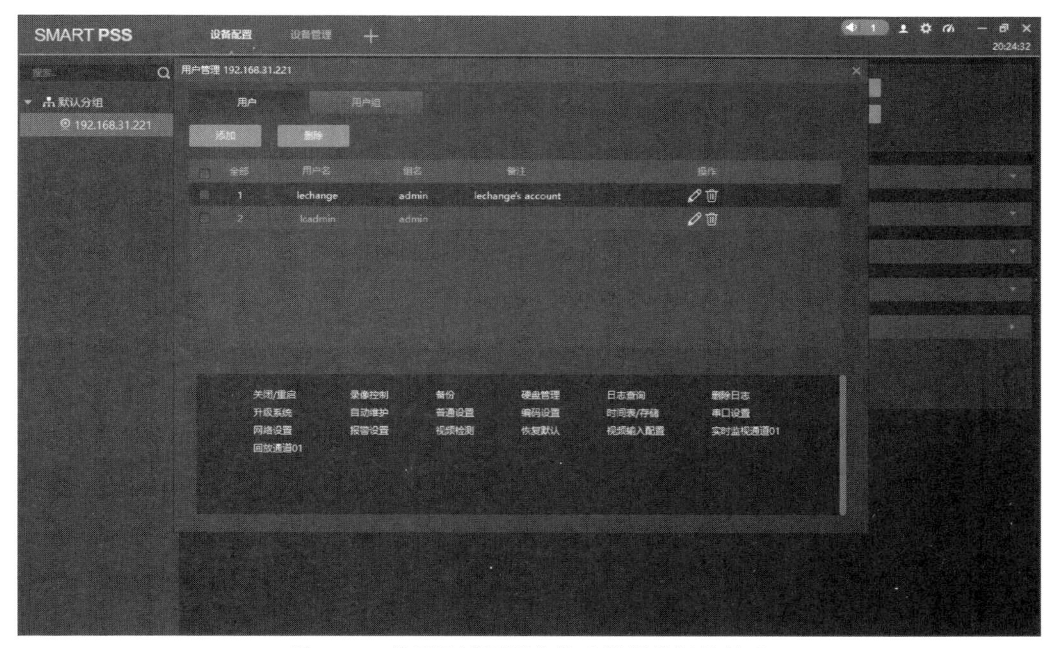


图 3-11 基于局域网通信的乐橙摄像机的管理

针对 IoT 设备中的开放网络服务，其运行逻辑是处理来自网络的数据。因此，恶意的网络数据有可能导致设备被攻击。为了防止这些攻击，开放网络服务至少需要实施 3 个维度的防护。

- 对外部系统实施身份认证，从而阻止处理来自未认证外部系统的数据。如果身份认证的处理存在缺陷，则可能会导致 IoT 设备被恶意控制。如 2018 年设备制造商 TBK 发布的数字录像（Digital Video Recorder，DVR）设备被发现存在认证漏洞 CVE-2018-9995，黑客通过设置内容为“Cookie: uid=admin”的 Cookie 头部就可以绕过该 DVR 的用户身份认证来直接访问该设备的各种功能。
- 对外部系统实施访问控制，从而阻止来自认证的外部系统的非法数据交互。对于有多个合法用户的设备来说，访问控制是十分重要的。例如，针对智能门锁，户主和历史授权的访客都可以有开锁的权限，但是访客不应该被允许访问只有户主才可以访问的功能，如更新访客的密钥有效期等。
- 对外部系统的数据进行安全处理，从而阻止来自认证的外部系统的畸形数据。IoT 设备由于计算资源有限，因此主要采用 C/C++这类运行效率较高的语言进行开发。但是，这类语言是非内存安全的，本身存在内存破坏的风险。例如，VIVOTEK 的 IP 摄像头在解析请求的 Content-Length 字段时使用了较小的缓冲区，使得攻击者发送超长的字段从而导致缓冲区溢出。

### 3.2.4　感知交互功能

IoT 的特征之一是对于信息的全面感知，它通过信息传感设备，按照既定协议，进行信息的处理和交换，以实现智能化服务的功能。由传感器对外界采集信息，如温度湿度传感器、智能音响的话筒、家用摄像头、自动汽车的外部图像采集模块等，采集的信息进一步处理汇聚到上层处理中心，例如上传到云端，完成本地节点所不能完成的进一步数据处理。近年来，在 IoT 领域，无线网络、硬件设备和传感器技术都得到了极大的发展。其中，处理器芯片作为设备的大脑，为设备实现控制、计算、互联提供了坚实的基础，使得设备在体积不断减小的趋势下能承载更多的功能。以往许多由于设备性能限制需要上传到云端进行处理和分析的数据，现在可以由设备直接承担，从而在某种程度上实现了真正意义上的智能设备。

但是随着设备功能的丰富和复杂，无论从硬件层面还是从软件层面来说，都可能会增加新的攻击界面。

（1）由于设备本身功能的复杂集成，意味着无论从软件层面还是硬件层面来说，出现复杂漏洞和复合漏洞的概率会提高。

（2）语言、视频感知模块在接收来自用户输入的同时，如果位于不安全的运行环境中，也会变相为攻击者提供窃听、监视等非法利用途径。因为这些感知模块在运行过程中时刻都在搜集环境中的相关信息，一旦被利用，后果不堪设想。

（3）对输入数据的验证缺失，例如语音控制终端，如果将用户的语音输入作为相关控制命令执行，对于关键命令缺少对用户身份的验证，则攻击者可能仿冒用户语音，用来执行非法操作。

（4）随着 AI 的发展和集成，智能汽车上的障碍识别模块，可能面临类似在机器学习领域的对抗攻击，甚至可能对使用者的生命财产安全构成直接威胁。AI 系统工作的最初阶段是通过模型进行训练的，倘若模型对外界输入数据的真实性、可靠性不做出相关判别而照单全收，攻击者便可以伪造恶意数据来干扰训练过程，达到污染训练集的目的。

### 3.2.5　固件升级更新

首先简单介绍嵌入式开发中固件的基本含义。固件一般存储在设备的存储器或者 flash 芯片中，担任着设备最基础、最底层的工作。通常情况下，在存储器中的固件是无法被用户直接读出或者进行修改的。在以前，设备没有互联的年代，一般是没有必要对固件进行升级更新操作的。固件芯片采用 ROM 设计，在生产过程中固化，使用任何手段都不能修改，除非直接替换固件芯片。随着技术的不断发展，升级更新固件以适应不断更新的应用成了用户和开发者双方的需求。使用可重复读写的可擦除可编程只读存储器（Erasable Programmable ROM，EPROM）和 flash 芯片，使得固件的升级更新成为可能。

IoT 中的软件升级更新主要是指智能设备中的固件或应用升级更新。IoT 设备多是基于固件的。固件的在线升级亦称 OTA，OTA 设计中很重要的一个工作就是首先规划好 flash 区域的布局，必须清晰地知道 Bootloader、Application 以及下载的扩展名为“.bin”的文件在 flash 中放置的位置。

OTA 固件升级更新其实就是 IAP 应用编程，要完成固件升级更新需要设计两个程序，一个为 Bootloader 程序，另一个为 Application 程序。通常我们是在 Application 程序中建立 Socket 连接来发起 HTTP 请求，查询服务器是否有新的固件并进行下载的，并且在片外 flash 中修改和存储固件的参数信息；而 Bootloader 程序主要检查固件的参数信息，如果需要就负责将 Application 程序下载的固件从片外 flash“搬运”到片内 flash，然后跳到那里执行。

Bootloader 程序主要完成的工作如下。

（1）读取固件参数信息。

（2）判断是否需要更新，如果不需要，则直接跳到 Application 程序区域执行。

（3）如果需要更新，则将固件搬运到 Application 程序区域，并且更新固件参数信息（表示已更新过该固件了），最后跳到 Application 程序区域执行。

（4）在搬运固件前还需要进行校验（如 CRC）以确保完整性。

Application 程序主要完成的工作如下。

（1）发送 HTTP 请求查询服务器最新固件信息。

（2）和当前固件做对比，如果需要更新，就进行下载。

（3）将下载的固件写进规划好的 OTA 固件存储区域。

（4）更新固件参数，回写片外 flash，最后进行软件复位。

这里也相应地首先完成从网络上下载固件的完整性校验，以确保从网络上下载的固件是完整的。将固件写进 OTA 固件存储区域的时候也需要再进行校验计算，以在 Bootloader 程序搬运固件时确保完整性。

但是在实际的 OTA 研发过程中，OTA 设计和研发的问题导致部分固件的实时更新存在缺陷，二者都可能导致固件升级失效，重则危害人身安全，原因如下：一是设备大多基于 HTTP 明文协议升级通信，在未加密情况下容易被仿冒劫持；二是升级更新的固件未进行有效的数字签名验证保护，导致固件存在被替换的可能性。

在分析 IoT 设备时，我们一般可以通过下面几种方式来获取固件。

**1. 网络升级截获**

当 IoT 设备进入升级流程时，攻击者可以抓取升级流程的流量信息，进而得到 IoT 设备通过网络升级固件的具体途径，例如采用的是 HTTP 还是 FTP 来下载固件。通常获取到新设备的第一时间就进行抓包，因为有的设备会通过静默升级的方式下载、更新固件。

**2. 直接读取存储芯片**

前文说过，固件通常是存储在设备上的，可以将存储芯片直接从设备上焊接下来，然后使用芯片编程器把固件从存储芯片中读出。

**3. 通过串口等通信总线获取**

通过主板上暴露的 UART 接口，PC 使用专用的转接器连接主板，与固化在主控器中的 Bootloader 程序建立通信，进而控制主控器读取固件中指令的流程，把固件读取出来。

**4. 通过调试接口获取**

在有些 IoT 设备的主板上，会暴露出硬件开发调试阶段使用的调试接口，如 JTAG 接口。利用 JTAG 接口，便可以控制整个芯片乃至整个设备。

**5. 网络获取**

获取固件最直接和最简单的方式就是通过网络下载。在设备官方网站通常会提供固件的最新版本或者历史版本供用户下载。如果官方网站没有提供历史版本的固件，则可以通过官方客服或者售后服务获取，或者在一些第三方下载软件、技术交流论坛获取固件。

### 3.2.6　供应链安全性

物联网产业供应链很长，导致其供应商有很多，主要包括感知设备供应商、芯片供应商、通信模块供应商、电信网络运营商、广电网络运营商、互联网运营商、专网运营商、中间件及应用供应商、系统集成商和运营及服务供应商等，其业务范围涉及元器件、整机设备、软件产品、信息服务和安全服务等。物联网产业供应链如图 3-12 所示。

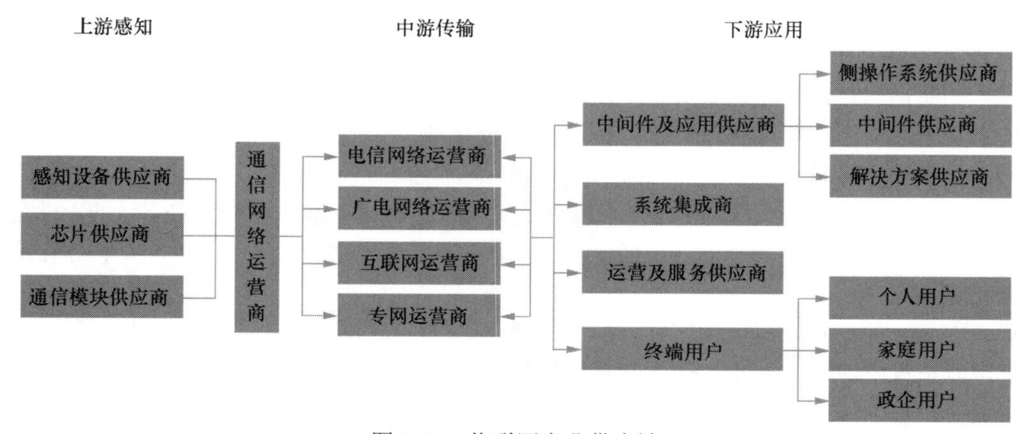


图 3-12　物联网产业供应链

产业供应链的超长会给物联网带来两大方面的安全挑战：一是众多供应商的安全水平参差不齐，“木桶效应”使得在集成形态的最终设备中容易存在漏洞；二是上、中、下游的分工协作比较普遍，使得如图 3-13 所示的共性模块集成在物联网设备中十分常见，这让漏洞的层层传递更加容易且传播范围更大，从而造成即使形态不同的设备都可能具有相同的漏洞。

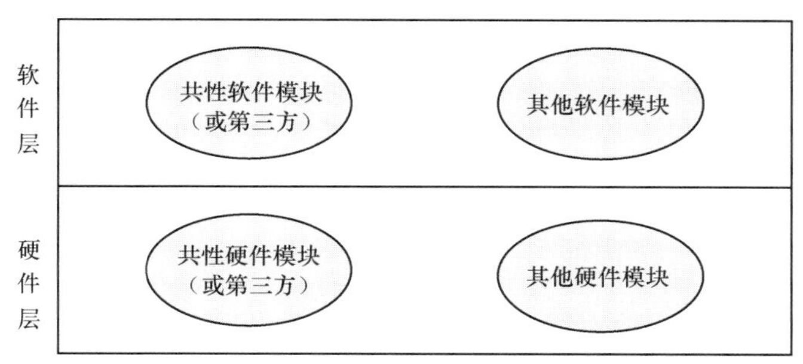


图 3-13 共性模块集成

在物联网设备的硬件方面，共性硬件模块可能会对物联网上层系统或软件造成广泛影响，因为物联网最终设备的设备制造商通常都会集成第三方的共性硬件模块，如处理器芯片、传感器和通信芯片等。如果这些模块存在漏洞，则会影响大量的最终设备。

例如，国内某知名厂商的安防摄像头模组被发现存在高危漏洞，在线扫描的结果表示其影响的设备数量高达近 30 万。这是因为其自身有较高的市场占有率，同时还有很多原厂委托制造（Original Equipment Manufacture，OEM）厂家和智能家居厂家都在使用这款摄像头模组。

在物联网设备的软件方面，嵌入式操作系统、基础组件库、应用中间件和数据库等在设备的开发中同样也大量被复用。这是因为物联网设备的核心目标是处理特定的场景业务，重复开发这些软件模块的意义不大。例如，操作系统主要采用 VxWorks、嵌入式 Linux 和 UCOS 等，在线语音识别主要采用腾讯、百度、科大讯飞、谷歌和微软等公司的软件代码等。此外，这些软件模块是由其他上游厂商维护的，因此物联网设备制造商在集成这些软件模块时通常难以同上游保持版本同步和安全更新，导致最终设备使用带有漏洞的老版本代码的情况屡见不鲜。

例如，2019 年风河公司的实时操作系统 VxWorks 被发现 TCP/IP 栈存在多个漏洞，使攻击者能够接管用户设备，甚至可以绕过防火墙和 NAT 等安全设备。由于 VxWorks 是世界上使用较广泛的实时操作系统，因此被大量需要高精度和可靠性的设备所使用，包括关键基础设施、网络设备、医疗设备、工业系统甚至航天器，最终影响了西门子、ABB、爱默生电气、罗克韦尔、三菱电子、三星、理兴、施乐、NEC 和 Arris 等厂商的大量设备。

## 3.3 移动终端攻击界面

物联网设备几乎都支持通过移动终端进行交互，比如通过移动终端对物联网设备进行配置管理、状态查询和数据操作。从通信节点的关系角度看，移动终端可以直接与物联网设备、网关传输设备、云端 Web 服务进行双向信息交互，通信的环节比较多，存在的安全风险也比较多。在实际中，移动终端的类型有两种：一种是公开可获得的由用户自主部署的通用移动应用，如智能手机上的移动应用；另一种是软硬件一体化定制终端，如物流行业的移动手持货物扫码器。

本书对移动终端的关注主要集中在移动应用上，攻击界面分为两类：移动终端的自保护攻击界面和移动终端的业务逻辑攻击界面。从黑客的角度看，想要分析业务逻辑中存在的安全问题，就必须首先突破移动终端的自保护来获取对应的软件程序，否则将处于“巧妇难为无米之炊”的境地。

## 3.3.1 移动终端自保护

本节分别从通用移动应用和软硬件一体化定制终端这两个方面对移动终端自保护面临的攻击界面进行分析。

通用移动应用是安装到用户的自主设备中的，其运行环境是不可信的，因为用户可能对移动应用的运行进行静态逆向分析和动态监控分析。目前通用移动应用的主流运行平台有 iOS 和 Android，这两类平台上的移动应用在自保护上有很大的区别。

- iOS 的移动应用可以通过官方的应用市场下载，或者由用户自行选择可信应用程序。iOS 的移动应用要经过官方审核才能在应用市场上架，审核机制要求移动应用不能动态加载代码，并且其必须遵守官方的开发规范。因此，iOS 的移动应用难以采用动态保护技术（如加壳）来保护自身的代码安全，而静态保护技术的成本又比较高，这使得基于 iOS 的移动应用通常比较缺乏有效的自保护机制。
- Android 相比封闭的 iOS 则十分开放，移动应用的分发不需要经过谷歌公司的审核，用户可以通过官方应用市场下载移动应用，也可以通过三方市场下载，开发者可以自由分发（如通过论坛和线下等）。Android 对移动应用开发的限制十分少，开发者可以自主使用系统框架和底层 Linux 提供的绝大部分接口，如动态加载代码和修改系统库代码等。因此，Android 上的动态保护技术十分流行，已经发展出了包括动态加载壳、代码抽取壳、代码混淆壳和虚拟机壳等，并诞生了成熟的商业保护产品（如国内的爱加密、梆梆安全、网易易盾、腾讯乐固和 360 加固保等）。

由于通用移动应用是以纯软件方式发布的，因此只要提取到软件就可以采用逆向手段进行代码分析，从而寻找其中存在的各种安全缺陷。具体来讲，针对 iOS 的移动应用，核心是从 iOS 手机中把移动应用的软件代码提取出来，这可以通过突破 iOS 对移动应用的保护来实现；针对 Android 的移动应用，核心是发现其使用的动态壳保护技术，然后采用对应的技术手段或工具脱壳来突破壳的保护并获得软件代码。

针对软硬件一体化的终端，其软件应用不对外开放，直接嵌入硬件内部。相比纯软件形式的终端，黑客要攻击这种一体化终端就需要从硬件中提取出软件程序并分析其存在的缺陷。实际上，从底层的硬件到上层的系统存在多个攻击界面，可能导致终端内的软件程序被提取。

- 终端的存储硬件采用了独立的通用存储器，如可插拔的标准硬盘和 SD 存储卡。针对这种一体化终端，拆开外壳就可以取下独立的通用存储器并插入其他系统上以提取其中的软件程序。
- 终端的固件系统采用了通用的格式，如 Binwalk 工具支持的固件格式。针对这类终端的固件，采用标准工具直接对固件进行解压即可获得其中的软件程序。

- 终端的数据存储采用了加密处理，如 AES 等标准密码算法。针对这类终端，如果密钥的存储是不安全的，如未启用 TPM 芯片，则密钥也是可能被提取的，从而导致终端的加密数据被解密。

### 3.3.2 业务逻辑

移动终端是物联网设备的配套控制端，因此它有物联网设备内部实现的大量细节，如物联网设备内部的变量名等。因此，通过分析移动终端的程序文件，我们可以梳理出物联网设备控制通信的业务逻辑。

对很多物联网设备来说，业务逻辑中的漏洞是比较普遍的。导致这个局面的一个主要原因是：每一款物联网设备有它自己的个性化业务，快速开发迭代的特性极易使这些个性化业务对应的软件代码未得到充分的安全测试就快速上线。业务逻辑的典型攻击界面如下。

- 认证攻击。认证机制是防止非法用户访问物联网设备的重要手段之一，通过分析移动终端的软件代码可以确定其是否启用了该机制。一些设备制造商错误地认为使用私有控制协议就不再需要认证机制，这会造成十分严重的攻击界面，因为黑客一旦分析出这些私有控制协议就可以随意发起攻击。
- 访问控制攻击。访问控制机制是保证用户在合法的范围内使用设备资源的关键手段，通过分析移动终端的软件代码可以获得设备的访问控制策略。在此基础上，可以开展动态测试来确定这些访问控制策略是否正确部署，如无法越权访问数据等。
- 机密性攻击。机密性机制能保证移动终端和设备间的通信数据不被窃听。通过分析移动终端的软件代码可以确定其是否使用数据及执行机制，包括数据存储加密和数据通信加密，以及其是否正确使用了加解密算法（如密钥分发是否安全和密码算法相关参数是否无用等）。如果其中存在问题，则可能产生破坏机密性的业务逻辑漏洞。
- 完整性攻击。完整性机制能保证移动终端和设备之间的通信数据是真实可靠的。通过分析移动终端的软件代码可以确定其是否使用了数据完整性机制，如消息序号、散列值和时间戳等。如果没有采用该机制，则会导致控制消息伪造和重放等攻击。
- 可用性攻击。可用性机制能保证移动终端和设备之间的通信不会导致设备资源被滥用，通过分析移动终端的软件代码可以确定其和设备之间通信的资源使用模式。在此基础上，可以开展动态测试来确定设备是否启用了资源消耗控制措施，如任意内存消耗和任意文件占用。

在实际中，业务逻辑被攻击的风险是很高的。一般来说，只要仔细梳理移动终端的业务逻辑，在大多数移动终端中都能找到一些上述的攻击界面。

## 3.4 云端攻击界面

云端是 IoT 系统中非常重要的一部分，通常物联网设备的运行数据都汇聚在云端，云端具有向这些设备发送操作命令的权限。如针对智能门锁，云端通常可以直接下发开、关门的命令。在云端中的设备数据是属于用户的，但云端本身却是属于厂商的，并且云端同时存储了多个用户的数据。一旦云端被黑客攻破，黑客不仅能获得用户设备的数据，还可能进一步获得设备的控制权，这是极其危险的。总的来说，云端攻击界面有 3 种类型，如图 3-14 所示。

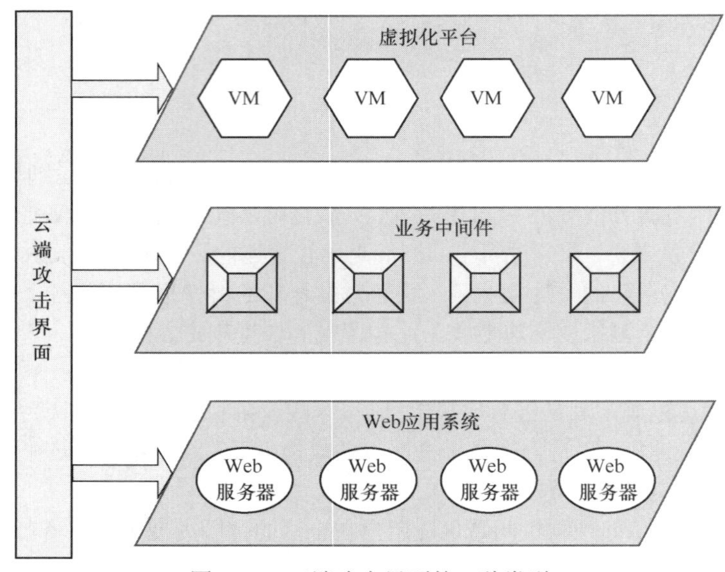


图 3-14 云端攻击界面的 3 种类型

## 3.4.1 虚拟化平台

虚拟化，是指通过虚拟化技术将一台计算机虚拟为多台逻辑计算机。在一台计算机上同时运行多台逻辑计算机，每台逻辑计算机可运行不同的操作系统，并且应用程序可以在相互独立的空间内运行而互不影响，从而显著提高计算机的工作效率。采用虚拟化技术可以实现计算资源的动态分配、灵活调度、跨域共享，提高计算资源利用率。在物联网环境中，不同设备中不同用户的瞬时资源利用情况是不尽相同的，构建虚拟化平台同样可以大幅提高计算资源利用率，极大降低设备用户的使用成本。

依据采用的虚拟化技术，虚拟化可分为完全虚拟化、准虚拟化和操作系统层虚拟化。典型的虚拟化平台产品有 Xen、KVM、VMware、VirtualBox、Hyper-V 和 Docker，它们的关系如下。

- VMware、VirtualBox、Hyper-V 和 KVM 是完全虚拟化产品，它们抽象出的虚拟机具有完全的物理特性，客户操作系统在其上运行不需要任何修改，移植性非常好。但是，它们的缺点是效率不高，适合于需要高度隔离的业务场景。
- Xen 是准虚拟化产品，又名半虚拟化技术。其在完全虚拟化的基础上，对客户操作系统进行了修改，增加了一个专门的 API 使其可以将客户操作系统发出的指令进行最优化，从而解决了完全虚拟化的低效问题。
- Docker 是操作系统层虚拟化产品。这是一种轻量级的虚拟化，其直接利用底层操作系统提供的 API 来构建隔离的运行环境。

从黑客的角度看，虚拟化平台主要有三类潜在的攻击界面：底层虚拟化技术、虚拟化配置和虚拟化管理，它们面临的攻击风险各不相同。

针对底层虚拟化技术，客户操作系统运行在虚拟环境中，而安全边界就是这个虚拟环境的界线，因为客户操作系统中的一切数据在理论上都是不可信的，如果这个虚拟环境存在缺陷（如处理客户操作系统的某些调用存在内存破坏或逻辑错误），则客户操作系统就可以突破虚拟环境的安全边界并访问到真实环境，而真实环境上可能还同时运行着其他虚拟环境的数据。这就是虚拟化技术面临的一个最大漏洞：虚拟机逃逸。过去已经有这类逃逸漏洞被发现。例如，在 GeekPwn 2018 国际安全极客大赛上，长亭科技安全团队披露了 VMware ESXi、Fusion 和 Workstation 在 vmxnet3 虚拟网络适配器中的漏洞（CVE-2018-6981 和 CVE-2018-6982），通过这些漏洞可以使客户机泄露底层系统的信息并执行代码。

为了应对各种虚拟化场景的需求，商业虚拟化平台通过大量的可配置参数来提供支持。虚拟化平台的部署者和运维者如果对这些可配置参数的底层实现机制和使用条件限制不够清楚，则可能导致虚拟化平台存在被攻击的风险。例如 Docker 默认配置虚拟环境不能修改底层的系统设置，但是 Docker 又开放了配置参数可以进行此类修改。因此如果运维者为了解决生产中的某个问题，就可能通过简单的--privileged=true，而不是采用更加细粒度的--cap-add。这就会导致 Docker 的虚拟环境拥有接近底层系统的操作权限。

虚拟化平台通常也有对应的管理平台，以支持大规模虚拟化节点的统一管理，如镜像管理、控制台命令、资源消耗监控、节点动态创建删除和权限设置等。例如，VMware vSphere Client 和 Kubernetes 等管理平台并不直接涉及虚拟化技术，但它们会调用虚拟化的相关接口。这些管理平台有较多的用户交互，因此存在被攻击的风险，尤其是采用了 Web 技术的管理平台。

## 3.4.2 业务中间件

IoT 设备与云端 Web 相关的通信如图 3-15 所示，由于 Web 形态的云端服务是目前的主流模式，因此本书默认不区分云端 Web 和云端服务。

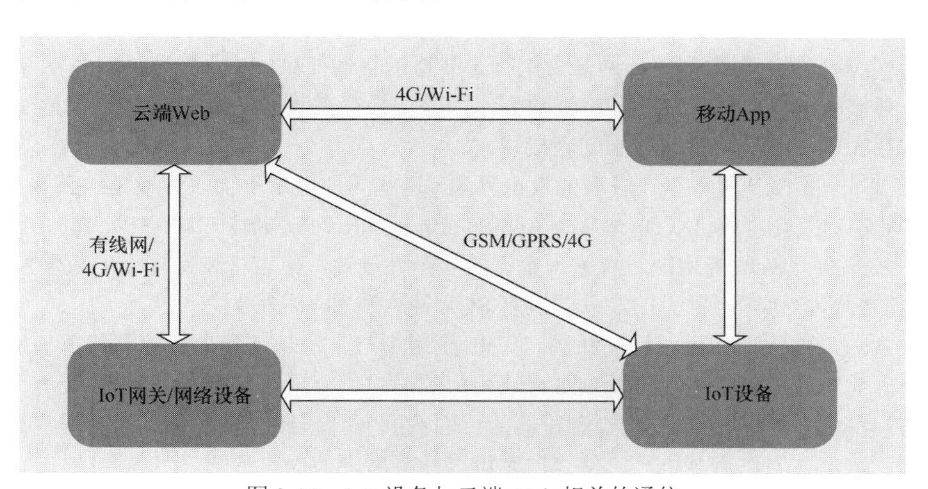


图 3-15 IoT 设备与云端 Web 相关的通信

云端 Web 与 IoT 设备（如共享单车锁）之间的直接双向通信，主要通过移动通信完成；云端 Web 与移动 App 之间的直接双向通信，主要通过移动通信或 Wi-Fi 完成；云端 Web 与 IoT 网关或网络设备之间的直接双向通信，主要通过有线网、移动通信（如 T-BOX 到云端）或 Wi-Fi 完成。

物联网厂商在构建云端 Web 业务的过程中，通常还需要其他业务中间件的支持，例如，用于处理数据存储的中间件（如 MongoDB 等）、处理消息的中间件（如 gRPC 等）、处理认证授权的中间件（如 Shiro 等）、处理通信的中间件（如 MQTT 等）和其他应用中间件。这些中间件通常都不是设备厂商开发的，而是采购自第三方或直接使用开源中间件。如果这些中间件不是以在线服务的形态进行集成的话，则这些中间件的最新安全补丁通常是无法及时部署到云端 Web 业务的，这就会导致这些中间件的漏洞会影响大量的云端 Web。例如，基于模型-视图-控制器（Model-View-Controller，MVC）模式的 Web 应用框架 Structs 2 每一次出现漏洞都可能导致大量企业陷入被攻击的风险中。

要发现这些业务中间件的攻击风险，有两个关键步骤：一是识别物联网云端 Web 采用的中间件的类型和版本，二是识别对应版本是否存在漏洞。其中第二个步骤比较容易，通过查阅中间件厂商的安全公告可以得到。第一个步骤则比较复杂：有的中间件显示有版本标识，针对这种中间件，可以采用动态测试的方式；针对没有显示版本标识的中间件，则需要深入分析中间件的特定输出，如一些调用的返回值差异等。

### 3.4.3 Web 应用系统

对于物联网厂商，Web 应用系统是其核心，例如，管理用户的设备数据、转发用户的设备控制和自动化调度用户的设备计划任务等，这些通常都需要根据设备进行定制化设计和开发。为了降低开发成本并增强系统的稳定性，业务应用系统主要采用 Web 技术实现。

同普通的 Web 服务功能相比，物联网设备的 Web 应用系统的攻击界面需要关注如下两点。

- 云端 Web 服务的认证逻辑是否严谨。因为物联网设备的 Web 应用系统要处理大量设备和用户数据，有效区分不同用户身份、设备身份以及用户和设备间的映射关系是十分重要的，否则可能产生安全问题，如未认证的设备控制。
- 云端 Web 服务对数据的访问是否进行了严格的访问控制。由于物联网设备的 Web 应用系统存储了大量的用户数据和认证数据，因此如果存在数据泄露则会导致严重的安全问题，如存在爬虫可任意读取的不安全接口。

传统互联网的 Web 服务存在较多的攻击界面，这些同样适用于物联网设备的云端 Web，典型的有开放 Web 应用安全项目（Open Web Application Security Project，OWASP）Top 10 漏洞。

- 注入漏洞。Web 应用缺乏对输入数据的安全性过滤，黑客把带有指令的数据发送给 Web 端的解析器执行。常见的注入漏洞有 SQL 注入和 Shell 命令注入等。
- 失效的身份认证和会话管理漏洞。Web 应用中与身份认证和会话管理相关的模块存在不正确的实现，使得黑客可以攻击合法用户的账户。
- 跨站漏洞。Web 应用发送给浏览器的页面数据包含未经过正确验证的数据，导致数据在浏览器端被当作命令执行，使得黑客可以劫持用户的操作。
- 不安全对象引用。Web 应用对来自客户端的对象引用数据未做严格的授权判定，导致授权的用户可以访问其他对象，使得黑客可以通过一个低权限的账户访问高权限资源。
- 伪造跨站请求。Web 应用对来自客户端的请求未做正确性的判定，使得黑客可以在跨域环境下构造恶意的请求。

- 安全误配置。Web 应用的配置存在安全问题，例如，使用默认管理账户、调试接口未禁用、文件和目录权限设置错误等，使得黑客可以利用这些缺陷攻击 Web 应用。
- 功能的访问控制缺失。Web 应用对功能的访问控制存在安全问题，例如，访问控制的实现是在表示层，导致黑客可以透过表示层直接构造数据访问功能。
- 未验证的重定向和转发。重定向在 Web 应用中十分普遍，如果云端 Web 对重定向的目标地址未做正确的安全检查，则会导致数据泄露等风险。
- 使用已知脆弱性的组件。Web 应用在开发过程中也存在组件代码复用的情况，如账户管理和数据序列化等。如果被复用的组件存在漏洞，也会导致该 Web 应用被攻击。
- 敏感信息暴露。Web 应用的数据采取典型的集中式存储方式，即多个用户、多个设备的多种类型的数据都通过统一接口进行存取。如果 Web 应用在设计时没有深入分析其对外公开暴露的数据，则可能直接把身份证号码、电话号码、银行卡号和口令等敏感的数据无意泄露。

总的来说，物联网业务应用系统的攻击界面与传统业务系统的攻击界面类似，差别在于物联网业务应用系统还未经历传统业务系统的多年安全对抗发展过程，厂商可能还未对业务应用系统的安全引起足够重视，导致这些业务应用系统容易存在漏洞。

## 3.5 通信管道攻击界面

IoT 通信管道是“端—管—云”网络架构的重要组成要素之一，包括信道链路、网络设备和通信协议等三部分。相对于设备、手机和云等实体元素，管道显得更加“无形”。信道链路的攻击界面关注信道介质、链路构成和通信流量的安全性；网络设备的攻击界面关注网关传输设备的安全性；通信协议的攻击界面关注协议实现偏差及异常、私有协议采用等安全性，所以通信管道攻击界面主要体现在网关与网络设备、通信流量数据上，如图 3-16 所示。

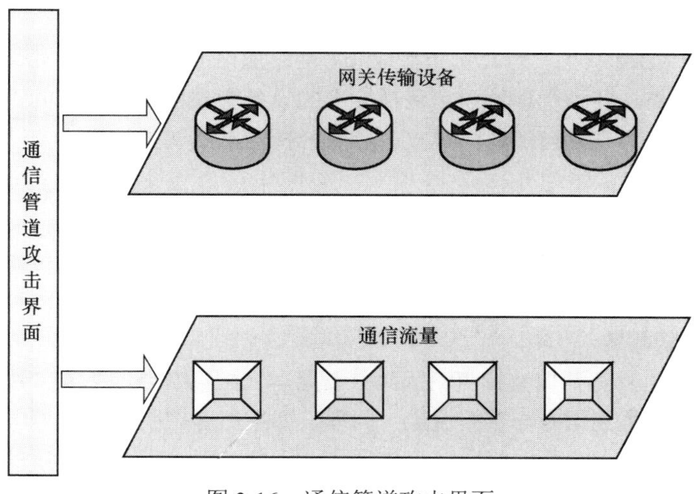


图 3-16　通信管道攻击界面

## 3.5.1 网络传输设备安全

从网络通信的传输架构看，网络设备的工作层级可分为三层：接入层、汇聚层和核心层三大类，如图3-17所示。

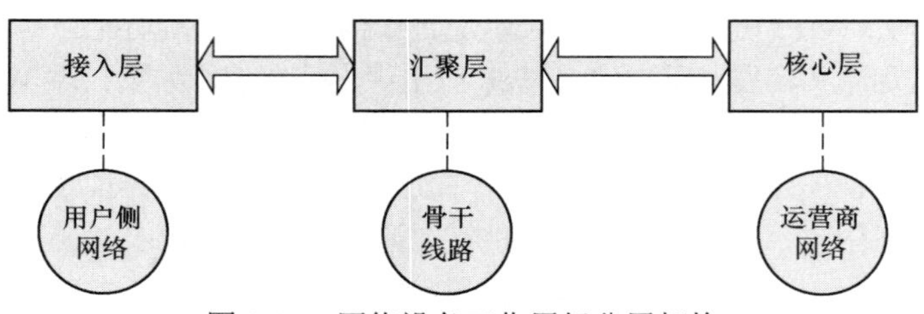


图3-17 网络设备工作层级分层架构

### 1. 接入层

接入层允许终端用户连接到网络，主要解决相邻用户之间的互访需求，并且为这些访问提供足够的带宽。接入层还应适当负责一些用户管理功能（如地址认证、用户认证、计费管理等），以及用户信息采集功能（如用户的IP地址、MAC地址、访问日志等）。

### 2. 汇聚层

汇聚层是接入层和核心层的中介。汇聚层具有实施策略、维护安全、工作组接入、虚拟局域网之间的路由、源地址或目的地址过滤等多种功能。在汇聚层中，应该采用支持3层交换技术和虚拟局域网（Virtual Local Area Network，VLAN）的交换机，以达到网络隔离和分段的目的。

### 3. 核心层

在核心层应该采用高带宽的交换机。核心层设备采用双机冗余热备份是非常必要的，也可以使用负载均衡功能来改善网络性能。

针对IoT系统的安全问题，重点关注接入层设备攻击界面，包括家用路由器、调制解调器、防火墙、网关（如ZigBee网关）等，它们都是IoT网络通信的必经节点，其攻击界面对整个信息系统有直接影响。此外，各种管理协议，包括标准的设备管理协议和私有的设备管理协议，都可能在实现层面出现安全隐患，自然也都是攻击界面分析的重点要素。

## 3.5.2 通信流量安全

通信流量是基于IoT设备通信信道传输的，其攻击界面分析的重点是流量的抗截获、抗解译、抗篡改和抗重放等安全问题，如图3-18所示。

### 1. 流量的抗截获问题

由于IoT无线信道具有开放性特点，因此只要黑客（配以必要的工具）进入信号覆盖区域，都可能通过接收手段采集到信号与数据流量；同理，如果黑客控制了IoT网关或家用路由器等网络设备，也可以在此基础上进行网络通信流量采集。因此，理论上IoT系统的抗截获能力通常很弱。智能汽车、家庭Wi-Fi环境等，都存在明确的无线和有线数据采集点，可能会导致后续风险。

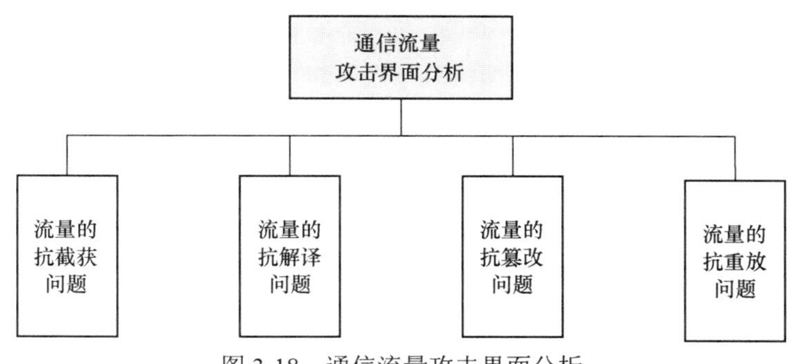


图 3-18 通信流量攻击界面分析

**2. 流量的抗解译问题**

针对 Wi-Fi、蓝牙等无线认证协议以及 HTTPS、SSH 等加密应用协议，必须先完成接入认证或身份认证后，才能还原出明文的通信内容；针对其他明文协议，则可以直接还原出通信内容。

**3. 流量的抗篡改问题**

就黑客行为而言，流量篡改是在内容还原基础上开展的。如果 IoT 通信组件没有进行有效的数据完整性校验，黑客就可能实施隐蔽的流量篡改，进而在一定程度上影响整个 IoT 系统的运行效果。

**4. 流量的抗重放问题**

流量重放是黑客开展中间人攻击的前提条件，依托的基础是设备控制权，即在获取到 IoT 网关设备控制权限的基础上，将采集的关键数据（重点是认证数据）发送至云端或其他需要认证的设备进行欺骗，从而可能实现恶意的认证绕过。

## 3.6 本章小结

攻击界面是厘清 IoT 漏洞问题的重要前置内容，本章从智能设备、移动终端、云端和通信管道等角度，全面分析了 IoT 攻击界面，为读者下一步掌握 IoT 漏洞威胁知识打下了基础。

# 第 4 章

# IoT 漏洞威胁

第 3 章从“端—管—云”网络架构的角度详细介绍了 IoT 的各个攻击界面，分析了如何通过攻击界面分析来发现漏洞的方法。本章将在第 3 章的基础上介绍 IoT 面临的常见漏洞威胁，从漏洞定义和分类、漏洞场景、漏洞成因、漏洞威胁等方面进行阐释。本章是全书的重点，掌握本章内容有助于对其他章的知识的吸收。

## 4.1 IoT 漏洞概述

本节主要介绍 IoT 中漏洞的基本概念和漏洞的分类方式，并介绍相关概念的关系。

### 4.1.1 基本概念

无论是传统互联网、移动互联网还是 IoT 网络，漏洞都是网络安全的核心要素和研究焦点，是黑客开展信息系统威胁攻击和“白帽”开展网络防御的主要支撑。但是，对于漏洞，目前尚无唯一的官方（或标准）定义，本书结合国家计算机网络应急技术处理协调中心关于漏洞的解释以及其他参考资料的描述，给出漏洞的基本定义如下。

漏洞是指信息系统中的软件、硬件或通信协议在信息系统生命周期的各个阶段（如设计、实现、应用部署等）产生的安全问题，这些问题可能使得黑客在未授权的情况下访问或破坏信息系统，影响信息系统机密性、完整性、可用性等各个方面的安全属性。

读者应注意以下几点。

（1）信息系统安全属性。本书重点关注信息安全等级保护中的 CIA 属性，包括信息系统的机密性（Confidentiality，即 C 属性，只有授权用户可获取信息或访问资源）、完整性（Integrity，即 I 属性，信息不被非法修改或破坏）和可用性（Availability，即 A 属性，合法用户对信息和资源的使用不被拒绝）。至于信息系统的一些其他安全属性，如可控性、不可抵赖性等，本书暂不作重点讨论。

（2）漏洞与缺陷的区别。有些文献会区分漏洞与缺陷，它们把系统或协议架构设计层面产生的、难以在短时间内修复或者修复的复杂度较高的安全问题定义为缺陷。例如，HTTP 易被流量窃听劫持的安全问题被称为协议设计缺陷，底层芯片设计的安全问题被称为硬件设计缺陷，代码在对抗逆向分析方面的安全问题被称为自保护缺陷，系统部署应用环节产生的安全问题被称为配置管理缺陷。其他安全问题则被视为漏洞。为便于理解，本书在描述上会沿用这一划分原则，有些地方会将安全问题描述为漏洞，有些地方则会将安全问题描述为缺陷，但在技术层面不予区分，都将其归为漏洞范畴。

（3）在后文中，如果没有特别说明，涉及的“漏洞”均主要围绕 IoT 系统的漏洞展开描述和分析。

### 4.1.2 漏洞的分类方式

IoT 中漏洞的分类有多个维度，如图 4-1 所示，具体描述如下。

（1）**业务场景**。根据 IoT 典型业务场景，我们将 IoT 中的漏洞分为无线协议漏洞、身份认证漏洞、访问控制漏洞、业务交互漏洞、（固件/应用）在线升级漏洞、系统自保护缺陷和配置管理缺陷等类型，如图 4-2 所示。为便于描述漏洞产生的威胁攻击，后文以该分类方式为主线展开介绍。

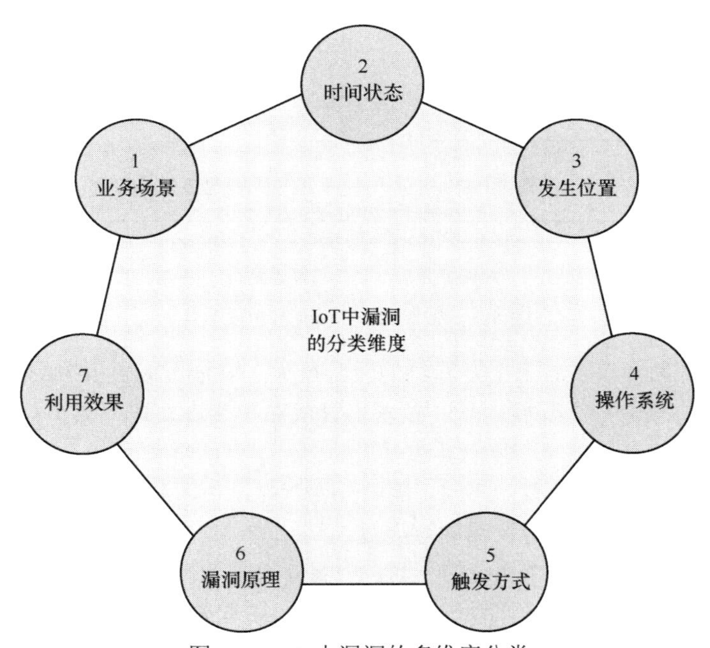


图 4-1 IoT 中漏洞的多维度分类

（2）**时间状态**。根据漏洞的时间状态，漏洞可分为未知漏洞、未公开漏洞、0Day 漏洞、1Day 漏洞和 NDay（历史久远）漏洞和已公开漏洞等类型，如图 4-3 所示。漏洞的生命周期包括漏洞产生、漏洞发现、漏洞公开、补丁发布、初步淡化和漏洞消亡等多个时间节点。例如，如果漏洞处于发现到漏洞公开之间的阶段，则通常称为未公开漏洞；如果漏洞处于漏洞发现到补丁发布之间的阶段，则通常称为 0Day 漏洞；如果漏洞处于补丁发布到初步淡化之间的阶段，则通常称为 1Day

漏洞；如果漏洞处于初步淡化之后的阶段，则称为 NDay 漏洞（或历史久远漏洞）。

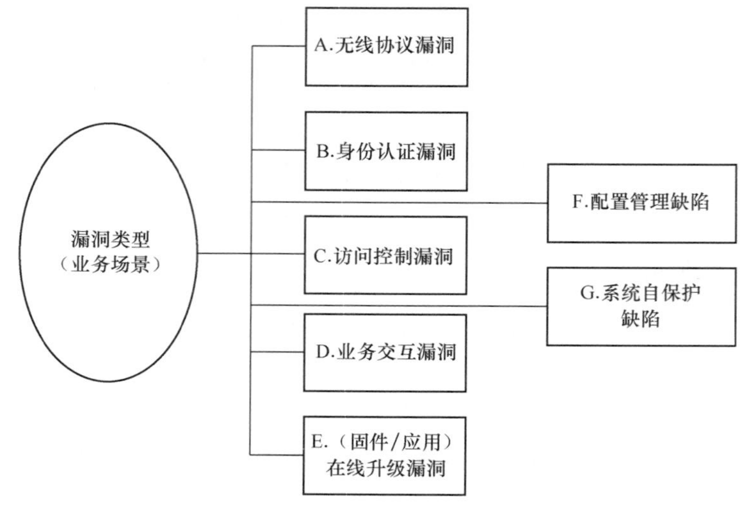


图 4-2　按照业务场景的漏洞分类

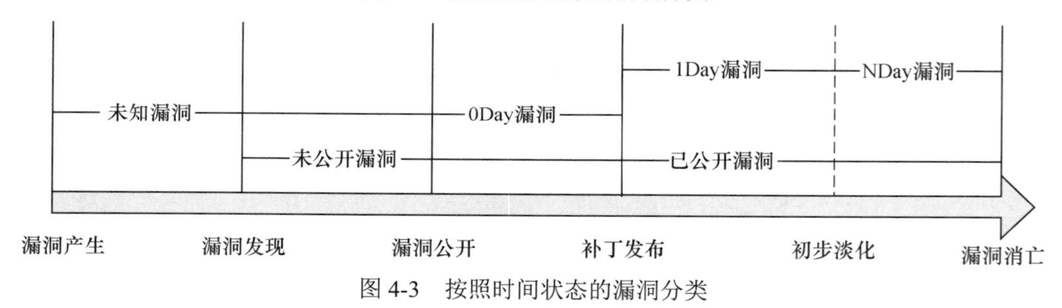


图 4-3　按照时间状态的漏洞分类

从漏洞产生的威胁角度看，未公开漏洞的威胁最大，NDay 漏洞的威胁最小。各阶段时间窗口的长度，由当前的理论方法发展水平、技术工具成熟程度以及研究人员能力水平等因素综合决定。

（3）**发生位置**。根据发生位置的不同，漏洞分为智能设备漏洞、移动终端漏洞、云平台/云端应用漏洞、网络设备漏洞和通信协议漏洞等类型。

（4）**操作系统**。根据所在操作系统的不同，漏洞分为嵌入式系统漏洞、Android 漏洞、iOS 漏洞和虚拟化平台漏洞等类型；从操作系统位数上又分为 32 位漏洞和 64 位漏洞；从代码层次上又分为 Web 漏洞和二进制代码漏洞。

（5）**触发方式**。根据触发方式的不同，漏洞分为远程主动触发漏洞（通过主动发送数据包触发的漏洞）、远程被动触发漏洞（不主动发送数据包但从网络触发的漏洞）和本地触发漏洞等类型。

（6）**漏洞原理**。根据漏洞原理的不同，漏洞分为逻辑错误漏洞、内存破坏漏洞、软件后门漏洞和系统设计缺陷、配置管理缺陷等类型，如图 4-4 所示。这些漏洞类型出现的时间点，分布在系统的设计、实现和应用部署等阶段。

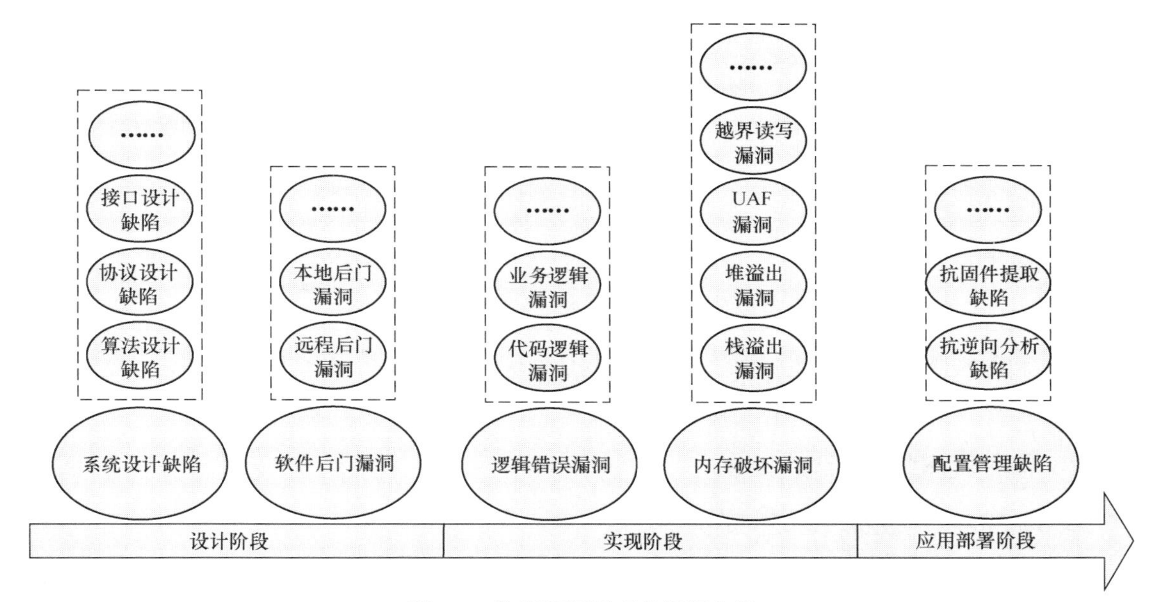


图 4-4 按照漏洞原理的漏洞分类

内存破坏、逻辑错误和软件后门这 3 类漏洞是 IoT 系统在开发实现过程中的典型漏洞类型，攻防研究的双方都需要引起足够的重视。

内存破坏漏洞简称内存漏洞，是由"冯·诺依曼"体系结构（数据与代码混合存储）计算设备中 C/C++代码内存读写误操作引起的漏洞。Aleph One 于 1996 年在 *Phrack* 杂志上发表文章"Smashing the Stack for Fun and Profit"，首次正式描述了该类漏洞。针对内存漏洞，软件厂商和安全厂商相继推出了多种内存漏洞利用缓解措施，如著名的 DEP、ASLR 等。根据漏洞成因及破坏区域，内存漏洞又进一步划分为栈溢出漏洞、堆溢出漏洞、UAF 漏洞、越界读写漏洞等具体子类。黑客对内存漏洞的利用效果，首先是内存数据非法读写，即非授权的写内存数据和非授权的读内存数据；在此基础上，实现任意 CPU 级别指令代码执行，具体利用又分为 32 位和 64 位，这类代码称为 Shellcode。关于内存漏洞更加细化的描述，许多图书或网络资料已有介绍，读者可以参考学习。

逻辑错误漏洞简称逻辑漏洞，是 IoT 系统在设计和开发过程中引入的逻辑错误。根据逻辑漏洞产生点的不同，又进一步分为代码逻辑漏洞和业务逻辑漏洞。其中，代码逻辑漏洞与底层代码的实现相关，业务逻辑漏洞则与 IoT 上层功能业务相关。逻辑漏洞的特点是挖掘难度较大但发现即可利用。其利用效果一是对现有 IoT 系统功能的拓展利用，二是对特定机制的穿透突破。

软件后门漏洞简称后门漏洞，是指开发者在软件设计、实现阶段留下的一些功能或接口，用于绕过安全机制而获得与常规漏洞利用类似的效果，典型利用效果包括远程控制、信息泄露、权限提升等。

内存漏洞、逻辑漏洞和后门漏洞的特点对比如表 4-1 所示。

表 4-1 3种主要漏洞类型的特点对比

| 漏洞类型 | 产生阶段 | 利用难度 | 区分 32/64 位 | 研发人员有意为之 | 利用模式 |
| --- | --- | --- | --- | --- | --- |
| 内存漏洞 | 实现阶段 | 较大 | 区分 | 否 | 代码执行/<br>信息泄露 |
| 逻辑漏洞 | 实现阶段 | 较小 | 不区分 | 是 | 代码执行/<br>信息泄露/<br>机制穿透…… |
| 后门漏洞 | 设计阶段 | 较小 | 不区分 | 是 | 认证绕过为主 |

（7）**利用效果**。根据利用效果的不同，漏洞分为代码执行漏洞、认证绕过漏洞、命令注入漏洞、权限提升漏洞和信息泄露漏洞等类型。

### 4.1.3 漏洞与相关概念的关系

本节阐述漏洞与相关概念之间的关系。

（1）**漏洞与攻击界面**。如第3章所述，攻击界面是IoT系统中指导漏洞发现的安全属性，通过某个攻击界面可能发现多个不同原理类型的漏洞。

（2）**漏洞与攻击向量**。攻击向量（attack vector）是一个实体概念，指的是网络威胁中具体的某个攻击用例或攻击数据样本。例如，黑客使用的漏洞利用工具，恶意网站上的漏洞网页等，广义上都属于攻击向量范畴。结合不同利用方法，同一个漏洞可能会产生不同的攻击向量。

（3）**漏洞与攻击路径**。攻击路径（attack path）是一个相对“虚”的概念，指的是某种网络攻击具体的方法和步骤，通常指的是基于特定漏洞的攻击方法。例如，2017年年底的某App Web支付漏洞，研究人员演示了漏洞的完整攻击过程，该过程中隐含的方法和步骤集合就是攻击路径。又如，典型的“永恒之蓝”漏洞，其攻击数据样本或漏洞利用程序是一个攻击向量，而背后的整个攻击利用方法和步骤则是相应的攻击路径。简言之，漏洞对应的攻击路径，就是基于该漏洞形成的威胁攻击样式。

（4）**漏洞与权限变化**。黑客对漏洞的利用，可能导致IoT权限的变化。对于黑客而言，权限变化主要有两种模式：第一种是从无到有，即从原本没有权限到获得一定权限；第二种是从低到高，从原本仅具备较低权限到提升为更高权限。

（5）**漏洞与补丁问题**。尽管1Day、NDay漏洞存在相应的补丁，但由于设备漏洞更新的滞后特点，许多漏洞公开后用户端未必及时更新。只要漏洞不消亡，潜在的威胁就一直存在！

## 4.2 无线协议漏洞

本节主要介绍无线协议漏洞的相关内容。无线协议漏洞主要指IoT系统无线通信协议（或无线信道）层面存在的漏洞。由于无线通信方式是IoT主要的业务通信方式，因此其漏洞也必然是研究人员和黑客关注的焦点问题。需要注意的是，针对图4-5所示的IoT通信协议层次，漏洞既包括信道层漏洞，也包括应用层漏洞。本节所述的无线协议漏洞属于信道层漏洞，与应用层（网络应用协议及系统软件）漏洞无关。

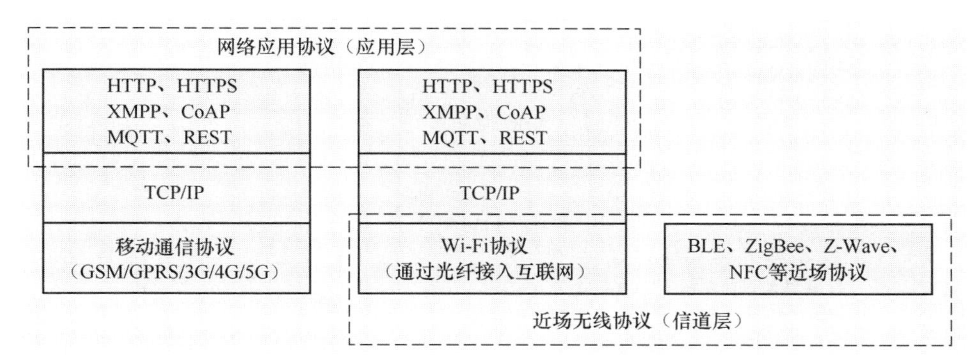


图 4-5 信道层漏洞与应用层漏洞

例如，无线路由器的后门漏洞或者 Web 漏洞都属于应用层漏洞，它们可以借助 Wi-Fi 信道进行传输，但与 Wi-Fi 协议本身无关。后文将介绍的密钥重装攻击（Key Reinstallation Attacks，KRACK）漏洞和 Wi-Fi 密码暴力破解等问题，都属于 Wi-Fi 协议（信道层）安全问题。

## 4.2.1 无线协议漏洞的特点及其威胁

无线通信协议分为远程协议和近场协议。GSM、GPRS、3G、4G 和 5G 等属于远程协议，实现厂商都是少数几个科技公司，产品类型相对单一，出现的漏洞数量非常少；至于 Wi-Fi，目前为止 Wi-Fi 出现的漏洞数量也不多；然而，涉及 BLE 的厂商和设备则十分多，这意味着其出现漏洞的概率也更大。此外，如果供应链底层出现问题，如包括共性协议栈的软件、硬件模块出现问题，则可能导致大量的集成设备出问题。本书重点探讨典型的近场协议漏洞。

结合前文对攻击界面的理解，我们可以将无线协议漏洞按产生阶段分为无线协议设计漏洞和无线协议栈漏洞两大类。其中，无线协议设计漏洞包括无线协议规范或标准（通信管道部分）设计方面的漏洞；无线协议栈漏洞是设备在无线协议实现环节产生的漏洞，通过攻击界面分析即可发现这些漏洞，如图 4-6 所示。

综上所述，无线协议漏洞的主要特点如下。

（1）**近场协议漏洞为主**。移动通信协议等远程协议皆由主流厂商实现，很难出现漏洞；近场协议的厂商和设备种类繁多，容易产生漏洞。

（2）**信道认证问题居多**。大多数漏洞是在信道接入、认证加密等环节产生的。例如，无线信号承载的数据未加密或弱加密，可能导致被重放或中间人攻击，可认为是漏洞。

（3）**常见于低功耗设备**。IoT 系统中设备以无线通信为主，对应的设备供电方式必然以电池为主（通常不会外接电源），因此其对运行负荷上的低功耗要求是必然的，基本不会承载复杂耗电的软件及硬件模块。

（4）**与 IP 应用通信无关**。问题都出在信道层，与上层 TCP/IP 和网络应用协议无关。

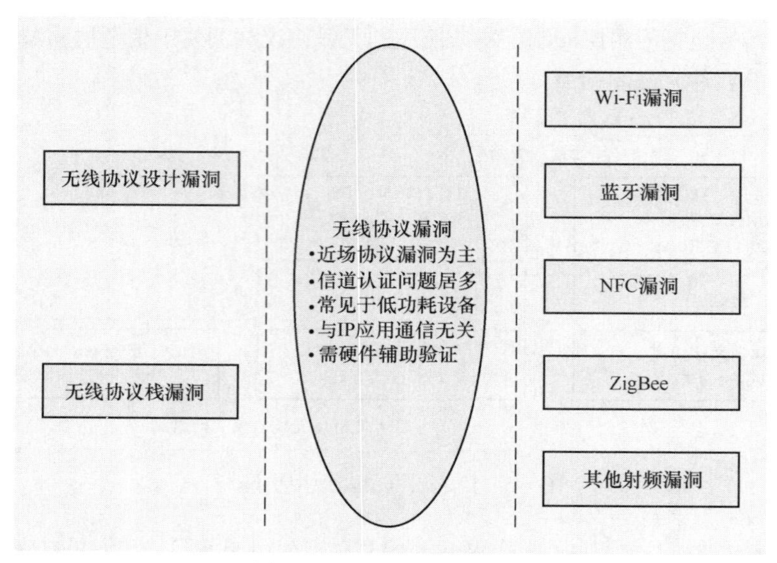


图 4-6　无线协议漏洞类型

（5）**漏洞验证需硬件辅助**。漏洞的触发验证大多需要接收与发射信号，而非纯软件层面的问题，只能采用特定的硬件。

黑客利用无线协议漏洞可能发起的威胁攻击，主要有信息获取、认证绕过、扰乱重置、恶意代码植入等多种形式。基于无线通信的开放性特点，在信号覆盖区域内都可以进行接收、发射信号，但很难出现传统意义上的实时中间人劫持等威胁场景。

（1）**信息获取**。一些无线协议数据未加密或弱加密，导致黑客能通过流量嗅探、暴力破解等方式，直接或间接获取无线信道中传输的重要信息，尤其是与用户身份相关的认证信息。

（2）**认证绕过**。黑客利用获取到的认证信息（如账号口令、动态码等），以及辅助的信号发射工具和手段，实施认证重放攻击，达到接入网络或连接特定设备的目的。

（3）**扰乱重置**。通过较大功率的信号发射实现对设备的有效电磁干扰，使得设备重启后暂时丧失原有的物理防护功能。例如某些智能门锁在受到强磁脉冲干扰的时候会重启或死机，进而自动开锁，或使得电机驱动导线感应到电流，如同模拟开锁指令，导致门锁被打开。

（4）**恶意代码植入**。通过无线信号的握手前、中、后某个环节，以特定数据或指令触发设备漏洞，如内存破坏漏洞、逻辑错误漏洞等。向设备中植入恶意代码，也是黑客可能采用的威胁样式。

## 4.2.2　Wi-Fi 协议漏洞

Wi-Fi 基于 IEEE 802.11i 标准，通常使用 2.4GHz UHF 或 5GHz SHF ISM 射频频段，基本通信机制是先接入再传输，即必须在设备通过 Wi-Fi 热点接入 Wi-Fi 网络的前提下才能进行数据传输。设备接入 Wi-Fi 网络，首先需要位于 Wi-Fi 信号覆盖区域内，在此基础上可能需要认证，也可能不需要认证。认证与加密是 Wi-Fi 通信的核心安全机制，曾采用过的加密协议是 WEP、WPA

和 WPA2，目前 WPA2 最为安全，其采用了 AES 算法。

本节从协议设计、协议栈和用户应用三大方面来分析 Wi-Fi 协议漏洞，如图 4-7 所示。

（1）**协议设计漏洞**。近年来披露的此类漏洞很少，一个重要的原因是 Wi-Fi 协议的规范相对已经比较完善，经历了多个版本的修订。事实上，已披露的漏洞通常也是需要特定触发条件的，如 Wi-Fi 密码重装漏洞 KRACK。

KRACK 漏洞如图 4-8 所示。KRACK 漏洞主要针对 WPA2 的 4 次握手过程。当客户端试图连接到一个受保护的 Wi-Fi 网络时，接入点将会发起 4 次握手以完成相互认证。黑客利用 WPA2 标准加密密钥生成机制上的设计缺陷，使 4 次握手协商加密密钥过程中的第 3 个消息报文可被篡改、重放，导致密钥被重新安装，从而解密客户端发送的通信数据包，截获敏感信息。该漏洞是 WPA2 标准的漏洞，所以会影响无线路由器、手机、智能硬件等大多数使用 WPA 无线认证客户端的 IoT 设备。

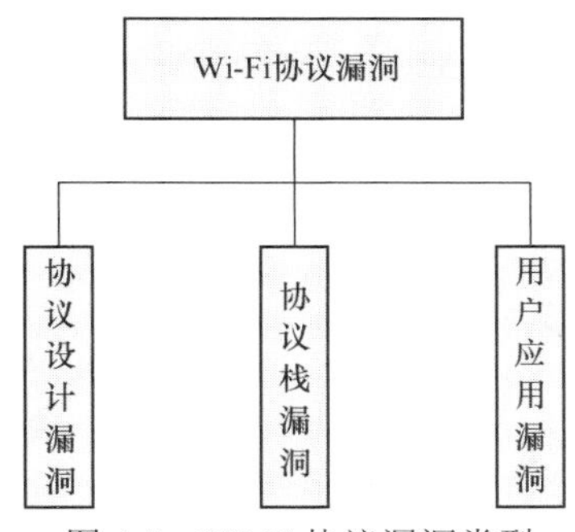


图 4-7 Wi-Fi 协议漏洞类型

图 4-8 Wi-Fi 密码重装漏洞“KRACK”

KRACK 漏洞利用的威胁场景是：黑客根据合法 Wi-Fi 伪造同名的钓鱼 Wi-Fi，并利用漏洞迫使无线客户端连接到钓鱼 Wi-Fi，从而对无线客户端的网络流量进行篡改，抓取社交网站账号密码。

（2）**协议栈漏洞**。协议栈漏洞是厂商根据 Wi-Fi 协议规范进行软硬件实现时引入的漏洞，包括逻辑漏洞、内存漏洞和后门漏洞（认证漏洞）等类型。

逻辑漏洞多是在 Wi-Fi 热点接入处理过程产生的，其往往会导致认证的绕过、非法接入或信息泄露。Wi-Fi 协议是底层传输协议，处理的都是二进制数据，C/C++是针对它的较为理想的开发语言，因此内存漏洞在 Wi-Fi 类设备中也可能存在。

（3）**用户应用漏洞**。用户应用漏洞是与 Wi-Fi 配置功能相关的漏洞，典型有 Wi-Fi 密钥暴力破解。

WEP 由于协议设计存在漏洞或缺陷，因此攻击者在获取到足够的用户登录握手包的前提下，可以直接破解出登录密码。现在已经有成熟的工具可供使用，例如 Aircrack-ng，它使得不清楚 WEP 具体实现的入门者也可以在短时间内（如几分钟内）攻破 WEP。

密钥暴力破解本身不算是漏洞，它是利用密钥或口令存在的脆弱性的一种辅助手段。理论上，WPA2 算法强度足够高，直接破解几乎不可能。但是，在实际使用中，出于便捷或习惯问题，用户经常设置很短的（如仅 8 位字符）Wi-Fi 密钥，甚至可能将密钥设置为全数字或数字加部分字母，这种强度直接降低了密钥暴力破解的复杂度。此外，Wi-Fi 全能钥匙等产品收集了大量用户的“密钥”，也可以作为 Wi-Fi 密钥暴力枚举的辅助手段。

### 4.2.3　蓝牙协议漏洞

蓝牙协议是 IoT 系统中常见的无线通信协议之一。移动终端、智能家居、智能汽车、笔记本电脑通常都配置了蓝牙模块，设备之间使用蓝牙进行通信非常便捷。因低功耗需求，多数设备都支持蓝牙 4.0 及以上版本，即支持 BLE，后文中的蓝牙协议主要指 BLE。

与 Wi-Fi 协议漏洞类似，本节从协议设计、协议栈和用户应用三大方面对蓝牙协议漏洞进行分析。

（1）**协议设计漏洞**。目前 BLE 的几个主要版本是 4.0、4.2、5.0 等，其在认证配对、通信加密等方面都已充分考虑安全性，协议规范中出现漏洞的概率很小。事实上，近年来这方面的漏洞几乎没有出现过。

（2）**协议栈漏洞**。协议栈漏洞是 BLE 实现层面产生的漏洞，原理上以逻辑漏洞和内存漏洞为主。与 Wi-Fi 设备不同的是，蓝牙设备通常不承载 IP，因此基本不存在后门漏洞。

逻辑漏洞方面，由于 BLE 具体的子协议众多，各种子协议定义了设备的某项功能，例如，文件传输协议（FTP）、免提协议（HFP）、人机接口设备（HID）协议以及拨号网络协议（DUN），因此 BLE 功能首先需要配对。但一些设备使用硬编码的配对码，很容易遭到攻击。此外，设备配对后有可能劫持会话并进行滥用，可能的攻击方法包括 Bluejacking、Bluesnarfing 和 Bluebugging。近年来典型的蓝牙协议漏洞就是 2017 年影响了数几十亿设备的 BlueBorne 攻击，如图 4-9 所示。

图 4-9　BlueBorne 攻击

2017 年 9 月，国外安全厂商 Armis 公布了 8 个蓝牙协议漏洞，并将该漏洞组合称为“BlueBorne”。利用 BlueBorne，黑客可以在无须与目标设备进行配对，并且目标设备未设置成可发现模式的情况下，“无接触、无感知”地接管目标设备，进而完全控制目标设备和数据。具有蓝牙功能的设备大多难以避免 BlueBorne，包括智能设备、移动终端（Android、iOS）、PC 终端（Windows、Linux）等。

涉及的 8 个蓝牙协议漏洞的基本信息如下。

- Linux 内核远程代码执行（Remote Code Execution，RCE）漏洞：CVE-2017-1000251。
- Linux 蓝牙堆栈（BlueZ）信息泄露漏洞：CVE-2017-1000250。
- Android 信息漏洞：CVE-2017-0785。
- Android RCE 漏洞 1：CVE-2017-0781。
- Android RCE 漏洞 2：CVE-2017-0782。
- Android Bluetooth PineApple 逻辑缺陷：CVE-2017-0783。
- Windows Bluetooth PineApple 逻辑缺陷：CVE-2017-8628。
- Apple 低功耗音频协议 RCE 漏洞：CVE-2017-14315。

BlueBorne 主要包括逻辑漏洞，我们认为应该是众多设备集成了共性蓝牙代码模块，导致同时出现漏洞，也就是供应链出现问题，BlueBorne 关联示意如图 4-10 所示。

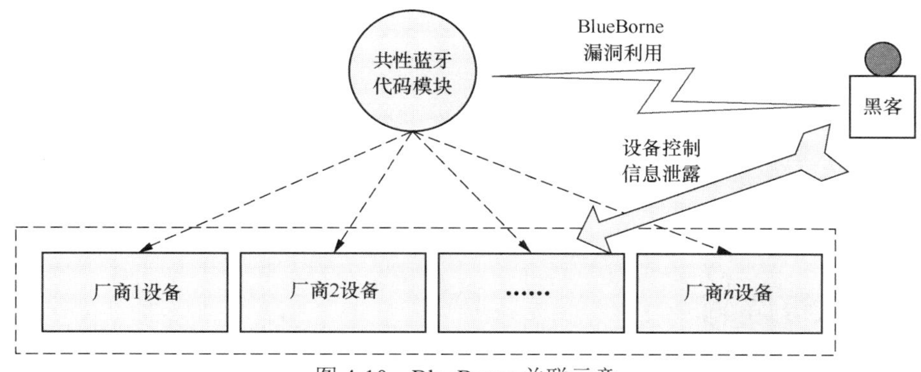


图 4-10 BlueBorne 关联示意

（3）**用户应用漏洞**。用户应用漏洞主要是 BLE 在加密配置方面的漏洞。BLE 有 3 种类型的加密配置：一是不加密；二是弱加密（如固定密钥、非动态密钥）；三是强加密。实际上，强加密一般很难实施，尤其是 BLE 设备的低功耗要求不允许实现复杂的加密算法。用户应用漏洞的典型场景是，移动 App 在应用层未加密的前提下，如果配置了弱加密类型，则存在数据被截获与破解，甚至被恶意重放的可能。

### 4.2.4 常见的 RFID 漏洞

RFID 是一种无线通信技术，它通过无线电信号识别特定目标并读写相关数据，适用于短距离识别通信。常见的 RFID 产品有公交卡、门禁卡、借书卡、动物身份标签、电子车票等。

RFID 主要由 3 部分组成：标签、读卡器和天线。读卡器通过内置天线发送一定频率（包括低频、高频、超高频及微波的无线电信号），当标签（如交通卡）进入读卡器的磁场感应范围后，读卡器就可以获取并处理标签中的相关信息。

常见的 RFID 漏洞和利用 RFID 漏洞进行的攻击是数据嗅探、重放攻击、卡片复制和破解篡改。

（1）**数据嗅探**。每个人身上或多或少会携带大小不一的 RFID 卡，如饭卡、超市购物卡、门禁卡等，卡片中保存着个人非常私密的一些信息。攻击者通过一些特殊的设备，读取受害者的 RFID 卡信息，从中分析出有用的数据，加以利用。

（2）**重放攻击**。作为典型的 RFID 的应用，汽车遥控钥匙基本已经是每辆车的标配，汽车遥控钥匙本身也是一张 RFID 卡，使用的频段是 433MHz/315MHz。采用 HackRF 设备就可以在汽车遥控钥匙开锁的过程中记录下交互的数据，进行逆向解析；对应上频段和波形之后，进行数据重放，汽车就可以远程开启。

（3）**卡片复制**。常见的 RFID 卡在认证过程中存在问题，例如只使用 RFID 卡芯片数据中的 UID 作为验证数据，原始的卡片使用工具读取之后，复制到一张空白卡中，空白卡具有和原始卡一样的功能，常见的应用场景就是小区门禁卡的复制。图 4-11 所

图 4-11 复制卡设备

示为经典的复制卡设备。

（4）**破解篡改**。公交卡、饭卡和超市购物卡等都具备交通、购物、刷卡的功能，卡中记录有金额、消费记录等信息。存在漏洞的主要卡片类型是 MIFARE Classic 卡，其目前使用范围仍然很广泛，很多公司、学校的门禁卡、餐卡、一卡通等都仍在使用这类芯片卡。

特别是离线验证的饭卡和超市购物卡，通过特定的工具就可以篡改卡片中的金额数据，可以直接用于消费。

## 4.3　身份认证漏洞

作为新兴的网络发展模式，IoT 是互联网在现实世界的拓展和延伸，各种 IoT 智能设备、传感器、检测设备都是互联网在现实世界的“触角”。身份的识别和认别是整个社会正常运行和各要素之间平稳共处的基石，IoT 也需要身份的识别和认别来确保各要素的安全运行和交互。

具体来讲，互联网中人与人之间、人与服务器之间、服务器与服务器之间的身份认证，在 IoT 中也是如此，并且拓展得范围更广、更大。就网络安全而言，最理想的情况是不信任任何输入和输出，对流经设备的任何流量都要进行完整性和安全性的校验。设备的生产人员和开发人员对身份认证的安全性认识不足，会造成身份认证方面的各种漏洞和缺陷，导致的后果就是严重的信息泄露和恶意篡改攻击，甚至会影响到现实世界，造成人身安全威胁，图 4-12 所示为 IoT 身份认证流程。

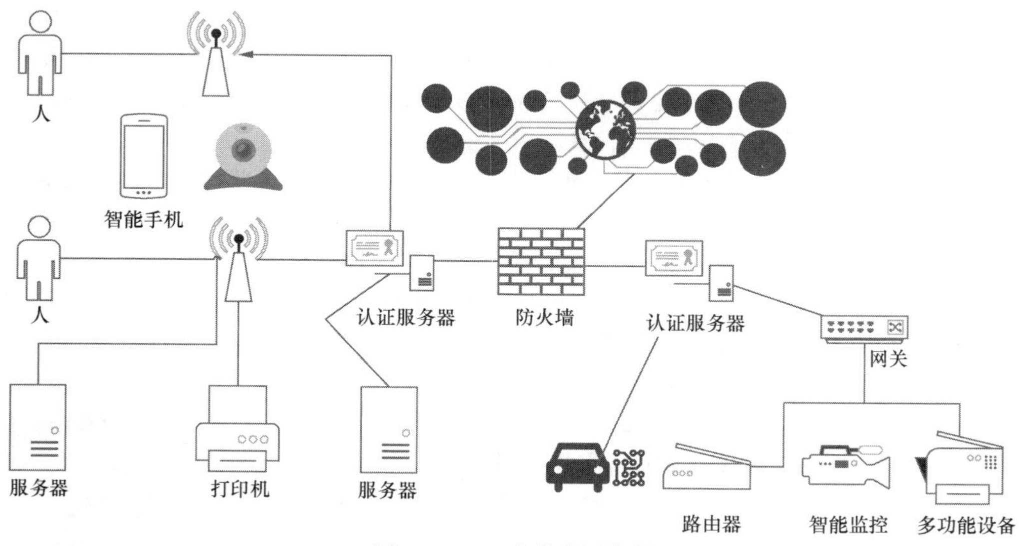


图 4-12　IoT 身份认证流程

IoT 身份认证主要用于实现系统登录、权限识别、功能执行和设备控制等功能，但是在具体功能实现过程中，相关安全功能实现的应用程序往往得不到正确的实现和维护，结果就是在智能设备数据交互的整个生命周期中存在各种各样的缺陷和漏洞。

### 4.3.1　身份认证漏洞的特点及其威胁

从图 4-13 所示的 IoT 身份认证架构中，我们可以归纳出：IoT 身份认证可以简单地分为 IoT 设备身份认证和用户身份认证。

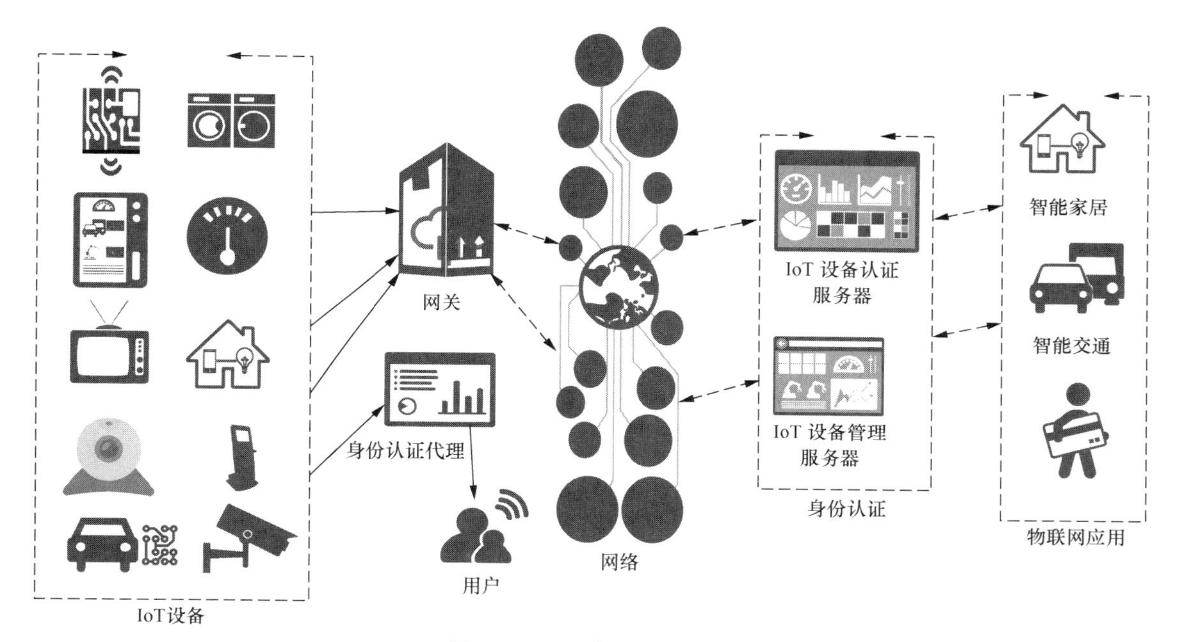


图 4-13　IoT 身份认证架构

用户身份认证非常重要，其鉴定用户是否有 IoT 设备和网络等相关的操作权限。用户身份认证用于确保用户对 IoT 设备的合法控制，认证之前需对 IoT 设备的“指纹”、MAC 地址或其他硬件信息等信息进行校验，认证之后进行 IoT 设备的功能操作。

IoT 身份认证是 IoT 系统中重要的业务交互，认证方式包括网络认证、本地认证等，认证场景包括接入认证、登录认证等。本书关注网络认证，其主要通信模式如图 4-14 所示。

可以看出，目前的 IoT 设备主要有四大方面的通信模式，即移动网络、有线网络、无线网络和近场通信。IoT 设备之间、IoT 设备与云端服务之间、IoT 设备与用户之间都需要进行可信的身份认证，来保证数据流量传输和功能操作的安全性，一旦失去身份认证这部分的安全防护，将会出现非常严重的后果。总体而言，身份认证漏洞的特点如下。

（1）身份认证漏洞涉及 IoT 的各个组件。

（2）身份认证漏洞修复难度高。

（3）身份认证漏洞贯穿 IoT 设备数据交互的整个生命周期。

（4）IoT 设备自身无法提供足够的安全功能。

（5）身份认证漏洞影响后果严重。

（6）身份认证漏洞范围广。

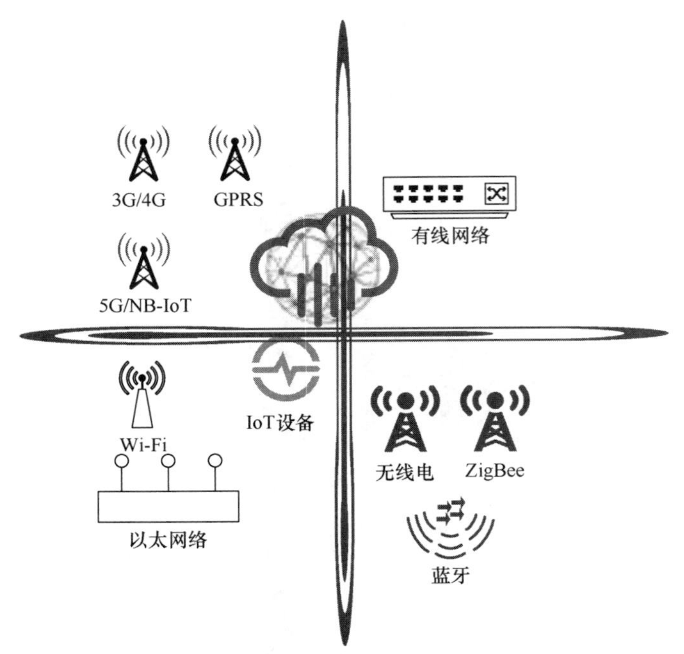


图 4-14　网络认证的主要通信模式

在 IoT 的智能家居场景中，智能门锁、智能摄像头等 IoT 设备存在很强的身份认证安全需求。目前这些 IoT 设备操作依赖于 IoT 设备厂商提供的账户认证体系，如 IoT 设备厂商提供了移动终端 App，用户只有在授权验证之后才能对 IoT 设备进行配置、管理等操作。在穿戴设备场景中，设备本身可以认为是用户在 IoT 中的“投影”，是用户的“数字分身”；是人体生理指标的监控设备，与现实世界的分界变得非常的模糊，同样也需要高强度的身份认证。

身份认证漏洞会造成一系列的安全威胁，主要包含隐私信息泄露、功能紊乱、恶意篡改利用、人身威胁等，具体而言主要包含以下安全威胁。

（1）数据中间人攻击安全威胁。

（2）功能操控攻击安全威胁。

（3）DDoS 攻击安全威胁。

（4）定位追踪安全威胁。

（5）基于信任链攻击安全威胁。

身份认证漏洞可以体现为四大典型场景：一是认证重放，前提是从其他途径获取已有的认证凭证信息，如 Cookie；二是认证绕过，通过其他逻辑问题，直接或间接绕过认证过程，如跳过登录直接访问后台管理页面；三是认证突破，需要进行认证，但攻击者找到并利用了认证过程或认证机制的脆弱性，如口令范围或强度不够等；四是后门漏洞、深度口令、挑战应答机制等，大多存在于设备漏洞。身份认证漏洞以其在 IoT 中触发原理的不同，大致可以分为 4 类：认证缺失漏洞、口令缺陷漏洞、后门漏洞、证书及算法漏洞。在后续小节中，我们会对这 4 类漏洞进行具体的描述。

## 4.3.2 认证缺失漏洞

智能家居的 IoT 应用场景中，其自身已经是一个小型 IoT。当新的 IoT 设备接入网络时，在认证缺失漏洞存在的情形下，无任何身份校验，IoT 设备随时可以接入该网络。

假如该 IoT 设备是一个代理控制终端设备，它进入智能家居网络环境中，可以向各个 IoT 设备发送特定指令，如“全部关机”指令，造成事实上的 DDoS 攻击；同时它也可以操作智能电视循环开关机、智能洗衣机无故洗衣等，造成智能家居整体功能的紊乱。

国内 IoT 设备厂商中，小米公司在市场上的占有率是比较靠前的，其构建了基于自身的智能硬件生态链，开发了多款 IoT 设备，如智能插座、多功能网关、智能净水器、智能电饭煲、智能空调等。为了便于管理，小米公司采用了美满电子科技公司的智能解决方案，并为这些方案设计了一整套基础协议框架，以统一实现设备接入、数据传输与控制管理。

国内某品牌的智能家居 IoT 设备在接入网络时，并没有进行很好的设备身份认证，认证环节是缺失的，这就造成了智能家居中有一把“万能钥匙”，其可以开启对网络内任意 IoT 设备的操作。

## 4.3.3 口令缺陷漏洞

IoT 场景中，IoT 设备与 IoT 设备之间、用户与 IoT 设备之间进行身份认证时，大多选用口令进行认证，因为这通常是最原始且也是最简单的解决方案。

IoT 设备和云端只有经过口令验证之后，才提供相应的管理操作功能，口令缺陷漏洞就出现在此过程中。最严重的口令缺陷漏洞是无口令，任何用户（或 IoT 设备）都可以访问 IoT 设备或云端资源，造成非常严重的后果。其他如口令泄露和弱口令等口令缺陷漏洞也能造成严重后果。例如，弱口令一直都是互联网安全中非常脆弱的一个攻击点，2018 年的十大弱口令（如下）同样存在于 IoT 中。

```
123456
password
123456789
12345678
12345
111111
1234567
sunshine
qwerty
iloveyou
```

2016 年，以 Mirai 为代表的 IoT 病毒即采用大批量节点通过弱口令字典进行 IoT 设备登录尝试。成功登录之后，它下载并执行恶意软件，接着进行下一步的感染，最终组成一个大范围的 IoT 僵尸网络。最终，Mirai 使用 IoT 僵尸网络对美国 DNS 服务商 DYN 实施 DDoS 攻击，GitHub、Twitter、PayPal 等网站深受影响，导致无法提供正常服务。

因口令引起的安全问题还有默认口令、弱口令、空口令、口令字符范围过小或长度过短和口令重置等，可能造成非常严重的后果。鉴于口令对 IoT 设备的重要性，美国加利福尼亚州甚至通过了一项法律，该法律规定在 2020 年之后的新电子产品不允许再使用“admin”“123456”“password”这样简单的默认口令，同时要求该州生产的新物联网设备必须配置足够合理的安全功能，每个设备都要有独特的预编程密码，在设备首次使用时必须强制性修改默认密码，否则不允许公开发售。

### 4.3.4　后门漏洞

后门漏洞是指开发者在软件设计、实现阶段留下的一些功能或接口，它们能绕过安全机制而获得与常规漏洞类似的效果。典型效果包括远程控制、信息泄露、权限提升等。后门漏洞的界定依据之一是用户认知属性：如果用户事先不知道这些功能或接口的存在，但是一旦知道就可能利用并造成安全风险，则将其归类为后门漏洞；相反，如果开发者对其进行了文档化，则不属于后门漏洞。

从技术层面看，后门漏洞通常具备两个显著特点。

（1）**隐藏且非预期**。它的存在基本不影响软件的正常功能或接口，也不会在软件正常使用中轻易暴露，这让普通用户难以察觉，也是未曾预料到的。

（2）**发现即可利用**。相关的软件功能或接口都是现成的，大多数利用难度不高，因此这类漏洞重在挖掘，利用技术不是重点。

按照利用难度或直接程度，后门漏洞可以划分为直接型后门漏洞和间接型陷门漏洞两大类，如图 4-15 所示。

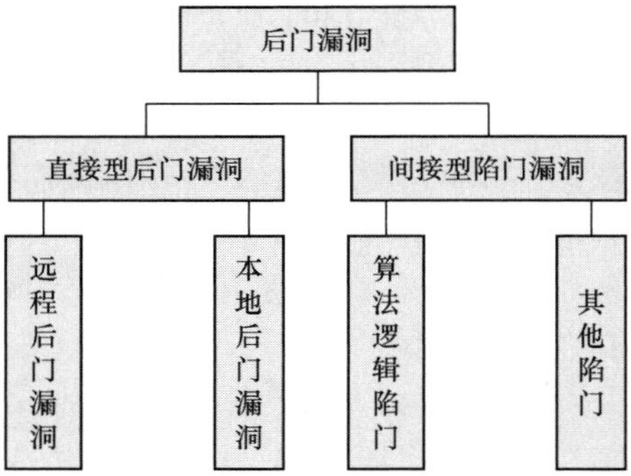

后门漏洞
直接型后门漏洞
间接型陷门漏洞
远程后门漏洞
本地后门漏洞
算法逻辑陷门
其他陷门

图 4-15　后门漏洞类型

（1）**直接型后门漏洞**。顾名思义，主要是指那些发现后可直接利用的后门漏洞。从利用方式看，直接型后门漏洞可进一步分为远程后门漏洞和本地后门漏洞，前者强调从远程进行漏洞利用，大多出现在设备的漏洞中；后者强调从本地进行漏洞利用，通常出现在本地特权提升等场景。

（2）**间接型陷门漏洞**。之所以称为“陷门”，是因为其利用难度或复杂度较高，即使被发现也只有少数人能利用，例如开发者在算法逻辑层面故意留的某些算法逻辑陷门。

需要特别指出的是，后门漏洞的利用效果通常有身份认证的远程突破或绕过，其典型场景有以下几类。

（1）**隐藏后门账号**。系统中存在的未文档化的登录控制账号，例如“超级”账号和口令，通过正常的 Telnet 或 SSH 端口可开展利用，利用效果可能是获取较高的控制管理权限。日本索尼公司在 2016 年生产了 IPELA NEGINE IP 系列摄像头，其中以 SNC-*编号的摄像头固件中，Web 控制管理平台被硬编码并且永久开启了两个账号，分别可以用来开启摄像头的 Telnet 访问以及获得管理员权限，被我国国家信息安全漏洞共享平台评为高危漏洞（CNVD-2016-11973）。

（2）**监听异常端口**。其在一些未文档化的 TCP 端口（通常是高端口）中监听 Telnet 服务，只要连接请求中有特殊字符串，不需要账号口令即可直接登录获得控制权，从而执行任意系统命令。

（3）**隐藏命令 A**。系统存在的特定命令，其本身为登录发起的挑战数据（身份认证过程中的“挑战”字符串），输入后可获取应答数据索引，应答数据索引进一步通过散列（hash）计算得到应答数据，应答数据直接用于登录控制。

（4）**隐藏命令 B**。系统存在的特定命令，用于开启登录服务，然后利用其他高权限账号登录控制系统。

（5）**调试保留接口**。为支持系统远程调试等需要，开发者可以留下调试接口。这些调试接口拥有很高的权限，便于开发人员控制和管理设备。

（6）**Web 认证后门**。Web 请求如果包含某些特殊字符串，则可绕过账号认证直接访问 Web 管理页面。

## 4.3.5 证书及算法漏洞

证书就是网络通信中标志通信各方身份信息的一系列数据，其作用类似于现实生活中的身份证。它是由认证机构（Certification Authority，CA）发行的，人们可以在互联网上用它来识别对方的身份。证书可以由多种加密方式实现，这些加密方式使用了高强度的、不可逆的算法来保证证书的正确性和安全性。常见的就是数字证书，它可以应用于互联网和现实世界的各种领域。

典型的数字证书可以在操作系统中找到，如图 4-16 所示。本书中的“证书”是指数字证书，用于保护和鉴定 IoT 设备。

图 4-16 典型的数字证书

互联网和 IoT 使用明文传输会有极大的安全威胁，这是众所周知的。为了解决此问题，大部分 IoT 设备厂商采用加密算法对数据进行加密。随着网络安全新型技术的发展，在某个时间周期内强度足够的加密算法，可能到了下一时间周期就不再安全。还有部分 IoT 厂商使用了有脆弱点的加密算法，导致攻击者能轻易破解出加密密钥，进而能够还原出明文进行安全分析。

Wi-Fi 如果使用 WEP 加密通信模式，那么恶意攻击者抓到足量数据包后，几分钟左右就能破解出 Wi-Fi 密码。

证书及算法相关的一些典型漏洞如下。

（1）**证书校验漏洞**。对于启用基于证书的加密通信的 IoT 设备，其在开始运行的时候，IoT 设备首先和服务器程序建立连接。如果 IoT 设备在 SSL 握手阶段并不校验来自服务器的 SSL 证书的真伪，则黑客可以采用中间人攻击，使用伪造签证，从而劫持 IoT 设备的数据交互。在数据劫持的基础上，能够进一步劫持 IoT 设备固件的更新，从而完全接管 IoT 设备。

（2）**加解密密钥获取漏洞**。加解密密钥非常重要，但是部分厂商会把加解密密钥（如 AES 加解密密钥）存放到 App 端。攻击者经过逆向之后可以获取到明文的加解密密钥，据此可以获取明文通信内容、原始未加密的应用程序，并可以获取 IoT 设备的相关配置。

（3）**用户证书窃取漏洞**。攻击者可以窃取用户的证书并使用已经连接的 IoT 设备进行操作，进而完全控制网内各个 IoT 设备。

（4）**证书泄露攻击**。证书认证机构掌握着厂商大量设备的证书，黑客攻击可能会造成非常严重的证书泄露事件。2011 年，荷兰证书认证机构 DigiNotar 被黑客入侵，造成超过 500 份证书泄露，使主要 Web 浏览器厂商不得不将所有 DigiNotar 证书列入黑名单。

## 4.4　访问控制漏洞

IoT 访问控制涉及设备接入、配置、管理、操控、数据存储等多个环节，而访问控制漏洞主要是指 IoT 设计时因访问控制不当导致攻击者可以获取其合法授权以外的数据。攻击者利用访问控制漏洞可以对 IoT 设备进行管理，获取并修改用户数据，从而实现非法接入、非法登录、恶意控制和越权访问等类型的攻击。

本节介绍访问控制漏洞的相关内容。首先介绍访问控制漏洞的特点及其威胁，然后介绍两类访问控制漏洞：横向越权漏洞和纵向越权漏洞。

### 4.4.1　访问控制漏洞的特点及其威胁

访问控制漏洞的主要特点是漏洞出现或触发大多在身份认证之后。通常情况下，IoT 用户完成了身份认证后，将被分配一定的系统资源访问或使用权限，权限的“额度”是同用户身份相匹配的。简单地说，高级别用户（如系统管理员）会得到较高的系统资源访问权限，低级别用户（如普通用户）只能得到较低的系统资源访问权限。一旦出现访问控制漏洞，这种平衡将被打破。一个普通用户登录之后，如果触发此类漏洞，将可能导致其任意使用高权限资源。例如，普通用户登录云端后，通过访问控制漏洞，能够对系统级配置或其他用户设备进行更改，或者非法得到其他用户设备信息等。访问控制漏洞的具体类型可分为横向越权漏洞和纵向越权漏洞。横向越权漏洞主要指权限的平行转移，即从特定权限转移到另一类别的同样高度的权限。纵向越权漏洞主要指权限的提升，即从原本较低权限提升到同类别的较高权限。

## 4.4.2　横向越权漏洞

横向越权漏洞主要指攻击者尝试访问和他拥有相同权限的资源，该漏洞主要存在于 Web 和云端。该漏洞主要由用户和其操作的资源绑定关系不严格、认证和授权等访问控制策略存在问题导致。

常见的横向越权漏洞主要包括以下内容。

（1）**用户密码重置**。普通用户通过密码提示并回答成功后可跳转到重置密码页面进行密码修改。如果攻击者分析澄清 Web 重置密码接口，则可以输入其他用户的用户名实现密码重置，从而获取其他用户的权限。

（2）**绕过登录读取数据**。Web 服务没有采取 Cookie 和 Session 等防护措施，攻击者可以绕过用户登录直接使用网址读取任意用户数据。

（3）**云端数据获取**。很多 IoT 设备的云端数据存储存在横向越权漏洞，通过对智能设备进行逆向分析，可以澄清设备控制标识和指令。如果云端没有启用防止重放攻击的安全策略，则可以使用设备控制标识和指令控制任意一台智能设备。如在获取智能家庭摄像头 Token 后，通过分析可得出用户和摄像头的对应关系，通过修改摄像头标识，就可以横向越权控制其他用户的摄像头。

## 4.4.3　纵向越权漏洞

针对设备和移动终端的纵向越权，大多通过对设备操作系统中的底层漏洞或内核漏洞的利用来实现，以支持对设备中受限目录和受限数据的访问，以及一些受限命令的执行。其中，面向 iOS 的纵向越权又称为越狱，面向 Android 的纵向越权称为 Root 提权，二者通常需要多个漏洞的组合（尤其是内核漏洞）才能完成。纵向越权漏洞主要有以下类别。

（1）**iOS 越狱和 Android Root 提取**。主要针对智能手机存在的漏洞，利用漏洞可以获取系统的高级权限，实现对设备的完全控制。

采用 Android 的设备，由于更新机制不完善，很多设备存在已公开的 root 漏洞，利用这些漏洞可以对设备进行完全控制。

（2）**嵌入式 Linux 受限 Shell 提权**。很多 IoT 设备为了防止用户完全获取设备权限，一般使用低权限的命令行界面（Command Line Interface，CLI）来对设备进行配置和管理。低权限的 CLI 只支持特定命令，不集成系统配置命令。攻击者通过对设备固件进行逆向分析，通过特殊命令实现 CLI 的提权，从而获取嵌入式 Linux 的 root 权限，实现对设备的完全控制。

（3）**虚拟机逃逸**。虚拟机管理程序（如 Hypervisor）是确保各虚拟环境安全的基础。云平台虚拟机管理程序如果出现未经授权的虚拟化层访问等虚拟机逃逸、代码逃逸等漏洞，攻击者可以通过在虚拟机中调用特殊函数获取宿主机访问权限，甚至能完全控制宿主机。在控制宿主机的基础上可以完全控制宿主机上运行的所有虚拟机。

（4）**Web 提权**。获取 Web 服务访问权限后，通过 Web 服务提权漏洞、代码注入漏洞等可实现设备系统权限的获取，从而实现对设备的完全控制。

# 4.5 业务交互漏洞

IoT 设备由于其固有的业务多样性，因此需要处理各种各样的数据，这包括本地检测获取到的数据和互联网或者用户在感知交互过程中产生的数据。在这些数据验证和处理过程中，IoT 设备会占用大量的 CPU 和内存资源。IoT 设备厂商出于性能考虑，有可能会简化和省略必要的验证步骤，这就为业务交互漏洞的产生创造了良好的生存环境。

本节介绍业务交互漏洞的相关内容。首先介绍业务交互漏洞的特点及其威胁，然后介绍两类业务交互漏洞——Web 交互漏洞和感知交互漏洞。

## 4.5.1 业务交互漏洞的特点及其威胁

IoT 设备的业务交互漏洞有如下典型的特点。

（1）**类型繁多**。不同的 IoT 设备具有不同的业务，不同的业务又导致了硬件供应链和软件供应链不同，因此业务交互漏洞类型繁多。例如逻辑错误漏洞、内存破坏漏洞、NDay 和 0Day 等在不同的 IoT 设备中都有发现。

（2）**漏洞修复难度大**。IoT 设备由于其生产数量和批次的情况不同，并没有一个很好的设备固件安全更新渠道，一旦出现安全问题，只有用户主动获取固件安全更新，才有可能去做漏洞修复。然而，IoT 设备的应用场景在很多情况下都是无人值守的，这就造成了漏洞修复难度很大的问题。

（3）**漏洞造成的影响范围广**。因为 IoT 设备的生产数量一般都比较大，所以一个小的安全问题也可能造成很大的影响范围。事实上，当 IoT 设备的部署数量达到一定的量级时，其安全问题的影响就会放大，例如 Mirai 就是利用了弱口令漏洞对美国的大型互联网公司造成了严重的拒绝服务攻击。

## 4.5.2 Web 交互漏洞

IoT 中的 Web 交互漏洞，主要是指针对云端的业务中间件和业务应用系统的漏洞。Web 交互漏洞的类型比较多，漏洞类型上以逻辑漏洞为主，如 SQL 注入、文件上传、文件包含、命令执行、反序列化和不安全引用对象等典型类型。

Web 技术不直接构建在 IoT 设备的操作系统上，因此它几乎不依赖 IoT 设备的底层。因此，IoT 设备的 Web 交互漏洞与 PC 系统的 Web 应用漏洞几乎没有区别。针对 PC 系统的 Web 应用漏洞已经有较多的图书和资料进行了介绍，本书不再赘述。

## 4.5.3 感知交互漏洞

感知交互漏洞主要涉及语音、视频、图像等方面的信息采集、判断和处理环节产生的漏洞。

语音识别漏洞方面，一些智能家居设备甚至能识别人耳所不能辨别的声波，这可能导致哪怕设备正处于用户使用过程中也会遭到恶意攻击。亚马逊公司的 Echo 系列智能音响，曾在 2018 年全球黑客大会上被某团队远程控制，不仅能远程控制录音，还能发送、播放录音。2020 年，在美国加州召开的国际信息安全顶级会议上，研究者披露了一种名为“SurfingAttack”的超声波攻击方式，其可以通过固体接触物来传输携带指令的超声波，进而控制语音设备。

图像感知处理漏洞可能出现在智能汽车中。黑客通过对智能汽车自动驾驶功能中的图像识别模块机制的分析澄清和漏洞缺陷利用，可能针对性地伪冒设计出非正常图像的外部信号输入，使得智能汽车在自动驾驶过程中出现异常的加速、刹车或停车等操作，甚至可能对车上人员的安全造成威胁。

## 4.6 在线升级漏洞

本节主要介绍在线升级漏洞的相关内容。我们将先介绍在线升级漏洞的特点及威胁，然后介绍两种典型的在线升级漏洞——升级通信未加密漏洞和签名校验漏洞。

### 4.6.1 在线升级漏洞的特点及其威胁

IoT 中的在线升级漏洞主要是指智能设备中的固件或应用在升级环节可能被利用，从而导致的严重安全问题。IoT 设备多是基于固件的。固件的在线升级亦称 OTA。我们在 3.2.5 节提到了 OTA 的概念和原理，此处不再赘述。

OTA 固件升级其实就是 IAP 应用编程，要完成固件升级需要设计两个程序：一个为 Bootloader 程序；另一个为 Application 程序。通常我们是在 Application 程序中建立 Socket 连接来发起 HTTP 请求，查询服务器是否有新的固件并进行下载的，并且在片外 flash 中修改和存储固件的参数信息；而 Bootloader 程序主要检查固件的参数信息，并且如果需要，就负责将 Application 程序下载的固件从片外 flash 搬运到片内 flash，然后跳到那里执行。

Bootloader 程序主要完成以下工作。

（1）读取固件参数信息。

（2）判断是否需要更新，如果不需要，则直接跳到 Application 区域执行。

（3）如果需要更新，则将固件搬运到 Application 程序区域，并且更新固件参数信息（表示已更新过该固件了），最后跳到 Application 程序区域执行。

（4）在搬运固件前还需要进行校验（如 CRC）以确保完整性。

Application 程序主要完成以下工作。

（1）发送 HTTP 请求查询服务器最新固件信息。

（2）和当前固件做对比，如果需要更新，就进行下载。

（3）将下载的固件写进规划好的 OTA 固件存储区域。

（4）更新固件参数并回写片外 flash，最后进行软件复位。

这里也相应地首先完成从网络上固件下载的完整性校验，以确保从网络上下载的固件是完整的。将固件写进 OTA 固件存储区域的时候也需要再进行校验计算，以便 Bootloader 程序搬运固件时确保完整性。

但是，在实际的研发过程中，OTA 设计和研发的两大典型问题可能导致设备的实时更新存在缺陷：一是大多基于 HTTP 明文协议升级通信，在未加密情况下容易被仿冒劫持；二是升级更新的模块未进行有效的数字签名验证保护，导致模块存在被替换的可能性。

### 4.6.2 升级通信未加密漏洞

升级通信未加密是指 IoT 设备在升级过程中进行明文传输，例如通过 HTTP 来请求更新以及下载升级包。

由于所有数据流量都是明文传输，攻击者可以比较容易地劫持使用者或者设备所处网络中的请求，通过篡改相应的数据来使其下载已经修改过的恶意固件。通过使用者的升级操作，影响设备的正常使用或者完全控制设备。图 4-17 所示为一种典型的升级通信劫持，在其中云端会把升级版本的下载地址推送给设备。但是，设备和云端的通信未加密，这让黑客可以修改云端的应答数据，把其中的下载地址修改为黑客控制的地址。这样，设备就会下载恶意的升级包进行安装，从而被黑客攻陷。

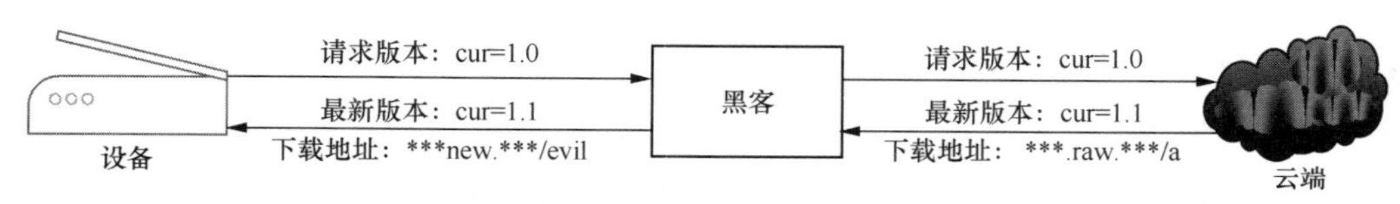


图 4-17　升级通信劫持

为了避免因上述漏洞引发安全问题，一种典型的防御措施应运而生，那就是采用 HTTPS 进行通信，同时对云端进行 HTTPS 证书校验，阻止虚假的证书攻击。

### 4.6.3 签名校验漏洞

签名校验主要用来保证信息传输的完整性，防止截获者在传输文件中加入其他信息，防止其他人伪造签名，保证数据和信息的来源，以保证发送方的身份无误。签名校验漏洞是指，当签名校验出现问题或者被绕过时，攻击者可以利用替换固件对目标设备进行更新，从而干扰设备正常使用或者完全控制设备。例如，在 GeekPwn 2018 国际安全极客大赛上，黑客通过无人机电池固件升级的数字签名校验，将恶意软件植入无人机电池，使其在特定情况下断电，导致无人机突然坠机。

无人机网络升级基本分为两步：一是遥控器升级，当遥控器和移动设备通过数据线连接时，固件更新会通过移动设备进行下载，然后升级遥控器；二是飞行器固件（包括电池）升级，当飞行器和移动设备或者计算机通过数据线连接时，飞行器固件更新会通过移动设备和计算机进行下载，然后升级飞行器固件。部分无人机采用了本地化的固件升级，即下载固件到 TF 卡上，然后将 TF 卡插入无人机，实现无人机自动升级。无论是哪种方式，一旦能够实现把修改后的固件更新到无人机上，无人机都将会按照内置的固件恶意程序实现特定的功能。

## 4.7 系统自保护缺陷

基于 IoT 的网络攻防对抗涉及从 Web 服务层到操作系统底层，乃至 U-Boot 启动等从上到下的各个层面，IoT 设备自然也要从 App 到最底层进行很好的保护。IoT 设备的固件系统大部分为嵌入式 Linux，少部分为单片机系统，并且嵌入式 Linux 已经成为 IoT 设备的事实标准操作系统。但是从目前主流的操作系统保护上来看，针对嵌入式 Linux 等嵌入式系统的保护还非常欠缺。系统自保护缺陷主要表现在以下几大方面。

（1）**固件分析对抗**。IoT 系统由于其自身的封闭性和不确定性，进行安全分析或者攻防对抗之前都需要对特定的固件进行提取和分析，这就要求 IoT 设备的嵌入式系统具有防提取和防分析的能力，能力不足就容易造成各种安全方面脆弱性的暴露。IoT 系统上的保护主要有以下关键点：防提取、防分析、防篡改。

（2）**签名认证**。代码签名是保护软件安全的重要技术之一。软件开发者向 CA 申请代码签名证书，CA 验证软件开发者身份后签发代码签名证书，让软件开发者可以使用包含其身份信息的代码签名证书，对其开发的软件代码进行数字签名。代码签名证书可用于验证软件开发者身份的真实性、保护代码的完整性。IoT 设备获取软件更新时，可根据软件的数字签名验证软件来源可信、没有被非法篡改或被植入恶意代码病毒，防止 IoT 设备受到恶意代码感染，保护 IoT 设备的安全。但是 IoT 设备的嵌入式系统在具体实现时，往往做不到如上所述的代码签名认证和固件升级验证，有时连最基础的 MD5 Hash 验证都没有，只有一个简单的升级包文件名的比对。

（3）**App 保护**。目前主流的 IoT 设备都提供了各自的手机端 App，便于用户使用和管理 IoT 设备，提升 IoT 设备的用户体验，产生了非常不错的效果，是 Web 服务之外的第二种 IoT 设备管理方式。其 App 自身的保护方式主要是采用加固加壳的方式，防止 App 被恶意反编译分析，造成不可知的后果。国内主流的 App 保护产品有 360 加固保、腾讯乐固、梆梆安全、爱加密等。面对攻防对抗的升级，App 的保护同样也要跟上，不能从始至终采用同一种加固方式，这样很容易被破解分析。

## 4.7.1 系统自保护缺陷的特点及其威胁

系统自保护方面的缺陷有很多种类型，其共性的特点具体如下。

（1）**涉及嵌入式系统底层实现**。IoT 设备嵌入式系统自身安全性的实现需要依靠系统底层实现，例如调试接口、JTAG 接口、固件烧录、固件升级等，都需要有验证和保护，需要分别进行安全性评估和安全等级划分，进行分门别类的安全实现。

（2）**自保护措施脆弱**。具体表现在固件提取简单、直接，Binwalk 工具直接进行分析，硬编码后门，手机 App 未使用任何保护措施，直接反编译看到代码实现，加密方式简单等。

（3）**App 缺陷导致防御链破裂**。如上所述，随着 IoT 的发展，手机 App 越来越重要，其自身保护却并没有很好地跟上。IoT 如同一个大房子，连接着丰富多样的 IoT 设备，而 App 如同一把进入 IoT 的钥匙，App 的缺陷会导致 IoT 整体防御的溃败。

（4）**易受其他 IoT 设备影响**。IoT 设备多种多样，在实际的使用场景中，不止一台或者两台 IoT 设备，而是多台 IoT 设备组成一个 IoT 的小型网络。IoT 设备在小型网络中默认是受信任的，一旦某台 IoT 设备被攻陷，其他 IoT 设备就存在同样被攻陷的可能性，而且基于信任关系，这种可能性出现的概率很高。

## 4.7.2　固件保护缺陷

固件保护缺陷主要表现在以下三个方面。

（1）**固件防提取方面的缺陷**。用户可以通过各种方式提取 IoT 设备固件，例如通过 U-Boot 方式提取，U-Boot 在嵌入式系统中的一个功能是用作引导程序，启动的时候进行引导，还有一个功能是在更新时使用。U-Boot 支持的 CPU 种类比较多，如 ARM、Linux、MIPS、PPC 等都支持，也支持简单的网络命令。U-Boot 的命令行功能参数中包含可以直接操作 flash ROM 的指令，通过指令组合就可以直接输出固件，将其汇总以后就能获取完整的固件。U-Boot 也可以直接升级固件，并且在升级固件的过程中并没有针对固件进行验证，这也是固件保护缺陷的一部分。IoT 设备的硬件板子都焊接有调试接口，焊接上调试线后，使用计算机进行调试连接，无任何密码就可以直接登录到系统管理页面。此处无任何防护，这极易造成固件被提取和分析，容易创造出其他的攻击接口，从而造成进一步的破坏。IoT 设备厂商也会在官网上提供固件安全更新，该固件安全更新未做任何防护，任何人都可以下载并尝试解压和分析，从分析结果中获取该 IoT 设备的更多信息。

（2）**固件防逆向方面的缺陷**。TP-LINK 和 D-Link 等 IoT 设备厂商在其官方网站上提供服务来支持下载和更新固件。但是其提供的固件更新包本身未做加密或者其他防逆向处理，造成了固件防逆向方面的缺陷，谁都可以使用特定的安全工具如 Binwalk 对固件更新包进行解压和分析。通过各种方式提取的固件文件系统，经过一系列的解压和处理后，我们可以从其解压后的文件系统中直接分析二进制文件、配置文件、Web 服务文件、散列文件等，这说明这方面的防护几乎为零，非常脆弱。如果获取的固件没有加密保护，则可以通过反汇编工具把固件逆向为汇编语言，以支撑漏洞挖掘。

（3）**设备防篡改方面的缺陷**。安全人员在完全分析清楚固件文件系统的结构和组成部分后，就可以向 IoT 设备的固件文件系统中添加特定操作的代码。代码可以是善意的，也可以是恶意攻击的，如开启 Telnet 服务、反连 Shell、监听特定端口等操作。这些操作篡改了 IoT 设备的固件文件系统，打包更新到 IoT 设备的过程中，并没有任何防篡改措施和固件文件系统完整性验证，或者措施比较低级，很容易就能绕过，造成缺陷而被恶意攻击者利用。

## 4.7.3　代码抗逆向缺陷

IoT 设备的代码抗逆向缺陷包括两个方面：固件文件系统中的二进制代码和手机 App 代码。二进制代码直接由 GCC 或者其他编译器生成，之后未做代码加壳、关键数据加密，加密强度不够等都会造成黑客逆向出关键代码和关键处理流程，梳理 IoT 设备的关键功能的代码实现逻辑，或者提取出用户敏感信息。手机 App 代码未做加壳、加密保护的情况下，黑客可以很容易地获取反编译代码，反编译代码阅读起来比二进制代码容易得多，更容易找到 App 开发人员的逻辑处理缺陷，达到提取用户敏感信息的目的。手机 App 代码抗逆向缺陷，一方面指 App 未做代码加壳、加密保护，或者保护强度不够，导致黑客逆向分析出 App 关键功能的代码实现逻辑，或者提取出用户敏感信息；另一方面指 App 未做完整性校验，导致替换某些文件或者添加特定代码后 App 也能正常运行，存在被黑客预置后门或者二次打包的风险。

### 4.7.4 代码抗篡改缺陷

IoT 设备的固件文件系统和 App 的代码抗篡改功能是每个 IoT 设备需要具备的功能之一，是自保护的基本手段。但这部分的缺陷非常多，主要是由 IoT 设备厂商在网络安全上面的投入不足、安全开发意识不足造成的。

代码抗篡改缺陷的技术层面原因主要是对固件文件系统和 App 的完整性验证不足，存在各种逻辑处理问题。黑客可以针对固件文件系统或 App 添加功能添加或篡改的代码，并打包回去，绕过签名校验和完整性校验，最终达到攻击目的。

代码签名是保护 IoT 设备固件文件系统和 App 的重要手段之一，但是签名的选择和使用却有着各种各样的缺陷。在 GeekPwn 2018 国际安全极客大赛上，阿里巴巴公司的技术人员演示了大疆无人机电池固件升级的签名缺陷，他们绕过无人机电池固件升级的数字签名校验，将自制恶意固件植入电池，在指定条件下触发电池突然断电，让无人机坠机。这一示例可以延伸到 IoT 设备的各个层面（也包含 App），利用签名缺陷，黑客可以伪造 IoT 设备、开展通信窃听、进行关键数据处理流程分析，也可以仿冒 IoT 云端服务。

特斯拉 Model 3 发布后，特斯拉公司针对 2016 年暴露的安全问题进行了修复，于 2016 年 9 月增加了“代码签名”机制，对所有 FOTA 升级固件进行强制完整性校验。但是腾讯科恩实验室经过研究之后，发现可以突破签名校验，实现“特斯拉灯光秀”效果，其中涉及对特斯拉多个 ECU 的远程协同操控。

## 4.8 配置管理缺陷

IoT 设备提供了多种功能配置和配置方式，普通用户并不是专业的设备开发人员，一旦配置不当，就会产生配置管理缺陷。IoT 设备自身对这类缺陷缺乏简单明了的提示或告警，可能会造成非常严重的后果。

### 4.8.1 配置管理缺陷的特点及其威胁

配置管理的操作者可以是普通用户，也可以是 IoT 设备的开发人员。出现配置管理缺陷的根本原因是安全意识不足，对 IoT 设备的情况不熟悉，使用了错误的配置并造成安全缺陷，进而可能被黑客利用。配置管理缺陷的基本特点如下。

（1）**缺陷由人造成**。IoT 设备的配置管理过程中，主要参与者为普通用户或者 IoT 设备开发人员。IoT 设备的默认出厂配置如果未进行严格的安全配置校验，极易引起配置管理缺陷。IoT 设备在升级更新的过程中，服务和功能都会有所增加和更新，功能之间的配合或者升级之后功能增强也容易出现配置管理缺陷。此外，普通用户对 IoT 设备功能的机制不了解，一般情况下也不会仔细地阅读 IoT 设备的使用说明，在配置时就容易出现逻辑混乱的问题，造成 IoT 设备的配置管理缺陷。

（2）**后果严重**。严重性后果主要包含三方面：第一是功能受限；第二是安全性降低；第三是易受攻击。例如市场上主流的安防监控摄像头都有运动检测和图像移动告警的功能，如果用户在没有了解这些功能的情况下，通过手机 App 来改变这种配置，就会造成功能受限和安全性降低。在大型安全监控的场景下，还可能会遭到攻击，出现重大安全事故。

（3）**隐蔽性高**。配置管理缺陷是配置管理上的缺陷导致的，又是人为操作的，因此很容易被忽略。通常，只有出现了严重的安全事件时，才会有人去专门审查这些配置。此外，配置管理缺陷不像其他缺陷一样会造成 IoT 设备提供的功能和服务完全不可用（如 IoT 设备崩溃），因此很难被注意到。

## 4.8.2　网口配置缺陷

IoT 设备的广域网（Wide Area Network，WAN）口和局域网（Local Area Network，LAN）口混淆的问题，也可以视为缺陷。例如，在 WAN 口支持了仅在 LAN 口才支持的协议，导致用户从外部网络非法访问和配置 IoT 设备。IoT 设备中路由设备、网关设备大部分都提供 Telnet 配置管理的功能，默认情况下只能在局域网中使用，但是如果配置为可以通过 WLAN 进行访问，就有可能遭到远程攻击，使路由设备或网关设备成为黑客任意操作的对象。巴西的一家互联网服务提供商为近 5000 名用户部署了未设置 Telnet 密码的路由器，如图 4-18 所示，导致它们极易被滥用。安全研究人员表示，这并非设备架构问题，而是设备的 Telnet 遭到暴露的配置问题。

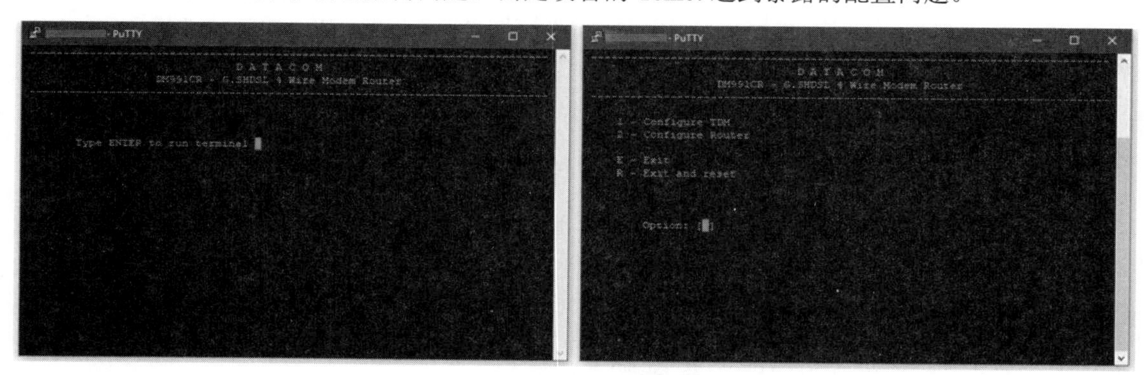


图 4-18　默认未设置密码

## 4.8.3　危险接口保留

IoT 设备在开发和测试过程中会留下测试接口，IoT 云端平台同样如此，这些属于接口层面的问题。在开发和测试过程中用到的测试接口权限都比较大，可以获取的信息更多。例如 IoT 设备的硬件调试接口可以直接获取 IoT 设备的 root 权限，图 4-19 所示为某 IoT 设备在硬件 PCB 上预留的调试接口。同时，在云端平台 API 限制不严谨的情况下，通过接口可获取整个平台用户的隐私信息，包括姓名、账号、密码等。

这些危险接口对于 IoT 设备和云端都是很大的威胁。尽管这些接口通常都是比较隐蔽的，如需要借助硬件辅助、提取分析固件程序和深入挖掘云端的接口，但是，一旦被攻击者发现则可能造成严重的后果。

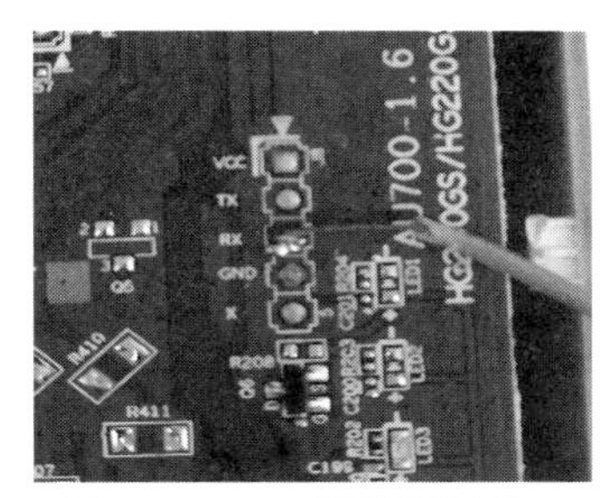


图 4-19 PCB 预留调试接口

## 4.9 本章小结

本章以 IoT 攻击界面为基础，从无线协议、身份认证、访问控制、业务交互、在线升级、系统自保护和配置管理 7 个方面系统介绍了 IoT 漏洞威胁，包括漏洞特点、成因原理、产生场景、威胁样式等重点内容，现实中很多 IoT 安全危害都是基于这些漏洞被利用产生的。通过学习本章，读者应能较为全面地掌握 IoT 漏洞知识。

# 第 5 章

# IoT 网络安全危害

第 3 章和第 4 章详细介绍了 IoT 攻击界面、IoT 漏洞以及黑客利用漏洞可能发起的各种威胁攻击。在此基础上，本章从虚拟网络空间和现实物理世界两个角度介绍 IoT 中黑客攻击造成的安全危害。通过学习本章内容，读者应对 IoT 安全危害有更深刻的理解。

## 5.1 安全危害分类

IoT 网络安全危害，是指黑客利用 IoT 系统漏洞发起威胁攻击后直接或间接造成的具有危害性质的后果和影响。相比传统互联网和移动互联网，IoT 的多源异构性、开放性和广泛分布使其面临更大的安全威胁。IoT 联系着虚拟网络空间和现实物理世界（智能设备是“虚拟与现实连接点”），因此一旦受到安全威胁，不仅会影响虚拟网络空间，还很可能对现实物理世界的用户和社会产生安全影响。

如图 5-1 所示，现实物理世界包含虚拟网络空间，它们不是彼此独立的结构，而会相互促进、相互影响。简单来讲，现实物理世界是虚拟网络空间的延伸、映射，虚拟网络空间是现实物理世界的具体表达。在“万物互联的时代”，任何具有一定功能的设备，假如不做好安全防护工作，都有可能对现实物理世界带来破坏。因此，从这种关系可以明确看出，虚拟网络空间中出现的 IoT 安全问题，理论上会在一定程度上映射到现实物理世界中，如图 5-2 所示。

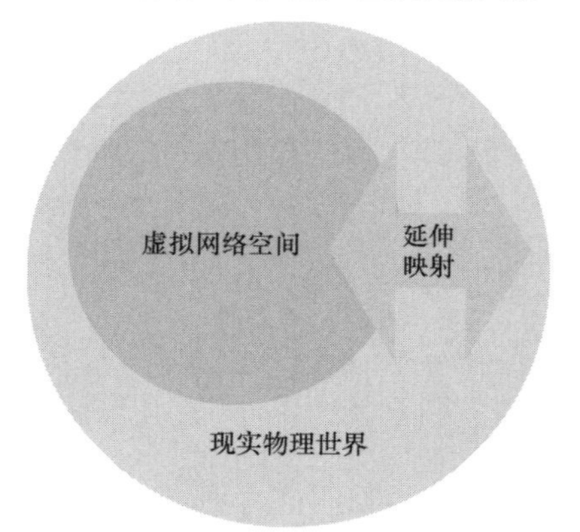


图 5-1　虚拟网络空间与现实物理世界

从图 5-2 可知，对虚拟网络空间的安全危害大多数由 IoT 漏洞攻击引起（可以按照对网络数据、对网络业务和对网络资源的影响进行进一步细分），这些安全危害可能影响 IoT 系统机密性、完整性和可用性等安全属性。对现实物理世界的安全危害可以按照对公民隐私、对社会层面和对生命安全的影响进行细分。

这些安全危害概要描述如下。

（1）**对网络数据的影响**。对网络数据（IoT 数据）产生的安全危害影响，大多是对 IoT 用户或系统的数据影响，来源包括认证数据、业务数据、管理数据和位置数据等，危害形式包括数据的泄露、篡改、删除、恶意使用等。

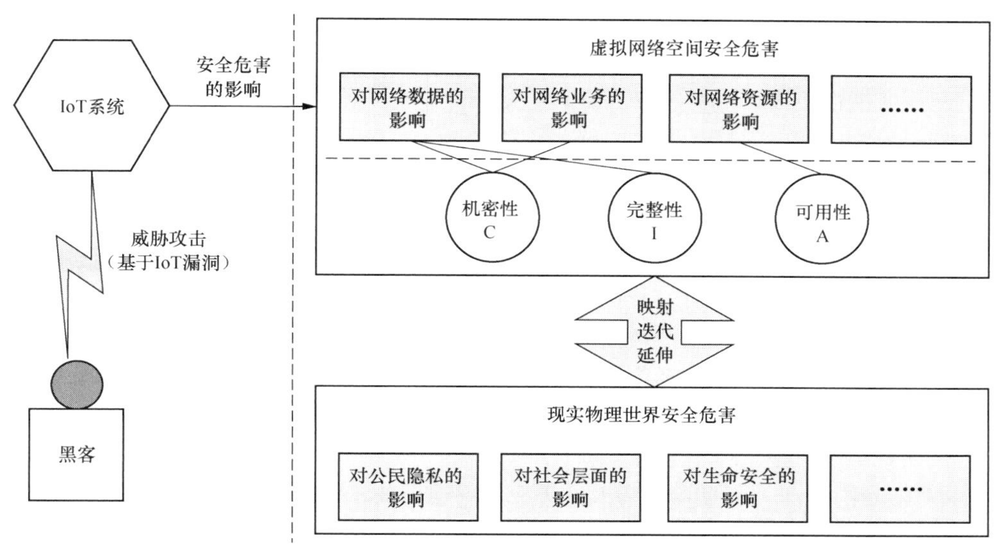


图 5-2 IoT 网络安全危害

（2）**对网络业务的影响**。对 IoT 设备运行的网络业务产生的安全危害影响，包括对业务权限产生的影响和对设备功能产生的影响等。

（3）**对网络资源的影响**。对 IoT 云端、设备、链路以及其他网络资源产生的安全危害影响，包括僵尸网络、“挖矿”利用、链路阻断、云端“挂马”等形式。

（4）**对公民隐私的影响**。对公民个人或家庭的隐私产生的安全危害影响，隐私包括语音、图片、视频、活动轨迹等。

（5）**对社会层面的影响**：对社会经济秩序甚至国家安全产生的安全危害影响，包括导致企业停工、公共经济损失等影响。

（6）**对生命安全的影响**：对 IoT 用户的个人生命产生的安全危害影响，这是最严重的安全危害类型。

在本章的后续内容中，我们将逐一介绍这几类影响。

# 5.2 对虚拟网络空间的影响

本节主要介绍 IoT 安全危害对虚拟网络空间的影响，涉及对网络数据、网络业务和网络资源的影响。

## 5.2.1 对网络数据的影响

数据是 IoT 系统中的核心资产，数据安全则是被讨论最多的 IoT 安全环节之一。网络数据（IoT

数据）按来源大致分为 4 种类型：认证数据、业务数据、管理数据和位置数据。如图 5-3 所示，这些数据可能分布或产生在“端—管—云”的不同环节。

各数据类型概要描述如下。

（1）**认证数据**。IoT 系统中所有与身份认证相关的数据，包括智能设备接入网络（如 Wi-Fi 接入）、智能设备连接云端、智能手机（移动 App）连接云端、智能手机与智能设备的相互连接（如 BLE 配对等）等多个环节所涉及的账号、口令、密钥、证书、动态码、二维码、Cookie、Token 等数据。

（2）**业务数据**。IoT 系统运行过程中结合业务应用动态产生的数据，按照数据属性可分为音频、视频、图片、对象状态（如人体指标数据、环境指标数据）等类型，按照处理流程可分为感知数据、中间数据、网络数据等类型。

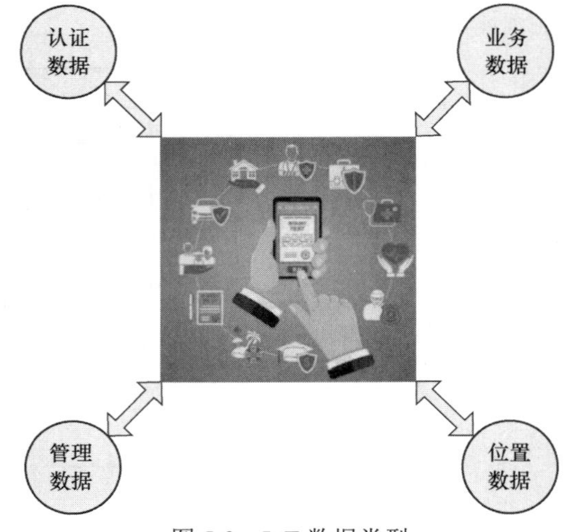

图 5-3　IoT 数据类型

（3）**管理数据**。IoT 系统中与设备及业务应用管理相关的数据，包括系统设备的增加、删除、配置、查询、升级（如 OTA）等环节产生的操作控制命令、运行状态数据、设备型号版本、固件升级数据以及用户信息（如个人、家庭、电话、邮箱等）等各种数据。

（4）**位置数据**。IoT 系统中用以标识智能设备（可移动类型）、智能手机对象实时地理位置的经纬度数据，这些位置数据一般通过 GPS、北斗卫星导航系统等途径直接或间接采集。

由于 IoT 数据分布广泛、类型多样，因此安全性也不是单点问题，需要综合审视。IoT 数据面临的常见安全危害包括数据泄露、数据篡改、数据删除、数据恶意使用等几种形式，如图 5-4 所示。

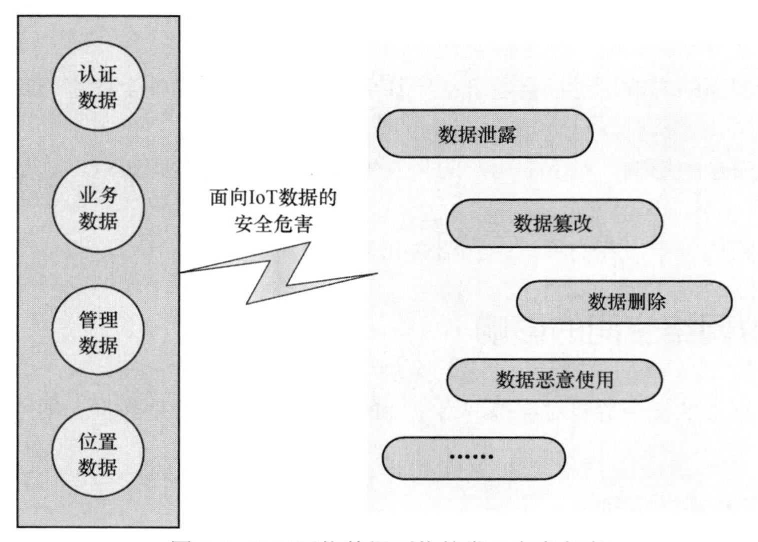

图 5-4　IoT 网络数据面临的常见安全危害

（1）**数据泄露**。数据泄露是常见的 IoT 网络安全危害形式，可导致原本隐私保密的 IoT 数据为外界所获知。从安全属性上看，数据泄露影响了 IoT 系统的机密性。由于 IoT 数据涉及许多环节，因此数据泄露往往是其他更严重的安全危害的诱因，甚至有可能影响 IoT 的完整性或可用性。

不同类型的 IoT 数据泄露后果有所差异。

- 认证数据的泄露，主要包括各类口令、动态码、设备 Key、Web Cookie 等凭证数据的泄露，黑客得到这些数据后可绕过或突破认证实现登录，进而取得 IoT 资源尤其是智能设备的特定访问权限。也就是说，认证数据的泄露大多导致权限失控问题。例如，黑客获得云端管理页面的登录权限，可实现对智能家居设备的远程管理操作；智能汽车 VIN 码或零部件认证数据泄露，可能导致车联网通信混乱或汽车操作失效。
- 业务数据的泄露，主要包括用户的语音输入数据、摄像头视频数据、人体健康数据等的泄露，黑客得到这些数据可能对用户隐私权造成影响。例如，智能音响的运行可能泄露用户及其家人的对话内容；智能设备或移动 App 产生的大量动态数据，以云端存储为主，一旦云端被黑客攻破，这些动态数据可能会被直接曝光或被恶意利用。
- 管理数据的泄露，主要包括 IoT 系统运行的相关操作控制命令、运行状态数据、设备型号版本、固件升级数据以及用户信息等的泄露。一旦管理数据被泄露，黑客可能针对性地研究与发现设备或云端的漏洞，导致 IoT 身份认证或访问控制方面出现隐患。黑客甚至可以控制设备固件升级并植入恶意代码，管理数据的泄露的最终后果在一定程度上同认证数据的泄露相似。
- 位置数据的泄露，主要是设备经纬度数据的泄露。黑客利用这些数据，可能进一步得到移动类智能设备（如智能穿戴设备、汽车等）或智能手机用户的实时行踪，或者开展如位置仿冒等欺骗攻击威胁。

（2）**数据篡改/删除**。IoT 数据的篡改与删除是基于数据写操作的安全危害类型，它们破坏了 IoT 系统中的数据完整性。

- 数据篡改分为局部篡改和整体篡改两种形式，如图 5-5 所示。局部篡改是指黑客针对性地篡改 IoT 数据中的一部分，造成业务欺骗或扰乱。例如，云端 Web 页面遭到篡改，会导致智能设备管理页面显示不正常；加密之后的存储数据或通信数据，遭到篡改后虽然内涵信息未泄露，但加密数据遭到改变，依然会导致无法解密或 IoT 系统无法正常运行。整体篡改是指黑客将特定数据全部替换成伪冒数据，例如，认证数据的恶意替换可能导致陌生设备对 IoT 网络的仿冒接入或访问，视频数据的整体替换可能导致欺骗视觉、以假乱真，最终影响监控效果。
- 数据删除是最直接的数据破坏形式之一。关键业务数据属于重要的 IoT 资产，一旦丢失将给用户造成不同程度的损失。通常情况下，IoT 业务数据存储在云端或智能设备中，由于目前云端 Web 管理认证机制日趋严格，因此大多采用“手机号+独有 ID”相结合的登录验证方式，黑客在拿不到用户手机的情况下难以仿冒登录删除数据（除非整个 Web 后台被攻破）。因此，许多数据删除安全危害是针对设备端而言的，尤其是网络摄像头、打印机等自带“操作系统+存储功能”的设备类型。

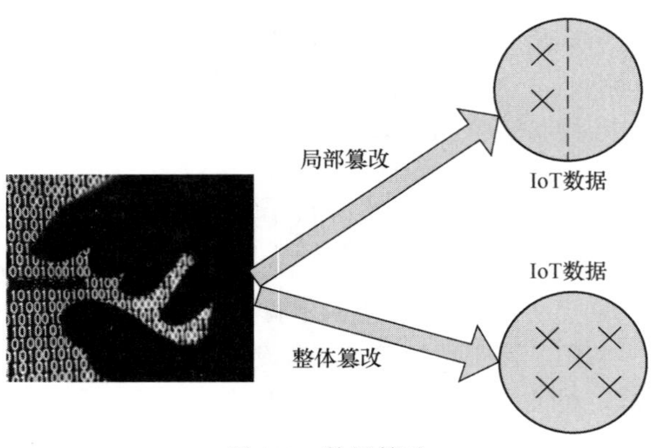

图 5-5 数据篡改

（3）**数据恶意使用**。数据恶意使用是指黑客获取 IoT 数据后，针对数据类型及特点，利用它进一步实施网络层面的威胁攻击。典型场景是中间人攻击，包括劫持、重放等形式，导致对智能设备或云端的欺骗后果。例如，黑客获取某些明文的通信数据后，用其开展 HTTP 或 DNS 劫持，或者获得 Cookie 或 Token 数据后实现对设备、Wi-Fi 或云端的仿冒登录等。事实上，后文的其他安全危害后果，相当程度上都属于数据恶意使用的范畴。

### 5.2.2 对网络业务的影响

智能设备是 IoT 的核心组件，因此对网络业务的影响主要围绕智能设备的运行展开，包括对业务权限产生的影响和对设备功能产生的影响，如图 5-6 所示。其中，对业务权限产生的影响包括非法接入、非法登录、恶意控制和越权访问等形式；对设备功能产生的影响包括破解利用、功能关闭、恶意操作和功能扰乱等形式。

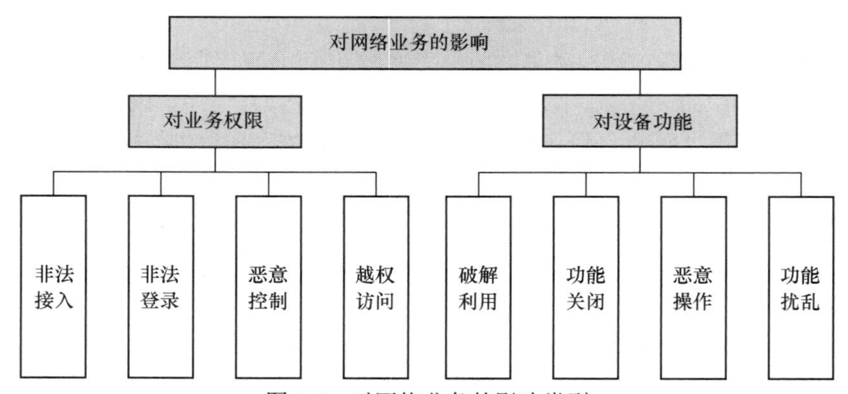

图 5-6 对网络业务的影响类型

对业务权限产生的影响如下。

（1）**非法接入**。IoT 系统中，接入的主体是智能设备，客体通常是网络环境、云平台或其他设备。非法接入解决了权限的从无到有的问题，具体的非法接入场景包括：一是网络非法接入，如 Wi-Fi 的未授权接入、虚拟专用网络（Virtual Private Network，VPN）的非授权接入等，其结果一是使黑客设备成为网络中的合法要素；二是平台非法接入，在 IoT 网络中特指黑客设备对云平台的非法接入；三是非法连接，即通过蓝牙或其他射频方式在设备之间非授权连接。

（2）**非法登录**。指利用漏洞或获取身份凭证之后，实现从网络层面（基于 IP）的非授权登录，进而获取控制或配置权限，实现权限的从无到有。非法登录的主体是用户，客体是设备和云端。

对智能设备的非法登录分为系统级登录和 Web 级登录两大类。其中，系统级登录一般通过 Telnet、SSH，前提是智能设备的操作系统开放了相应的管理服务；Web 级登录通过 Web 端口进行，这同样需要智能设备开放相关的 Web 服务。

对网络设备的非法登录主要包括网关设备登录和传输设备登录。网关设备包括智能设备的通信网关，传输设备则是指各类路由交换设备。登录方式也通过 Telnet 或 Web 方式进行。

对云端的非法登录，主要是指对位于云端的负责设备管理的 Web 服务进行登录（将对云平台的远程访问定义为接入）。

（3）**恶意控制**。IoT 中的恶意控制是针对智能设备和网络设备而言的，其实质是针对这些设备中操作系统的特定访问控制。典型的恶意控制场景分为登录型控制和代码驻留型控制两大类，如图 5-7 所示。

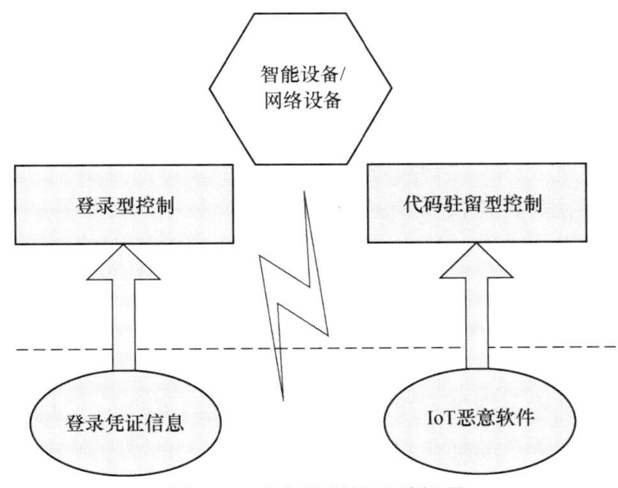


图 5-7 恶意控制的两种场景

登录型控制主要通过口令、Cookie 等登记凭证信息远程实现，这是一种轻量级控制方式；代码驻留型控制是通过特定的 IoT 恶意软件来辅助控制设备的形式，对黑客而言这种控制方式要求的代码开发工作量较大，Mirai 就是典型的设备控制 IoT 恶意代码。许多现实场景中，登录型控制和代码驻留型控制是混合存在的，即以少数通过 IoT 恶意软件控制的设备为“跳板”，尝试大范围通过弱口令等方式进行登录。

（4）**越权访问**。越权访问可能涉及智能设备/网络设备、移动终端和云端 Web，如图 5-8 所示。对设备和移动终端而言，黑客在获取一定控制权的基础上，利用漏洞实现权限的纵向提升（纵向越权）；对云端 Web 管理而言，黑客以特定的用户身份登录后，利用漏洞实施其他同权限等级的用户操作，从而能够控制、管理其他用户的智能设备（横向越权）。

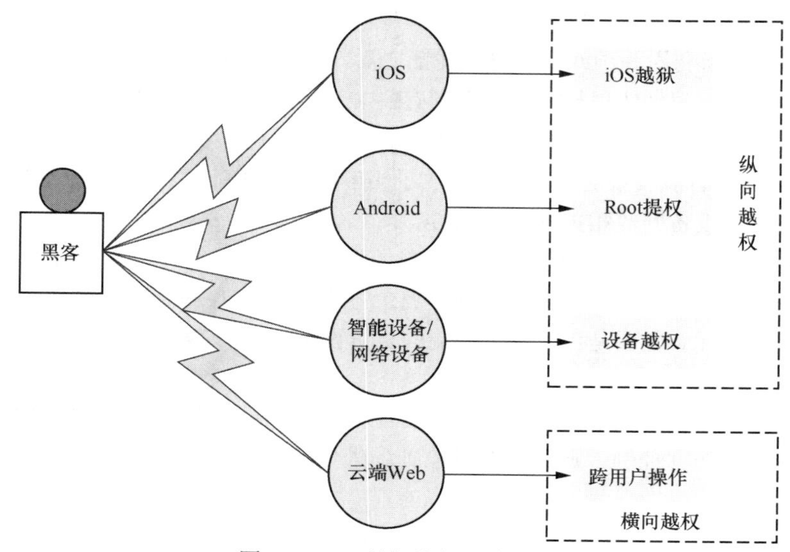


图 5-8　IoT 越权访问覆盖范围

我们在 4.4.3 节提到，针对设备和移动终端的纵向越权，可从普通用户到管理员账户，最终达到 root 用户，大多通过对设备操作系统中的底层漏洞或内核漏洞的利用来实现，以支持对设备中受限目录和受限数据的访问，以及一些受限命令的执行。

针对云端 Web 的横向越权，大多通过对 Web 服务（用于管理设备的 Web）的认证过程或数据交互中存在的漏洞的利用来实现。例如，用户 A 登录 Web 之后获取的设备管理 Token-A 被用户 B 拿到，且云端并未对认证后的 Token 做更进一步的身份绑定，因此用户 B 在登录后可以利用 Token-A 远程管理用户 A 的所有 IoT 设备。

对设备功能产生的影响如下。

（1）**破解利用**。破解利用是指针对智能设备自身安全机制的逆向分析与穿透，实现非授权使用。消费类 IoT 场景中，锁类产品是典型的破解利用对象，如智能家居门锁、共享单车锁和智能汽车门锁等，黑客破解利用的直接后果是实现非授权开锁。这些后果往往导致更进一步的现实危害，例如因设备“免费”使用而造成的经济损失。

（2）**功能关闭**。功能关闭是指通过技术手段对智能设备正在运行的特定功能进行关闭操作，使之不再继续运行，实际上也就使得相应的 IoT 业务停止。例如，网络摄像头功能被恶意关闭后，将无法继续获取视频数据与进行云端传输。

（3）**恶意操作**。恶意操作是指黑客在控制智能设备的基础上，向智能设备发送并使其执行特定命令，让智能设备执行预期之外的特定操作。例如，在控制智能汽车的 T-BOX 之后，以 T-BOX 为“跳板”接入 CAN 总线，再经过网关向各 ECU 设备发送命令，实现车灯开关、温度调节等非授权操作；此外，向机器人或无人机发送特定命令，虽然设备能够正确解析这些命令，但结果是让其执行“计划外”的操作流程，这也属于恶意操控。

（4）**功能扰乱**。功能扰乱是指智能设备接收到无法解析或无法妥善处理的输入数据后，可能产生的“胡乱”运行状态。例如，向智能机器人、智能音响等设备发送错误命令、数据，或者删除设备中关键的配置信息，可能让其任务执行失效或混乱。

### 5.2.3 对网络资源的影响

在许多 IoT 安全事件中，黑客利用漏洞或缺陷控制大量设备，包括智能设备（如网络摄像头、智能家电设备、网络打印机等）和网络通信设备（无线路由器为主），并在此基础上进一步危害网络环境。事实上，IoT 世界里“网络”一词含义较为宽泛，包括设备群体、云端服务、通信管道以及计算机、智能手机等多种资源。一旦 IoT 安全事件发生，影响的不仅是局部或者单点，还会产生对其他网络资源的延伸影响。

对网络资源的典型影响如图 5-9 所示，分为基于 IoT 僵尸网络和不基于 IoT 僵尸网络两大类型。基于僵尸网络是大量设备被控制后形成 IoT 僵尸网络，在此基础上可能出现的影响是 DDoS 服务资源、刷流量/点击率、构建加密通道和加密货币（Cryptocurrency，又称密码货币）挖掘（挖矿）等；不基于僵尸网络是数量不多的设备被控制，未形成僵尸网络，可能的影响是网络链路阻断、云端恶意“挂马”和用户终端劫持（中间人劫持）等。

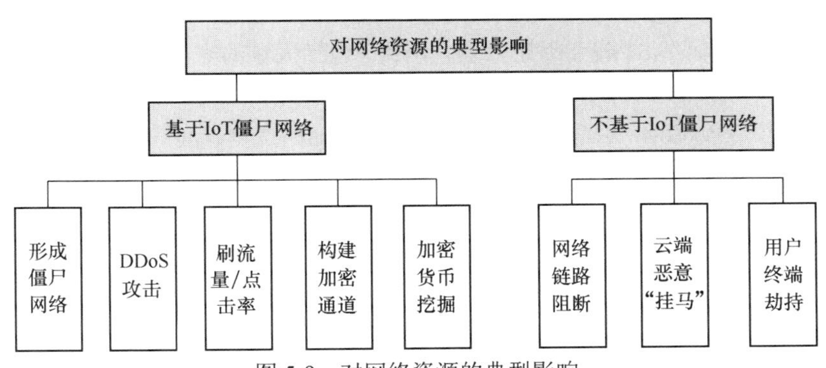


图 5-9 对网络资源的典型影响

基于 IoT 僵尸网络的影响的具体表现如下。

（1）**形成僵尸网络**。IoT 僵尸网络的形成是造成后续 4 种影响的前提条件。传统僵尸网络是由大量的 PC 和服务器组成的。与此不同的是，IoT 僵尸网络由众多联网的 IoT 设备组成，它们通过僵尸控制程序组成僵尸网络。IoT 僵尸网络通过命令和控制（Command & Control，C&C）来集中控制大量 IoT 设备，实现大规模自动化的网络攻击。

从 IoT 设备漏洞利用到 IoT 僵尸网络的大致形成过程如图 5-10 所示。黑客通常采用植入 IoT 蠕虫（面向 IoT 的恶意软件，如蓝牙蠕虫、Wi-Fi 蠕虫等）的方式实现对 IoT 设备的控制，IoT 蠕虫通过尽可能多地感染存在漏洞的其他 IoT 设备来形成 IoT 僵尸网络并持续扩大规模。一旦攻破某个存在漏洞的 IoT 设备，IoT 蠕虫会向 C&C 服务器报告该 IoT 设备的相关信息。

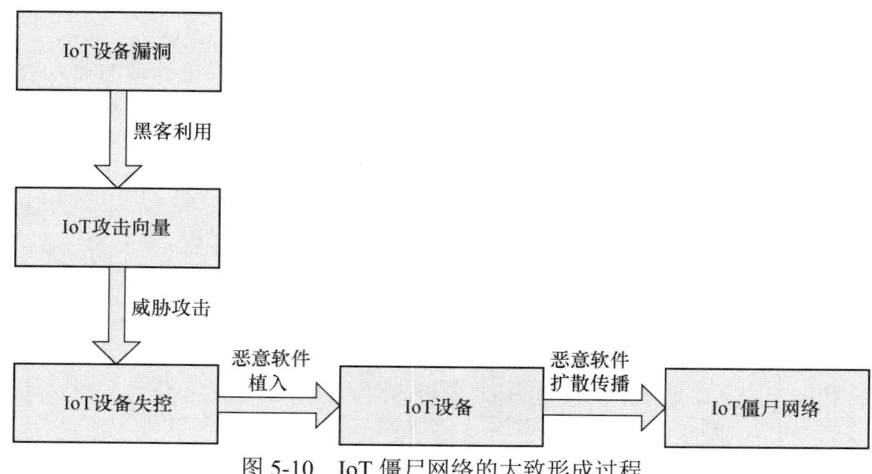


图 5-10　IoT 僵尸网络的大致形成过程

IoT 设备感染和 IoT 僵尸网络扩张过程中利用的不仅有弱口令、默认口令等低级漏洞，还有向更高级漏洞利用的趋势发展，漏洞类型包括后门漏洞、认证逻辑漏洞、缓冲区溢出漏洞和其他命令注入漏洞等。

一些典型的僵尸网络，都是以其影响最深远的恶意软件命名的，示例如下。

- Mirai。Mirai 是“恶名昭著”的 IoT 恶意软件，其在 2016—2019 年产生诸多变种，动辄感染数十万量级的 IoT 设备并形成僵尸网络，包括大量的家用路由器、网络摄像头以及家电设备等，相关的不少僵尸网络也以“Mirai”来命名。
- VPNFilter。VPNFilter 是 2018 年 5 月思科公司面向全球发布的安全警报中提到的某黑客组织使用的高级模块化恶意软件系统，其攻击对象是 Linksys、MikroTik、网件、普联、华硕、华为、中兴和友讯等公司的路由器以及威联通公司的网络附接存储（Network Attached Storage，NAS）设备。VPNFilter 感染路由器设备的速度十分迅猛，全球约有 54 个国家、50 余万设备受到攻击，因此相关的僵尸网络也以它来命名。

（2）**DDoS 攻击**。DDoS 攻击（大规模流量攻击）是常见的网络攻击方式。黑客以数万计甚至数十万计的 IoT 僵尸设备为“跳板”，向一些知名 Web 服务器同时发起 DDoS 攻击。Web 服务器一旦无法及时处理这些恶意流量，将会导致正常用户无法访问这些 Web 服务器。据统计，全球每年都会发生至少上万次 DDoS 攻击事件。

（3）**刷流量/点击率**。刷流量是指网站或网络服务提供商主观人为地通过不正当或非法手段提高其在互联网上的浏览量或数据交换量，体现形式为极大提高网站的 IP 访问数。

刷点击率是指运用非正常技术手段在短期内快速提升网络页面的点击次数，典型的应用场景是网络投票（如每个 IP 每天限制投一票）。

如图 5-11 所示，基于 IoT 僵尸网络，黑客往往能制定某些策略，根据需求发动相应数量的 IoT 设备同时进行网站访问或网络投票等操作，达到组织或个人的特定目的。

（4）**构建加密通道**。构建加密通道用以数据的加密传输或“翻墙”上网，是近年来黑客对 IoT 僵尸网络的一类新型利用方式。在控制大量 IoT 设备的基础上，黑客根据数据通信路由需求，按照随机路由调度策略随机选取一部分 IoT 设备构建新的随机加密通道，如图 5-12 所示。这种方式类似于 TOR 的路由跳转选择，特点是可供选择的 IoT 设备的样本空间很大，但每次随机调度的 IoT 设备数量较少，只要链路构建满足“多跳（级联）+多态+加密”的要求即可。

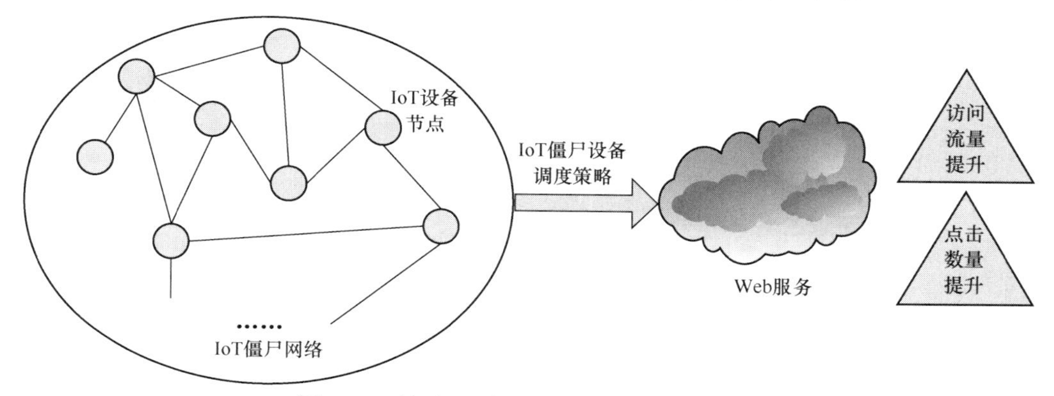


图 5-11 基于 IoT 僵尸网络的刷流量/点击率

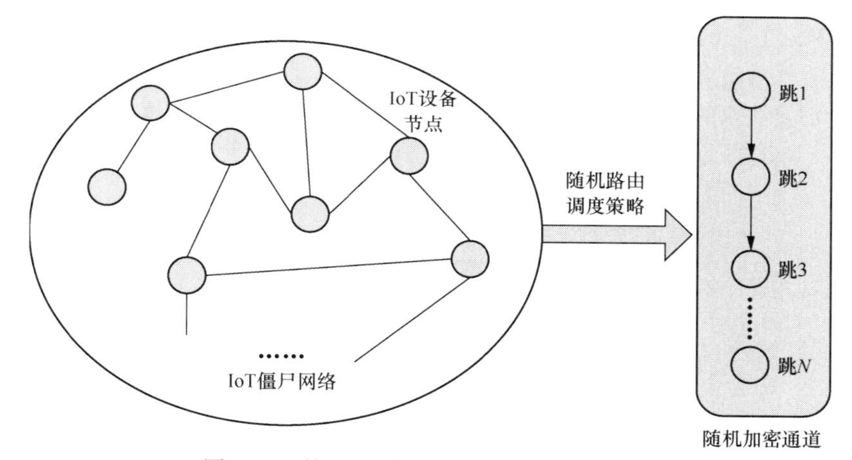


图 5-12 基于 IoT 僵尸网络的加密通道构建

（5）**加密货币挖掘**。加密货币属于数字货币或虚拟货币，它使用密码学原理，采用去中心化共识机制确保交易安全（基于区块链技术），常见的加密货币包括比特币、以太坊、门罗币等类型。

加密货币挖掘又称“挖矿”，基本做法是在计算节点上安装运行包含特定算法的软件，并与远程服务器进行通信后得到相应的货币。加密货币挖掘对计算节点的硬件性能（如 CPU、内存、显卡等）要求很高，最初大多在 PC 主机和服务器中进行，初级 IoT 设备参与运行时会不堪重负。然而，随着边缘计算的持续发展，黑客逐步将集群 IoT 僵尸设备作为网络“矿工”，如图 5-13 所示。

例如，一些研究人员利用 15000 个受控制的 IoT 设备，在不到 4 天的时间里就成功挖掘了价值 1000 美元的门罗币。考虑到感染 IoT 设备的成本较低，以及这个过程可能会持续很长时间而不被发现的事实，网络矿工的潜在收益是相当巨大的。

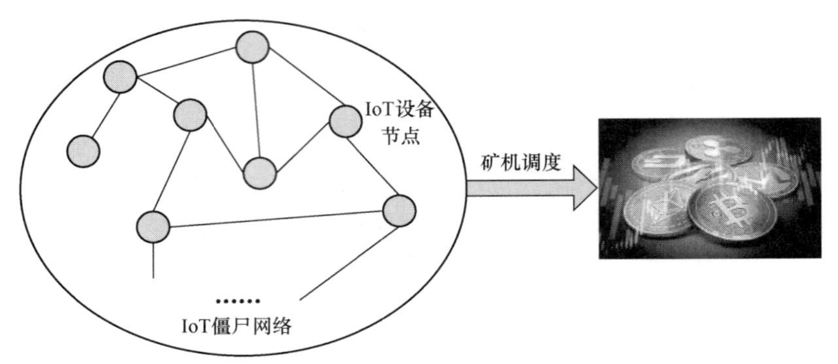


图 5-13　基于 IoT 僵尸网络的加密货币挖掘

不基于 IoT 僵尸网络的影响的具体表现如下。

（1）**网络链路阻断**。网络链路是重要的 IoT 通信资源，黑客在控制 IoT 网络传输设备（如路由器设备）的基础上，可能破坏传输设备的过滤规则，或对传输设备实施进一步控制劫持操作，这极有可能导致传输设备瘫痪，从而使经过这些传输设备的通信流量全部中断，造成断网，如图 5-14 所示。需要注意的是，基于传输设备的网络链路阻断会导致所有基于网络设备的通信业务无法开展；前文所述的 DDoS 主要会导致某些服务器或云端资源无法访问，二者的实际影响程度存在差异。

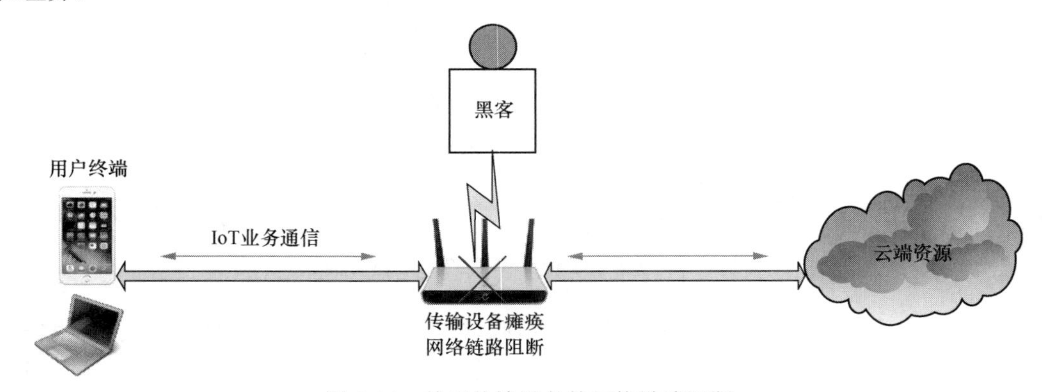


图 5-14　基于传输设备的网络链路阻断

（2）**云端恶意“挂马”**。云端恶意“挂马”，是指黑客在控制 IoT 云端服务或业务应用系统的基础上，针对性地部署利用浏览器漏洞的恶意网页、在网页中插入恶意脚本代码，或者放置具有恶意功能的 App 模块，使用户通过手机或计算机访问这些资源时面临被攻击的威胁，如图 5-15 所示。

（3）**用户终端劫持**。黑客在控制 IoT 网络传输设备并获取流量数据的基础上，对直接联网的智能终端设备可能进行中间人劫持攻击，如图 5-16 所示。同时，黑客控制了网络环境中的特定设备后，对同一网络环境中的其他设备也可能造成危害。

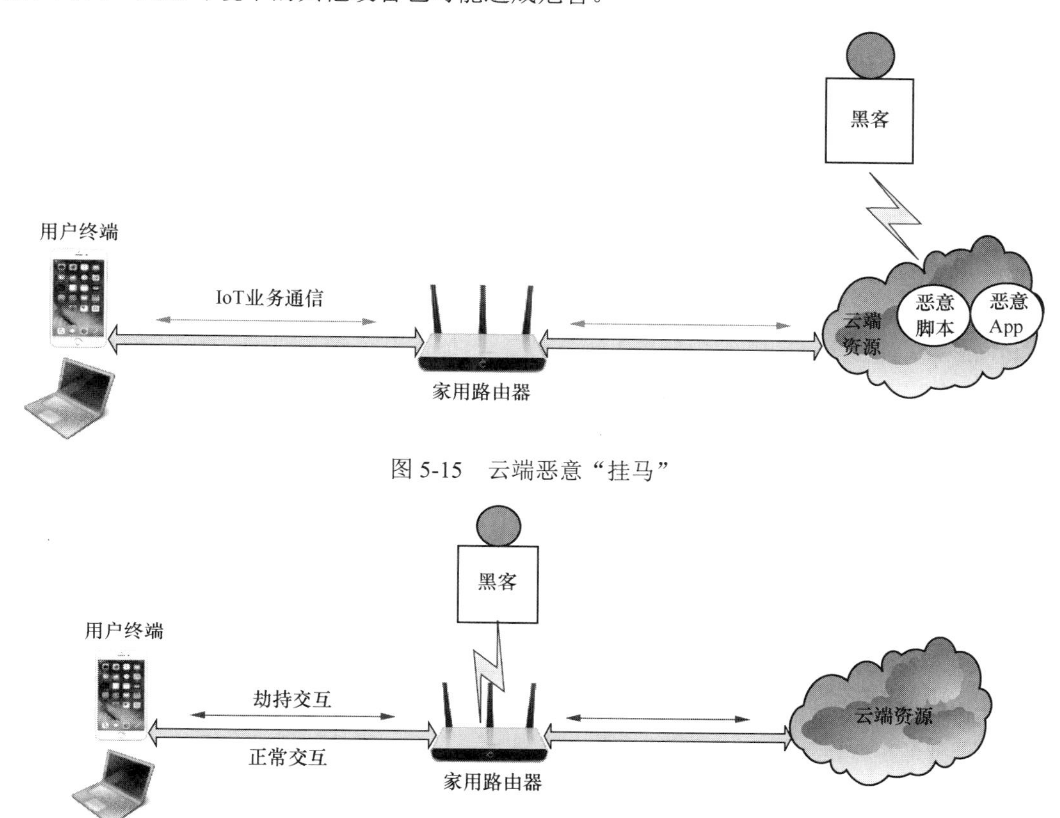


图 5-15 云端恶意“挂马”



图 5-16 基于 IoT 传输设备的中间人劫持攻击

例如，某安全事件中，暴露在公网上的鱼缸被黑客攻克，导致控制网络环境中的服务器也被攻克，最终造成关键数据丢失，这也是对网络环境的典型危害。又如，家用路由器被攻克后，智能手机、PC 等终端被中间人突破，这都是典型的危害。

## 5.3 对现实物理世界的影响

本节将介绍 IoT 网络安全危害对现实物理世界造成的影响，主要涉及对公民隐私的影响、对社会层面的影响和对生命安全的影响这 3 个方面。

### 5.3.1 对公民隐私的影响

严格来说，隐私数据是 IoT 数据的一部分，主要是指涉及用户个人、家庭及亲友的数据。结合前文中对 IoT 数据的分类（认证数据、业务数据、管理数据和位置数据），认证数据中的虚拟账号或口令、业务数据中的音视频及图像数据、管理数据中的用户注册信息以及 GPS 位置数据等都属于重要用户隐私数据。这些隐私数据可能存储在云端、智能设备、智能手机或通信管道中的某些位置，也可能在系统运行过程中动态产生。

用户隐私数据一旦为黑客所窃取，将可能产生进一步的现实影响，具体影响如下。

（1）IoT 用户注册信息，通常被黑客从云端非法窃取，一旦泄露可能导致其被用于基于电信手段的经济诈骗。

（2）音频、视频等数据通常是从带有或开启话筒的智能设备、网络摄像头或云端等途径泄露的，可能被非法公开或网络曝光，也可能被恶意仿冒以实施其他违法活动。

（3）关键账号、口令等数据通常是从移动终端或云端泄露的，可能会间接导致用户的经济损失。

（4）GPS 位置数据通常从云端或移动终端泄露，可能让黑客非法掌握用户的当前及历史行踪，也会对用户的生活、工作或学习造成潜在的负面影响。

事实上，面向儿童的 IoT 智能设备，例如儿童玩具、智力开发设备、儿童监护机器人等，大多具有联网、语音、GPS 等功能。相关隐私数据一旦泄露（特别是儿童缺乏分辨能力），可能会造成儿童被监视、拐卖等严重问题。

## 5.3.2　对社会层面的影响

IoT 网络安全危害导致的社会层面影响主要体现在图 5-17 所示的 3 个方面，即对社会经济的影响、对社会秩序的影响和对国家安全的影响。

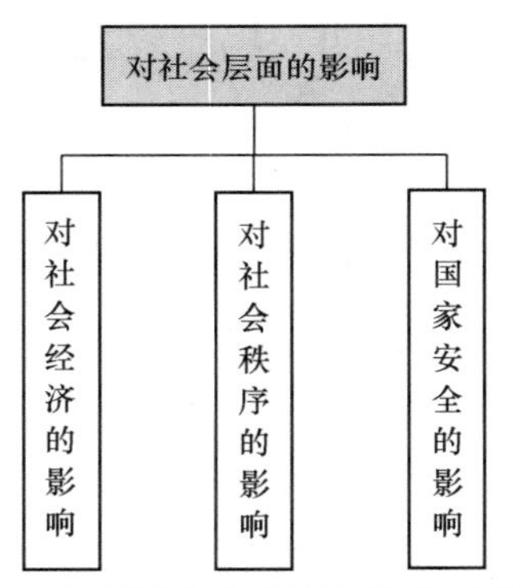


图 5-17　IoT 网络安全危害对社会层面的影响

（1）**对社会经济的影响**。IoT 网络安全危害对社会经济的影响至少体现在以下方面。

- 网络安全隐患可能导致企业产品被召回，对于智能汽车等较高价值产品，批量召回（为用户更换或维修）意味着明显的经济损失。
- 如果工厂里的智能化生产存在 IoT 漏洞，一旦被利用，轻则停产导致经济损失，重则会导致重大安全事故。
- 公共设施受损可能导致重要 IoT 设备被更换，同时可能导致一些公共事务停摆，这些都会造成直接的经济损失。

（2）**对社会秩序的影响**。IoT 网络安全危害对社会秩序的影响表现在以下几个方面。

- 公共场合影响：医院、学校、商场等环境断网、停电、数据丢失等，都可能会造成一定的秩序混乱。
- 城市交通影响：城市路口的红绿灯是用 IoT 技术统一控制的，如果有漏洞并被利用的话，那么可能会突然把所有的红绿灯都变成绿灯，导致瞬间发生多起撞车、撞人事故，十字路口可能瞬间堵塞、动弹不得。
- 配置和型号不同的无人机，由于其自身配置问题，自主导航和通信能力可能比较弱，很容易出现偏离预定航线的状况，一旦进入重要区域上空很可能危及安全。

（3）**对国家安全的影响**。在一些国家和地区，IoT 尤其是工业 IoT 是一把双刃剑，用得好可以在各个领域提升国家的科技水平，提升人民生活的满意度；但是一旦用得不好，安全性不足，就有可能造成国家层面的安全隐患。例如，乌克兰电网两次遭到恶意攻击，导致总计 100000 户以上的居民受停电影响，而且这两次攻击均发生在 12 月，正值严寒季节，造成的影响很大。又如，委内瑞拉停电事件，造成大面积交通瘫痪，多数地区供水和通信网络受到影响，其政府称是该国电力系统设施受到网络攻击所致。

### 5.3.3 对生命安全的影响

部分 IoT 行业的安全问题与用户的生命安全紧密相关，尤其是在智慧医疗行业和智能汽车行业。智慧医疗行业，心脏起搏器、心脏检测器、静脉滴注设备、喂药器等关键医疗设备如果联网且存在可被利用的漏洞，将对患者造成严重影响。智能汽车如在自动驾驶、启动或刹车方面出现漏洞被利用或恶意操控等问题，可能会对驾驶员及乘客的生命安全造成直接威胁。

## 5.4 本章小结

本章分别从虚拟网络空间和现实物理世界两个维度介绍了 IoT 网络安全危害。读者可结合第 3、4 章的内容，从“攻击界面→漏洞→安全危害”整体把握 IoT 的安全知识，为接下来面向应用场景的实例安全分析打下基础。

# 第 6 章

# 智能家居网络安全

从本章开始，我们将基于前文讲述的 IoT 安全知识，结合典型 IoT 应用场景开展安全性分析，使读者能贴近现实、更全面地掌握相关内容。本书涉及的应用场景主要有 4 大类，分别为智能家居网络、智能汽车网络、穿戴医疗网络以及共享单车网络等。针对每类场景，本书将浅析其网络特点，展开攻击界面分析、深入剖析安全风险及相关案例，为后续学习 IoT 安全分析、安全加固技术打下基础。

本章将详细介绍智能家居网络安全，涵盖网络特点概述、攻击界面分析以及安全风险与案例 3 个方面的内容。

智能家居以住宅为基础平台，利用各种先进技术，如综合布线技术、网络通信技术（近场通信、有线/无线通信）、安全防范技术、自动化控制技术、音视频技术将家居生活有关的设施进行高效的集成，构建高质量的住宅，提升家居生活便利性和舒适性，构造良好的居住环境。

智能家居的一大突出特点就是“便利性”，但“便利性”是一把双刃剑。智能家居的“便利性”是通过复杂的系统设计和强大的网络通信功能实现的。但智能家居网络传输的数据及链路越多，信息泄露的可能性就越大，存在的安全隐患也因此而剧增，造成的后果也就越严重。

目前，智能家居平台虽然众多，但大都在设计上遵循了类似的系统架构。如图 6-1 所示，智能家居系统架构主要由终端设备、移动 App、IoT 云端和各种通信网络四部分组成。各种各样的终端设备与 IoT 云端联通，其中一部分终端设备可以直接接入有线网络或者无线网络实现与 IoT 云端的联通，另一部分终端设备由于缺乏通信接口，因此作为网关或者以智能手机为“跳板”将数据与 IoT 云端进行联通。

下面我们对智能家居的系统架构进行简单的说明分析。

（1）**移动 App 与 IoT 云端**。智能家居系统架构中，移动 App 与 IoT 云端作为平台的一部分，承担着对数据的聚合与分析任务，以及管理、控制和协调不同终端设备、系统和服务的任务。平台从终端设备中将采集到的数据进行存储与智能分析处理。平台同时还提供认证管理功能，防止非法终端设备接入系统。用户可以通过平台提供的移动 App 控制终端设备。

（2）**终端设备**。智能家居系统架构中的终端设备是直接服务用户的实体，不同终端设备为用户提供不同的服务。在一些研究中，研究者们根据终端设备资源的多少，从实施信息安全体制所需的硬件资源来划分，将终端设备分为受限设备和能力设备两种。

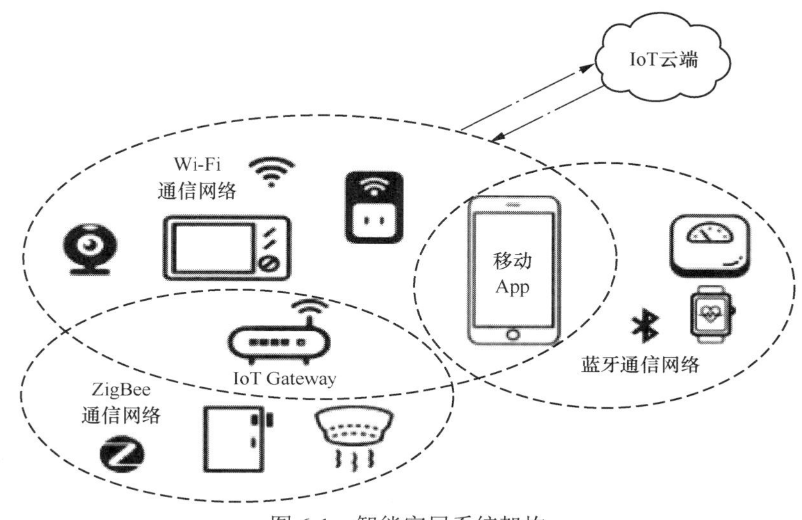


图 6-1　智能家居系统架构

受限设备是指功率、计算、存储或者通信资源有限的终端设备，如智能灯泡、电表、传感器等。由于资源的约束，受限设备对于安全机制的实施有所限制。能力设备是指由主电源供电，具有足够的计算、存储和通信能力的终端设备，如家庭网关、电视等。由于资源比较充足，因此能力设备对于安全机制可以进行较好的实施。

（3）**通信网络**。在智能家居系统架构中，设备与云端、设备与设备之间使用了多种协议进行通信，下面按照 TCP/IP 分层模型进行简单的说明，通信网络可以分为如下的层次。

- 物理层与链路层：关注网络节点间的数据通信及接口实现，包括常见的以太网、Wi-Fi、IEEE 802 等协议。
- 网络层：确定分组从源到目的端的路由选择，包括 IP、6LoWPAN 等协议。
- 传输层：负责实现端到端的通信，其中有两个经典的互联网协议 TCP 和 UDP。
- 应用层：负责定义数据传输的格式并解读数据，通常用于实现应用程序与应用程序之间的通信。大部分智能家居平台都支持 HTTP，同时为了支持更高效的数据传输，也广泛应用 MQTT、CoAP、AMQP、XMPP 等协议。在智能家居系统设计中，需要考虑具体的应用场景通信需求，选择合适的应用协议。

智能家居作为 IoT 的典型应用场景，在未来将会有长足的发展，接下来我们就以智能家居为应用场景讨论它的网络安全。读者主要从 3 个角度来了解它：一是网络特点，智能家居有其自身的网络通信特点；二是在此基础上进行攻击界面分析，通过解析智能家居场景下的攻击界面，为 IoT 安全防御提供有效的决策依据；三是安全风险与案例，即通过真实的案例来对智能家居网络安全进行细致的了解。

# 6.1 网络特点概述

智能家居为了实现一定程度的自动化，通常会使用较多的设备，但是许多设备计算资源有限，节点之间为了节省空间资源以及美观等诸多要求，采用无线通信技术进行设备之间的数据传输已经成为主流。但是如果无线通信协议存在安全问题，就会导致设备之间传输数据的泄露，不安全的通信信道也会是攻击者的攻击目标。恶意攻击不仅会泄露用户的隐私数据，甚至可能导致整个智能家居系统的崩溃或者被攻击者完全掌控。

## 6.1.1 无线通信协议多样且复杂

感知层作为 IoT 三大组成部分之一，要用到各种传感器实现对现实物理世界的智能感知识别和信息采集处理，例如温控设备、光感设备、红外设备在智能家居中使用得非常普遍。而各个感知层设备都会通过数据传输技术与远程服务器或其他设备进行数据交互和处理，设备不同，其所使用的无线通信技术和协议也不尽相同，无线通信技术对比如表 6-1 所示。

表 6-1　无线通信技术对比

| 名称 | Wi-Fi | 蓝牙 | ZigBee | RFID | NFC |
| --- | --- | --- | --- | --- | --- |
| 传输速度 | 11～540Mbit/s | 1Mbit/s | 100kbit/s | 1kbit/s | 424kbit/s |
| 通信距离 | 20～200m | 10m 以内 | 几米～几千米（与功率相关） | 几米～几十米 | 小于 10cm |
| 频段 | 2.4GHz | 2.4GHz | 2.4GHz | — | 13.56GHz |
| 安全性 | 低 | 高 | 中等 | 高 | 极高 |
| 功耗 | 10～50mA | 20mA | 5mA | 10mA | 10mA |
| 主要应用 | 无线上网、PC、智能音箱 | 通信、汽车、IT、多媒体、工业、医疗、教育 | 无线传感器、医疗 | 读取数据、扫描条形码 | 手机、近场通信 |

表 6-1 所给出的是一些智能家居网络通信系统常用的无线通信技术。无线通信技术的使用会让攻击者更加容易截获通信。IoT 智能设备的感知层使用的无线通信技术不同，所使用的协议不同，它们的数据交互方式也不同；各个 IoT 智能设备厂商对于无线通信协议的具体实现不同，造成无线通信协议的多样性和复杂性。

目前智能家居系统中的无线通信协议没有统一的标准，不同的应用场景下有不同的无线通信协议。在配置智能家居系统时，如果出现不规范行为，可能导致安全问题。又由于智能家居系统中的设备大多是受限设备，内存、计算、通信等资源可能不足，因此在实现安全通信上可能存在隐患。

## 6.1.2 通信过程加密与无加密共存

智能家居设备中的传感器有大有小，传感器上的加密模块因此也受到了限制。如红外温度传感器，如图 6-2 所示，是 DFROBOT 推出的 MLX90614 红外测温传感器，其尺寸是 31.5mm × 18mm，这是一个很小的设备。囿于设备自身大小和性能，其无法提供足够的通信加密功能和较强的加密强度。设备首先保证的是通信过程的稳定性和准确性，而安全性被放在了次要的地位。

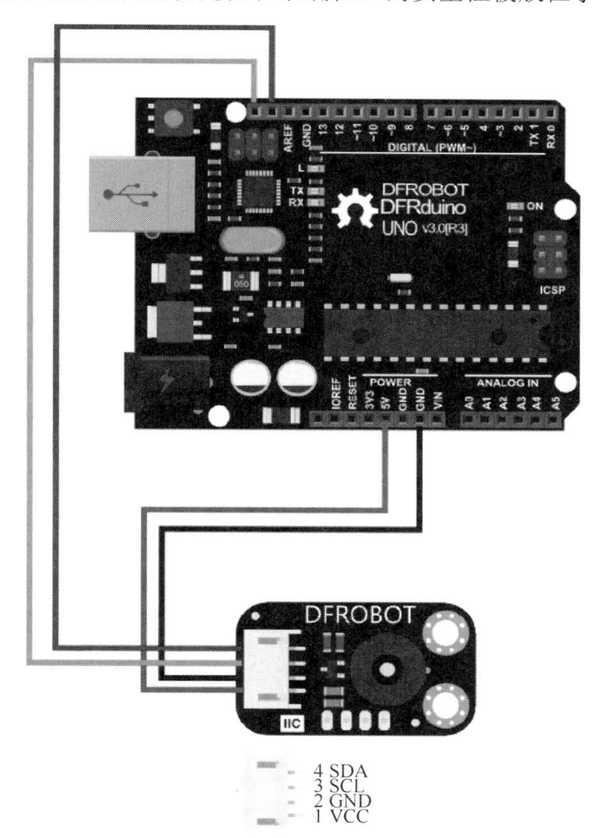


图 6-2　红外测温传感器

在整个智能家居网络通信过程中，有几种不同的通信方式：设备与设备之间通信、设备与网关之间通信、设备与手机终端之间通信、设备与云端之间通信。数据流和控制流加密与否，不仅和设备有关，还和设备厂商有关。即使对网络通信进行了加密，但如果设备厂商缺乏安全意识，还是很容易造成配置和管理上的漏洞，使云端和设备间的加密通信很容易被破解，加密防护形同虚设。

## 6.2 攻击界面分析

攻击界面指 IoT 网络中智能设备以及相关软件和基础设施中所有潜在漏洞的总和，无论是本地感知层设备还是整个 IoT 云端的漏洞，都属于攻击界面范畴。智能家居由于自身的特点，其感知层设备众多，同时智能家居又与个人居家生活习惯息息相关，因此具有自身特有的攻击界面，下面就来一一分析。

将智能家居设备按照其在应用场景中的功能和作用来划分，可以划分为表 6-2 中的 4 种，包括智能主机、家居安防、智能家电和智能监测。同时，表 6-2 还列出了不同类型的智能家居设备的常用管理端。可以看出，手机终端在智能家居设备的管理中具有非常重要的地位，智能家居最大的一个攻击界面自然就是手机终端。其次是云端，通过云端可以直接控制智能家居场景中的各个设备。同时，在 6.1.1 节中我们得知，智能家居的感知层设备众多，无线通信协议多样且复杂，因此 IoT 设备的数据通信交互过程和感知层设备自身的安全问题也是两个重要的攻击界面。

**表 6-2　智能家居设备种类划分**

| 种类 | 作用 | 设备 | 管理端 |
|---|---|---|---|
| 智能主机 | 家庭网关，是智能家居设备的核心设备 | 手机、平板电脑 | 手机终端、平板电脑 |
| 家居安防 | 防盗、各种警报 | 摄像机、烟雾报警器、智能门锁 | 手机终端、云端 |
| 智能家电 | 丰富家庭娱乐，提升居家舒适度 | 电视、空调、电动窗、智能照明、智能多媒体 | 手机终端、云端，遥控器、智能插座 |
| 智能监测 | 即时监控室内温湿度、环境情况，联动家中其他用电设备改善室内环境 | 空气质量传感器、空气净化设备 | 手机终端、云端 |

## 6.2.1　手机终端

手机终端在智能家居场景中扮演的角色是超级网关，负责与 IoT 设备进行直接的数据交互以及操作指令下达任务，同时负责 IoT 设备与云端数据交互指令下达的转发。手机终端还可通过云端 Web 服务接口对 IoT 设备进行管理操作。

目前手机终端使用的主流操作系统是谷歌公司的 Android 和苹果公司的 iOS。操作系统是智能手机终端的核心，如果操作系统自身存在各种各样的安全问题，如自带浏览器的远程代码执行漏洞、信息泄露漏洞、内核提权漏洞等，攻击者便有可能通过攻击手机终端进一步控制智能家居中的 IoT 设备。

从硬件层面来说，手机终端自身所支持的硬件功能模组也很多，如蓝牙、NFC、GPS、Wi-Fi、3G/4G、话筒、GPRS 和红外等功能模组，为其成为一个超级网关提供了基础平台。这些硬件功能模组由于需要驱动程序的支持，因此如果驱动程序存在漏洞，便可能导致拒绝服务甚至是远程代码执行。例如 2020 年发现的 Android 在蓝牙传输收包重组过程中由代码 bug 引发的漏洞 CVE-2020-0022，对 Android 8、9 可能导致内存泄漏和远程代码执行，对 Android 10 可能导致拒绝服务。

同时手机终端作为一个超级网关，对 IoT 设备的管理并没有一个整体的管理操作平台，而是通过一个个不同的功能模块对 IoT 设备进行管理、控制。一些生态链比较庞大的厂商，例如小米、苹果等，可能将自家 IoT 设备的控制模块嵌入自家的手机操作系统，而众多其他的 IoT 设备厂商，则大多使用各自的手机 App 软件对 IoT 设备进行操控，如图 6-3 所示。

天猫精灵
2018-12-11 / 42.1M 下载
★★★★☆
推荐理由: 天猫精灵App是一个搭配阿里巴巴智能音箱使用的手机助手客户
版本: ◈安卓版 | ◈苹果版

 华为智能家居
2018-08-29 / 45.1M 下载
★★★★☆
推荐理由: 华为智能家居是一款智能家居应用App, 华为智能家居App作
版本: ◈安卓版 | ◈苹果版

 Smart Home app
2017-08-17 / 70.6M 下载
★★★★★
推荐理由: 三星智能家居App是一个省心的智慧管家, 三星智能家居App使用
版本: ◈安卓版

 智能360
2017-07-12 / 28.3M 下载
★★★★☆
推荐理由: 智能360语音机器人是一款智能语音移动应用, 智能360语音助手
版本: ◈安卓版

 中兴智能家居
2018-10-11 / 34.0M 下载
★★★★☆
推荐理由: 中兴智能家居App是专为小兴看看打造的应用, 能随时绑定摄像
版本: ◈安卓版 | ◈苹果版

 thinkhome智能家居
2017-01-13 / 68.8M 下载
★★★★☆
推荐理由: thinkhome智能家居是一款非常实用的智能家居软件, 只需下载
版本: ◈安卓版 | ◈苹果版

 和目
2019-01-09 / 70.0M 下载
★★★★☆
推荐理由: 和目App是一款视频监控类的软件, 通过和目App你可以方便的在
版本: ◈安卓版

 嘟嘟E家
2017-01-22 / 24.2M 下载
★★★★☆
推荐理由: 嘟嘟E家是一款手机智能家居App应用, 和相应的智能设备配合使
版本: ◈安卓版

 喵喵屋
2018-10-11 / 32.3M 下载
★★★★★
推荐理由: 喵喵屋App是一款致力为用户提供简单、易用的智能生活的超级
版本: ◈安卓版 | ◈苹果版

 赫马
2018-03-03 / 22.3M 下载
★★★★☆
推荐理由: 赫马App是一款管理智能家居的应用, 能让各种家电变得智能,
版本: ◈安卓版

风物智家
2019-01-14 / 23.7M 下载
★★★★☆
推荐理由: 风物智家App是一款智能硬件管理软件, 风物智家App自定义多种
版本: ◈安卓版

 方正智能
2019-01-11 / 12.2M 下载
★★★★☆
推荐理由: 方正智能App是一款方正智能门锁官方软件, 方正智能App可以帮
版本: ◈安卓版

 云丁助手
2019-01-09 / 9.2M 下载
★★★★☆
推荐理由: 云丁助手App是一款智能设备管理客户端应用, 云丁助手手机版
版本: ◈安卓版

花一派
2019-01-09 / 43.7M 下载
★★★★☆
推荐理由: 花一派App是一款智能远程植物补水软件, 花一派App基于互联网
版本: ◈安卓版

 黑子智能
2019-01-08 / 5.4M 下载
★★★★☆
推荐理由: 黑子智能App是一款智能门锁软件, 黑子智能App能使门锁提供电
版本: ◈安卓版

 微控
2019-01-07 / 47.4M 下载
★★★★☆
推荐理由: 微控App是一款智能家居的软件, 微控App让用户实现多种品牌的
版本: ◈安卓版

 门店宝
2019-01-07 / 68.0M 下载
★★★★☆
推荐理由: 门店宝App是一款汇聚家具、建材、家电、家纺、家饰、灯
版本: ◈安卓版

 小鲤智能
2019-01-04 / 51.8M 下载
★★★★☆
推荐理由: 小鲤智能App是一款森森水族箱智能控制系统。小鲤智能App产品
版本: ◈安卓版

 智能精灵
2019-01-03 / 24.2M 下载
★★★★★
推荐理由: 智能精灵App是一款可以远程控制智能家居的软件, 智能精灵App
版本: ◈安卓版

海曼智居
2018-12-30 / 47.7M 下载
★★★★☆
推荐理由: 海曼智居是一款家庭物联网App, 海曼智居App依靠最先进的云服
版本: ◈安卓版

初到
2018-12-29 / 13.6M 下载
★★★★☆
推荐理由: 初到App是一款智能门锁软件, 初到App具有远程开锁、虚位密码
版本: ◈安卓版

图 6-3　众多智能家居手机 App 软件

手机 App 软件由各个 IoT 厂商研发、发布，而这些厂商的智能家居控制手机 App 软件面临着

各种各样的安全问题，如明文通信、加密强度不够、密码硬编码泄露、信息泄露、弱口令等问题。手机终端攻击界面如图6-4所示。

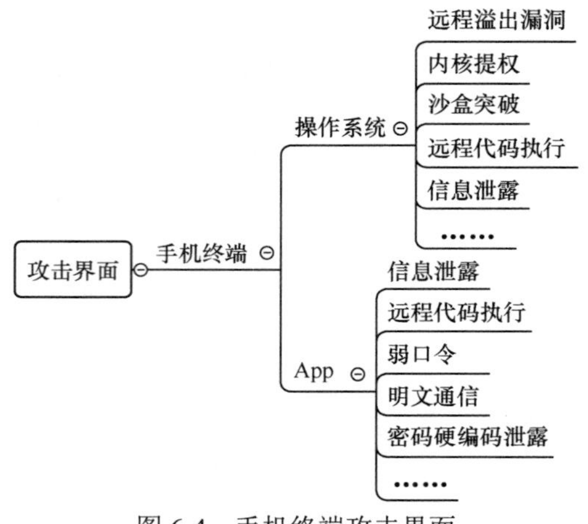


图6-4　手机终端攻击界面

## 6.2.2　云端

在主流的智能家居场景中，云端大多以Web服务的形式提供对IoT设备的管理和配置。越来越多的IoT设备不再提供本地的管理配置接口，转而是IoT设备直接与云端连接，然后通过手机终端与云端连接来进行IoT设备的管理和配置操作。云端在IoT场景中起到越来越重要的作用。

既然是Web服务，就会存在Web各种安全问题，如SQL注入、XSS跨站、信息泄露、本地/远程文件包含、身份认证绕过、用户枚举、使用不安全组件和管理配置错误等。云端Web攻击界面如图6-5所示。

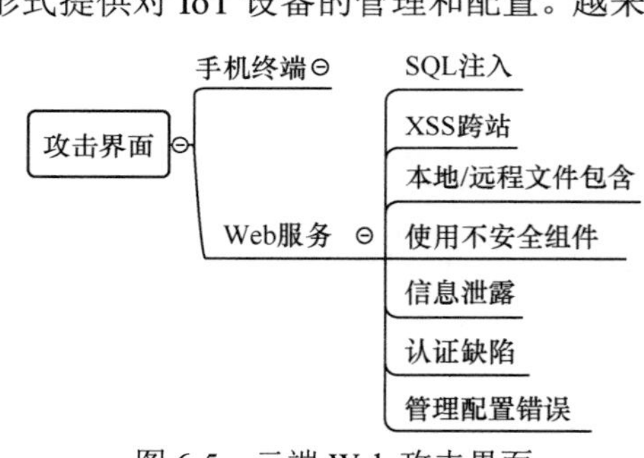


图6-5　云端Web攻击界面

## 6.2.3　数据通信

IoT设备与云端或手机终端通信时，会用到各种复杂多样的通信协议，如蓝牙通信协议、Wi-Fi通信协议、TCP/IP、HTTP/HTTPS，还有一些其他的私有通信协议。通信过程中也会使用各种加密措施，例如使用AES、MD5、Base64编码等方式来保证通信过程中的数据安全。此外，还有一些专门用于安全通信的协议，如IP简单密钥管理协议、软件IP加密协议、安全远程过程调用协议等，以及一些用于身份验证的协议，如密码身份验证协议、挑战握手身份验证协议以及可扩展身份验证协议等。

智能家居大部分采用云端来对数据进行存储和处理，但是随着智能设备数量的增多，产生的数据量也更加庞大。如果将产生的数据全部存储在云端，交由云服务器进行处理，那么会给集中式的云服务器造成较大的负担；在数据通信时，如果发生单点故障，可能无法保证用户数据的安全。

在具体的实施过程中也会有各种各样的安全问题，如智能家居中的IoT设备在通信过程中的敏感信息泄露、中间人劫持、更新替换、缓冲区溢出、拒绝服务攻击、加密密钥泄露等。数据通信攻击界面如图6-6所示。

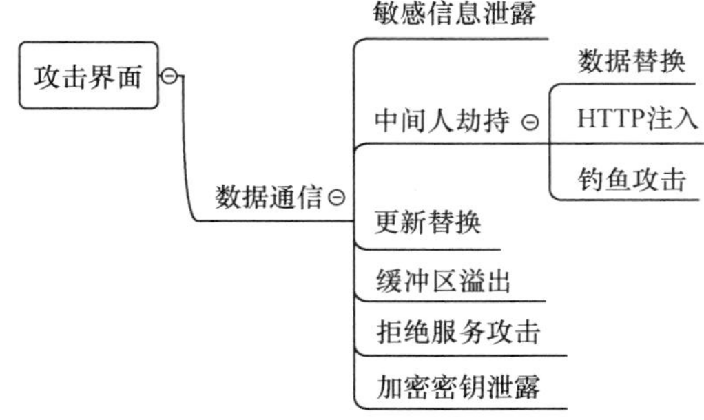


图6-6 数据通信攻击界面

## 6.2.4 感知层设备

目前IoT体系架构可以分为感知层、网络层和应用层。感知层由各种具有感知能力的设备组成，主要用于感知和采集现实物理世界中发生的物理事件和数据；网络层包括各种通信网与物联网形成的承载网络，可以将感知层感知和采集到的数据通过现有通信网上传给应用层，完成感知层与应用层之间的数据传输；应用层主要负责业务支撑与应用，可以实现设备数据之间的汇总、协同、共享、分析、决策等处理。

作为智能家居系统的最前端，感知层的数据感知和采集效果对智能家居中的功能实现有着决定性作用。感知层的IoT智能设备种类繁多（如烟雾传感器、温度测量仪、距离探测器等），它们都包含两个部分：操作系统（嵌入式）和固件。IoT智能设备之所以叫作智能设备，是因为其内部一般植入了一个嵌入式操作系统，在嵌入式操作系统之上集成了各种IoT服务，而固件就承载了嵌入式操作系统（如Linux）和应用软件（如Web、蓝牙应用）。它们集成在一起，有一定的压缩格式，存放的位置是IoT设备的flash ROM，并且各自有对应的攻击界面。感知层设备攻击界面如图6-7所示。

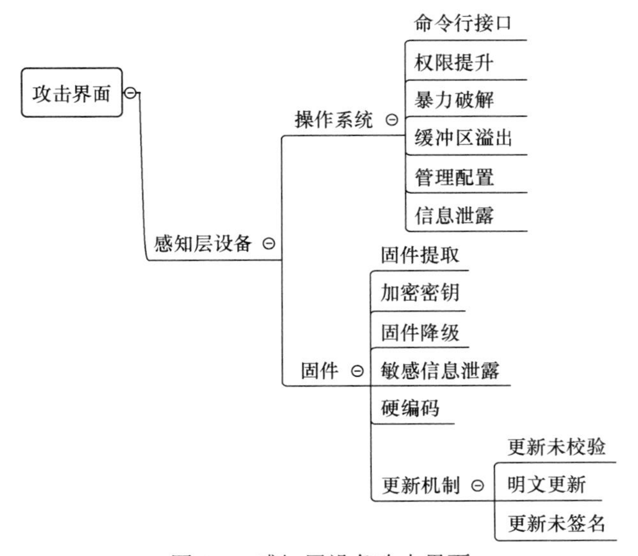


图6-7 感知层设备攻击界面

## 6.3 安全风险与案例

智能家居场景下面临的安全风险主要包括财产安全威胁、隐私泄露威胁、恶意操作威胁、人身安全威胁等。在本节中，我们将以实际的 IoT 智能设备的漏洞案例以及造成的影响为例，详细说明智能家居场景下将会遇到的安全风险。

### 6.3.1 三星网关智能设备安全问题

SmartThings Hub 是三星公司研发的一款超级网关，是一款基于 Linux 的嵌入式操作系统智能设备，如图 6-8 所示。它允许使用 ZigBee、Z-Wave 和蓝牙等无线通信协议进行连接，可以实时监控、管理智能家居中的各种 IoT 智能设备，包括智能电视、温度传感器、智能照明、智能插座、家庭安防系统等。

图 6-8　SmartThings Hub

经安全人员研究后发现，在 SmartThings Hub 的固件中存在多个漏洞。例如利用其中一个漏洞攻击者可以远程解锁 SmartThings Hub 控制下的智能门锁，然后利用另外的漏洞就可以通过联网的网络监控摄像机监控家庭成员情况，并且禁用安全监控系统，通过多个漏洞一并利用可以形成一个完整的攻击链。除此之外，SmartThings Hub 还存在一个 RCE 漏洞，攻击者可以在没有通过身份认证的情况下在设备上执行恶意代码。这个 RCE 漏洞存在于 SmartThings Hub 和远程服务器之前的通信（通过 39500 端口）中。攻击者通过攻击 SmartThings Hub 上视频核心的 HTTP 服务器，利用一个 HTTP 头部注入漏洞，向存在漏洞的设备发送恶意构造的 HTTP 请求来利用该漏洞。

### 6.3.2 光纤设备安全问题

作为家庭宽带的首选，光纤因其传输速度快、效率高而深受大众好评，我国也在大力推广光纤宽带。光纤入户的第一个设备便是无源光网络（PON）模式的家庭路由，分为两种光纤模式：GPON 和 EPON。GPON 模式的光纤路由器在国内宽带网络中占有非常高的比例，光纤路由器是智能家居网络中顶层的第一个设备，被称为“光纤猫”，以区别于非对称数字用户线（Asymmetric Digital Subscriber Line，ADSL）宽带时代的“光猫”。

某特定型号的 GPON 光纤猫设备存在两个漏洞：Web 身份认证绕过漏洞和命令注入漏洞。利用这两个漏洞可以在光纤猫设备上执行任意命令。漏洞造成的影响是攻击者直接控制智能家居的顶层网络设备，一切数据交互和通信内容都可以被恶意攻击者窃取，攻击者通过配置光纤猫设备可以达到扩大漏洞影响范围的目的。攻击者进入智能家居网络后，可以进行中间人攻击，接管 IoT 智能设备并进行随意的配置，导致智能家居的正常功能发生紊乱，造成不可知的严重后果。

### 6.3.3 智能音箱安全问题

近几年，随着人工智能技术的提升，语音识别技术也取得了显著进步。生产厂商通过将语音识别模块与传统的音箱相结合，生产出了智能音箱这一新产品。目前智能音箱的典型代表有 Amazon Echo、Google Home、天猫精灵等。在智能家居系统中，通过语音控制家居设备是一种人性化、高效的交互方式。人们通过与智能音箱进行语音交互、下发指令，可以点播歌曲、上网购物，还可以对智能家居设备进行控制，如开关电灯、设置室内温度等。强大的功能使得智能音箱成为可以与移动 App 媲美的智能家居控制中心。其潜在的危险就是，一旦智能音箱被攻破，攻击者完全可以控制家庭中的所有智能家居设备，给智能家居系统安全带来极其严重的威胁。

图 6-9 所示的智能音箱系统由智能音箱、智能音箱 App、智能音箱云，以及智能音箱下连的 IoT 设备共同组成。

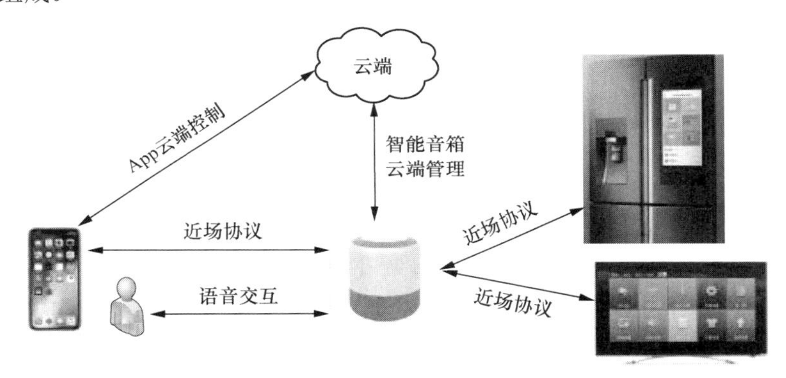


图 6-9 智能音箱系统组成

智能音箱给人们提供便利的同时，同样存在各种安全问题，例如 2018 年 5 月 Alexa 被曝出窃听用户聊天对话，并把录制的音频发送给通信录里的陌生人。2018 年 DEF CON 安全会议上，参会者展示了对 Amazon Echo 的攻击，并实现对用户进行监听及控制智能音箱播放的内容。智能音箱一般存在以下几个方面的安全问题。

（1）**暴露调试接口**。为了便于生产和维护，许多智能音箱开放了对外的调试接口，包括 JTAG 接口、USB 接口和 UART 接口等。通过调试接口，攻击者可以对设备的固件进行调试和更新。

（2）**内置后门**。由于疏忽或者为了便于远程维护，有些厂商会在智能音箱的固件中内置后门，使得他们可以在用户不知情的情况下远程控制智能音箱。

（3）**DLNA 服务漏洞**。DLNA（Digital Living Network Alliance）由索尼、英特尔、微软等公司发起，旨在解决个人电脑、消费电器、移动设备和 IoT 设备在内的设备之间数字媒体和内容服务的无限制共享。许多智能音箱厂商都在系统中使用 DLNA 服务，但由于缺乏对其安全性的控制，导致智能音箱存在较大的安全风险。

（4）**代码缺陷**。部分智能音箱在代码实现上存在缺陷，使得攻击者可以通过命令注入漏洞开启 Telnet 服务，并完全控制智能音箱，实现录音等恶意操作。

（5）**App 申请过度权限**。App 申请过度权限的问题比较严重，其中过度的权限包括但不限于 App 读取短信、读取手机的识别码、发送短信/彩信、打开摄像头、读取用户通话记录及手机应用信息、拨打电话、使用呼叫转移、读取运动数据等敏感权限。

（6）**语音识别问题**。AI 语音识别不能做到百分之百准确，如果用户或者用户环境中的电子设备在不经意间发出了一个与指令相似的声音，将可能导致用户的隐私信息被泄露，甚至引发更严重的问题。例如，美国俄勒冈州的一对夫妇发现，家里的 Amazon Echo 智能音箱一直在他们不知情的情况下录制音频。亚马逊公司将这一错误归咎于智能音箱在背景对话中对“Alexa”的误解。也就是说，这对夫妇在日常对话中可能涉及了“Alexa”这个单词。这对夫妇还指出，智能音箱还将录制的音频随机发送给了他们通信录联系人名单上的人员——因为收到音频的人联系了他们。

## 6.3.4　智能电视安全问题

智能电视是基于互联网应用技术，使用与手机相同的操作系统和功能，使得用户在欣赏普通电视内容的同时，可自行安装和卸载各类应用软件，持续对功能进行扩充和升级的新电视产品。目前市面上的智能电视普遍存在一定的安全风险，包括漏洞未修复、可被远程安装应用、用户个人信息未加密传输等，传统的电视厂商通常疏于对安全风险的发现和更新修复。同时，厂商为提高智能电视的运行性能，有时还会使用早期的 Android，其中的某些漏洞可能并未修改。

智能电视一般存在以下几个安全问题。

（1）**开放 ADB 调试，可获取 root 权限**。很多智能电视的权限调试端口管控不严，导致攻击者可以远程获取系统 root 权限，通过 root 权限可获得智能电视的完全控制权，甚至可以随意远程开关摄像头、安装恶意软件等。图 6-10 所示为利用 ADB 获取某智能电视的 root 权限。

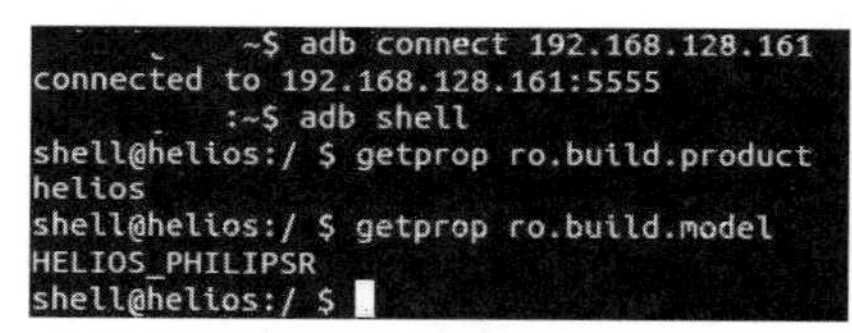

图 6-10　利用 ADB 获取某智能电视的 root 权限

（2）**明文传输数据，泄露用户隐私**。用户隐私数据的传输未经加密，对智能电视的遥控、语音操控指令以及用户收视习惯等可能会被嗅探获取。2013 年 11 月，LG 公司的智能电视被曝会自动收集用户的浏览记录、观看历史等个人信息，并通过 HTTP 流量将其加密传输到某网站上。这些信息可能会被制造商用于在智能电视屏幕上投放智能广告。即使智能电视本身的“收集观看数据”设置被切换到“off”状态，LG 公司的智能电视依然能捕获用户数据。

（3）**存在大量未修复漏洞**。大部分智能电视基于较老版本的 Android 开发，许多已被公开利用的漏洞未被修复，攻击者利用已知漏洞可获得系统的控制权。

## 6.3.5　智能门锁安全问题

在智能家居系统中，智能门锁是智能安防体系内的重要硬件产品，与其他安防产品组成整套的安防系统。智能门锁通常采用无线连接的方式接入智能家居应用场景中。与其他 IoT 设备相比，智能门锁设计相对复杂、解决方案庞杂、安全等级要求高。智能门锁也是一个典型的 IoT 系统，由感知层、传输层和应用层组成，包括智能门锁设备、智能家庭网关、手机 App 和云端服务等组件。其中，传输层与应用层技术为现有互联网技术，相对成熟稳定。在感知层，用户身份认证方式主要有固定密码、临时密码、指纹、掌纹、人脸、RFID、NFC 和 App 等；近场接入技术主要有 Wi-Fi、蓝牙、ZigBee 等。随着智能门锁的流行，也暴露出各种安全隐患，指纹复制、密码猜解、强磁干扰、App 漏洞、近场通信劫持、Wi-Fi 流量劫持和云端服务漏洞等各种智能门锁的安全隐患已多次被媒体所报道。

智能门锁一般存在以下几个安全问题。

（1）**生物钥匙攻击**。智能门锁的常用生物钥匙中，虹膜和人脸的伪造难度较高，已知的攻击风险较小，但指纹和掌纹有较高的伪造风险，难度低，已经比较常见。

（2）**固定密码**。在使用固定密码的智能门锁中，经常出现使用默认密码、后门密码、密码逻辑漏洞和短密码等问题，并存在密码泄漏等现象。

（3）**固件窃取和逆向**。攻击者拆开智能门锁后，通过专用工具从固件存储器中读取固件内容，然后逆向分析固件存在的漏洞，再结合其他攻击手段对漏洞进行利用。

除此之外，一些智能门锁由于设计缺陷，在布线及电路设计时没有考虑电磁干扰问题。攻击者可以利用特斯拉线圈通过无线电波干扰，使得智能门锁的内部电路产生直流馈电。如果这种直流馈电足够高，将触发智能门锁小型电机驱动锁芯实现开锁，或者导致多点控制器（Multipoint Control Unit，MCU）的逻辑异常而重启——有的智能门锁默认重启后自动开锁。图 6-11 所示为一个开锁电路。

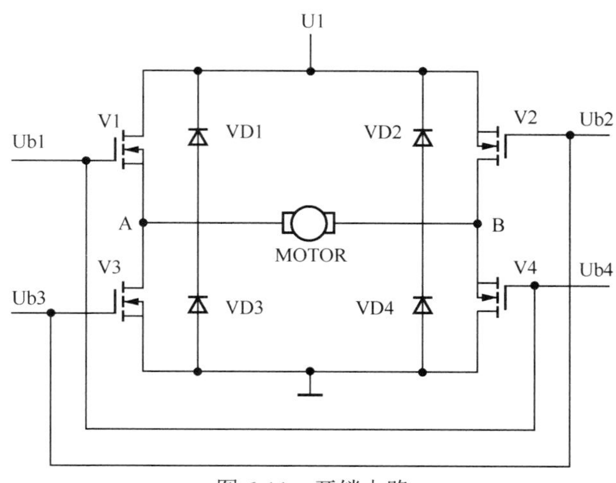


图 6-11 开锁电路

2018 年 5 月 26 日，第九届中国（永康）国际门业博览会上，一位女士用一个“小黑盒”连续打开了多家品牌的智能门锁，最短用时 3 秒。

“小黑盒”的原理其实是特斯拉线圈通电后，可能产生两种效果：一是利用智能门锁电路的馈电系统驱动电流打开智能门锁；二是该线圈产生强电磁脉冲攻击智能门锁芯片，造成芯片死机并重启，使得智能门锁默认重启后自动开锁。

## 6.3.6 移动应用风险问题

移动应用中存在各种常见的安全风险，如移动应用代码中或者固件中存放有固定的加解密密钥；移动应用代码没有采用加固和混淆技术，使得代码能被完整逆向，进而了解并破解开锁机制，构造控制指令进行攻击等。如攻击者利用智能门锁对应的移动应用存在的漏洞或缺陷，可以绕过智能门锁、移动应用和云端服务预先设定的逻辑，实现非授权的开锁操作。

某品牌的智能门锁存在密码重置漏洞（漏洞编号为 CNVD-2017-03908）。通过逆向智能门锁移动应用，我们分析其代码逻辑及智能门锁移动应用与云端网络交互的报文，掌握了相关云端接口的定义，发现该品牌智能门锁的某个业务接口缺少用户合法性验证，这意味着攻击者可以利用已经掌握的用户信息，绕过合法性验证进行密码重置。攻击者利用重置后的密码完成登录后，可以进行开锁和修改用户信息等操作。在此研究基础上，我们又做了进一步的安全分析，发现了一个影响更大的安全问题：攻击者通过该漏洞可以获取该智能门锁的全部用户资料，包括手机号和开锁密码。由于该漏洞不依赖手机验证码，因此这种攻击具有更大的隐蔽性，危害更大。

## 6.4　本章小结

智能家居给我们的生活带来了极大的便利，但由于其自身的通信特点，容易遭受攻击，且容易形成完整的攻击链，严重危害用户安全。另外，智能家居的攻击界面也十分广泛，包括手机终端、云端、数据通信和感知层设备等，这就导致诸如智能门锁、智能音箱等智能家居设备面临严峻的安全威胁。

智能家居的安全问题除了要依赖制造厂商提高设备的安全性，还需要用户有良好的使用习惯。当然，相关部门也应该组织制定一套完善的安全实施标准，覆盖智能家居体系从规划、设计、开发、测试、部署、上线到运营的全部过程，强化整个行业的安全意识。

# 第 7 章 智能汽车网络安全

本章详细介绍智能汽车的网络安全，涵盖网络特点概述、攻击界面分析以及安全风险与案例 3 方面的内容。

## 7.1 网络特点概述

“智能化+联网”（智能联网）是汽车业的必然发展趋势，智能联网汽车将成为未来汽车市场的主流产品。按照美国汽车工程师学会（Society of Automotive Engineers，SAE）的自动驾驶等级（见图 7-1），达到 L3 级别的汽车可实现条件自动化，也就是在一定程度上实现自动驾驶。伴随而来的智能汽车网络安全问题将更加频繁出现，也必将受到全球关注。事实上，过去几年，各大安全厂商或团队都在持续开展智能汽车安全问题研究，每年都会有新成果产出。

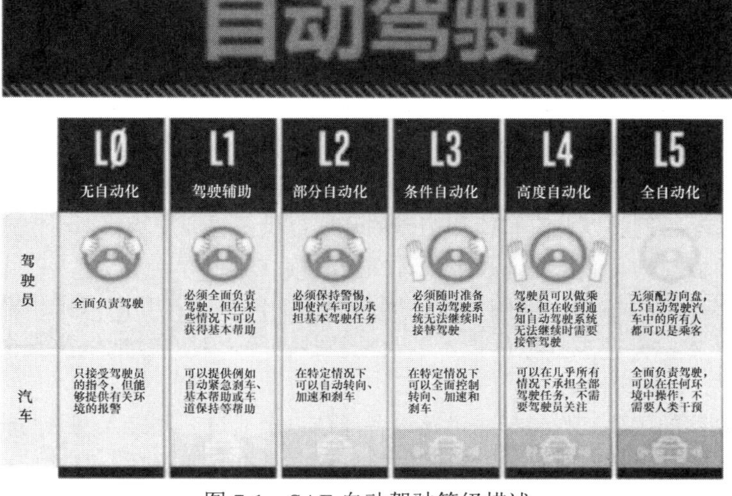


图 7-1　SAE 自动驾驶等级描述

相对于传统汽车，智能汽车未来会给我们的生活带来许多变革性的便利。但是除了传统汽车本身的安全问题，智能汽车技术的革新同样会衍生出许多新类型的安全问题。

## 7.1.1　汽车架构危机四伏

从汽车架构上分析，汽车电子电气架构正处于颠覆性的变革之中。传统的汽车分布式架构逐步演进为集中式架构，软硬件之间的耦合度会降低，硬件将服务于更多的车载功能所独享，共享的硬件将面临更多的安全风险，例如非法调用、恶意占用等。未来关键ECU的功能整合程度会进一步提高，代码量的增加会导致漏洞随之增加，一旦ECU自身遭到破解，攻击者将劫持更多的控制功能。新的架构势必导致威胁模型发生变化，研究人员需要在设计、开发过程中对汽车软硬件持续进行威胁分析、渗透测试，及时处理发现的脆弱点，不断完善架构的设计与实现。此外，集中式的新架构会打破现有的垂直化体系，车企需要重构软件和电子电气团队，打造水平化的组织单元以适应新一代集中式架构。

同样，集中式架构中的中央控制网关成为汽车与外界沟通的重要通信组件，如果其自身存在代码漏洞，并被黑客利用则会导致汽车无法提供服务。例如，蔚来汽车的更新机制的代码实现中，未向用户提供中止升级并安全回滚到可用版本的功能，如遭到黑客利用，导致拒绝服务攻击，将使汽车无法正常启动。

## 7.1.2　车联网网络异构且复杂

从网络通信的角度分析，车联网可以简单地划分为3类：车内网、车际网和车载移动互联网，如表7-1所示。

表7-1　车联网分类

| 分类 | 通信技术 | 特点 |
|---|---|---|
| 车内网 | CAN、蓝牙、LIN、MOST、FlexRay | 实时性强、可靠性高、通信距离短 |
| 车际网 | FID、蓝牙、微波、红外、DSRC | 安全性、实时性要求高 |
| 车载移动互联网 | GSM、GPRS、2G/3G/4G、GPS、卫星 | 通信距离长、移动速度快 |

车内网在汽车内部开展信息传输工作，即车内传感器与车载终端设备之间相互连接形成的通信网络，以此实现对汽车数据的采集，同时能够以交通控制中心的指令为基础管理汽车运行状况，为汽车系统控制、辅助驾驶以及汽车检测工作的开展提供了重要支撑。对于汽车来说，这是一个内部相对静止的环境，具有通信距离短及实时性强的特点。

车际网即通过车载终端所实现的汽车之间的通信，能够在汽车间双向传输数据，所使用的通信技术有红外技术、专用短程通信技术以及微波技术等，对实时性以及安全性方面具有较高的要求。

车载移动互联网的主要工作包括与道路设备通信以及通过公共接入网络与交通控制中心实现互联互通，以此实现双向信息交互以及数据传输目标，具有高速移动、网络异构性强、通信距离长等特点。

从汽车端搭载的应用程序来看，2019 年 5 月，据中国汽车信息安全共享分析中心发布的近两年研究成果显示，其进行信息安全能力测试的 70 余辆国产、合资、进口汽车中，只有少部分车型进行了信息安全防护且防护水平偏低。进口车型防护水平最高，合资车型次之，国产车型防护水平最低，但国产车型应用程序的安全水平高于其他车型，90%进行了应用程序加固。

由此可见，随着车联网的逐步落地，汽车联网安全问题也需提上日程。目前国内的车联网安全标准仍处于推进阶段，距离全面落地还有一段时间。

时至今日，汽车不再是单纯的机械装置，而日渐向高度复杂的小型局域网发展，其内部拥有数百个微型处理器、多达 100 个电子控制单元和众多传感器等。据高德纳公司分析，截至 2020 年，全球约有 2.5 亿辆具有联网功能的汽车。汽车的复杂性明显提高，漏洞也更不容忽视——必须有针对网络安全的整体解决方案，而不是针对特定系统或汽车内某个部分的修补。网络安全是安全的延伸，应该被视为一种必需品，而不是“奢侈品”。

智能汽车网络是一种典型而又非典型的 IoT 场景，其整体网络架构如图 7-2 所示。其典型之处在于如果将汽车看成一个整体的终端设备，那么该类网络具备“端—管—云”的架构要素。其非典型之处在于，整个汽车网络的通信分为“无线+有线”：无线方面，汽车端集成了 Wi-Fi、蓝牙、移动通信（T-BOX 自带 4G SIM 模块）等对外通信方式，以实现与手机 App、云端之间的高效数据传输；有线方面，从汽车内部看，其不是由单个终端组成，而是由几十个甚至上百个 ECU 组成，ECU 之间通过车载网 CAN 总线连接通信，如图 7-3 所示。

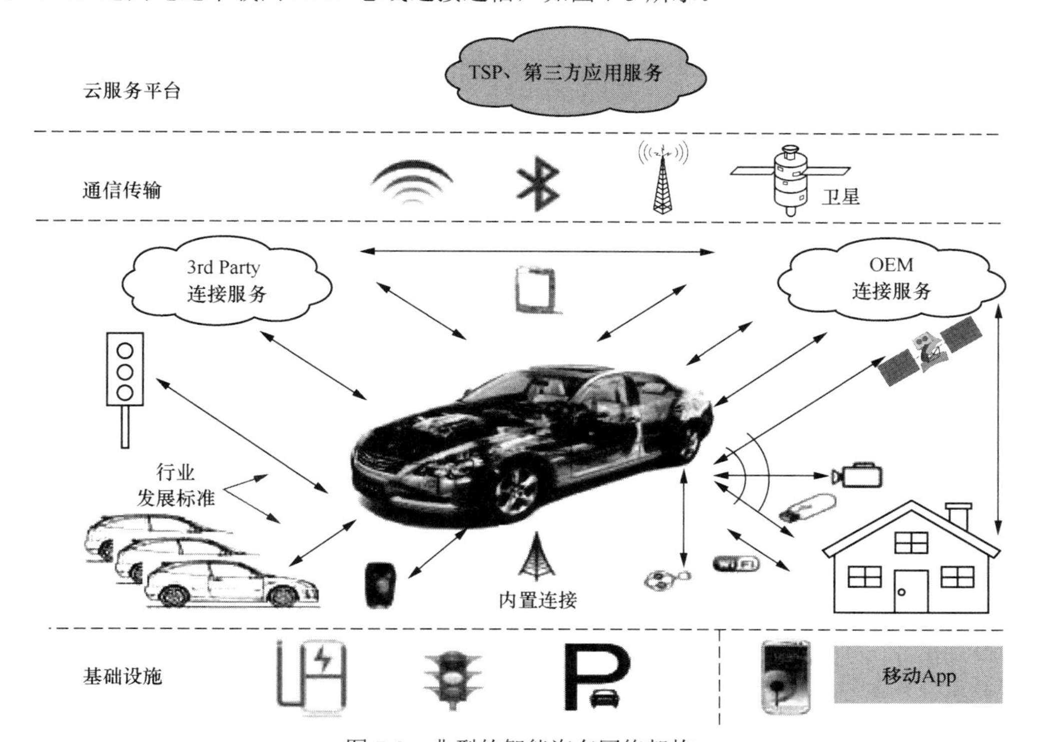


图 7-2 典型的智能汽车网络架构

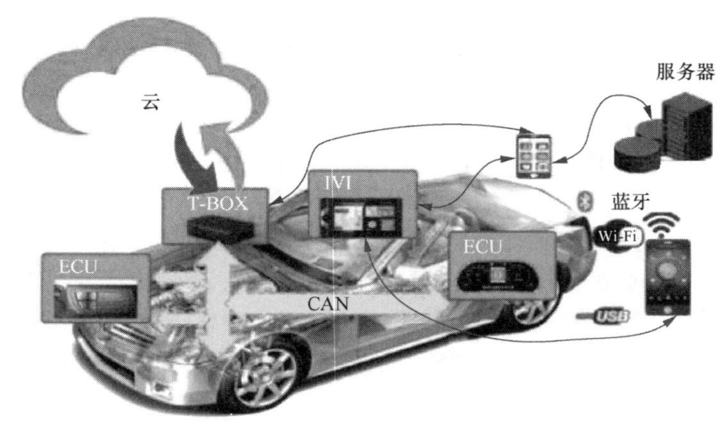


图 7-3 车载网 CAN 总线和组成单元

车载网的主要设备如下。

（1）**T-BOX**。衔接汽车内外的接入网关，车内唯一上网通道，其他车载设备通过 T-BOX 连接云端，入网方式是 4G/Wi-Fi。

（2）**IVI**。娱乐信息系统（车机），汽车驾驶座前端的屏幕显示设备，大多使用 Android 操作系统，通过 USB 与 T-BOX 连接。

（3）**CAN 总线网关**。车内智能网关，所有遵循 CAN 总线标准的设备通过它进行数据交换。

（4）**OBD**。CAN 总线网关的接口设备，通过该设备进行内部数据采集和数据回放。

（5）**ECU**。车载网关后端的众多电子控制单元，对应各种控制功能，如胎压、温度等。

车载网是一个异构网络。CAN 总线负责车内网络通信，相关指令通过 CAN 总线协议传输，传输方式不是传统 IP 通信，而是 CAN 广播形式，后端 ECU 收到数据包后结合自身 ID 进行匹配与操作。CAN 数据包通常是一个 8 字节的数据结构，包括 CAN ID 和 CAN 数据，CAN ID 对应车载网后的各个 ECU 设备。关于 CAN 总线协议以及 CAN ID 的具体数据结构，这里不予展开介绍。

## 7.2 攻击界面分析

智能汽车网络所面临的安全风险如图 7-4 所示。智能汽车网络的攻击界面分析，按照“端—管—云”整体架构，包括终端物理接口、网络服务接口、无线/网络通信、软件升级（OTA）、云端和移动 App 这 6 个方面，如图 7-5 所示。由于汽车内部本身也是一个车载网，因此终端设备的分析需进一步分为 T-BOX、IVI、总线网关、ECU 等具体对象分析。我们将重点分析这些对象的基本信息和潜在的漏洞（或脆弱点信息）。

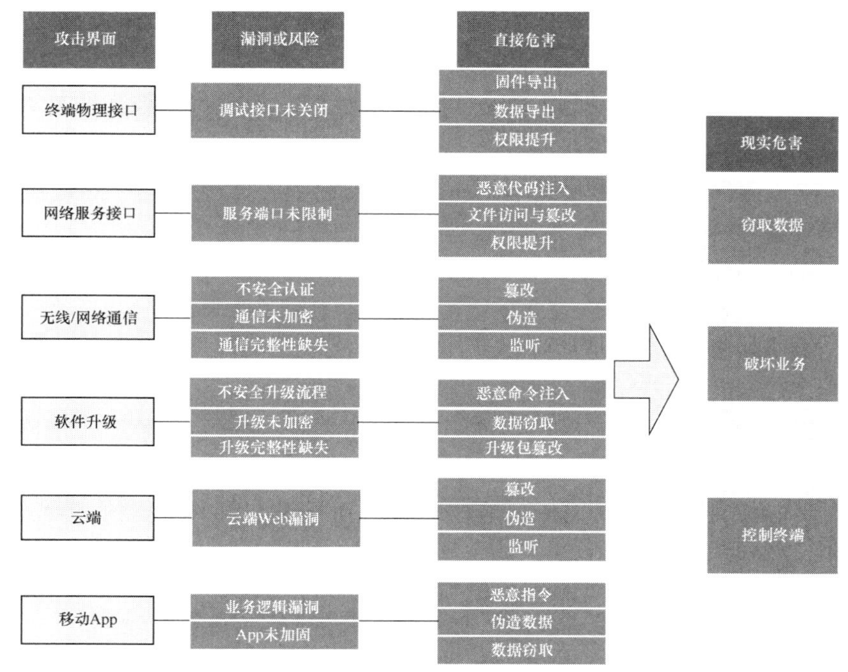


图 7-4 智能汽车网络所面临的安全风险

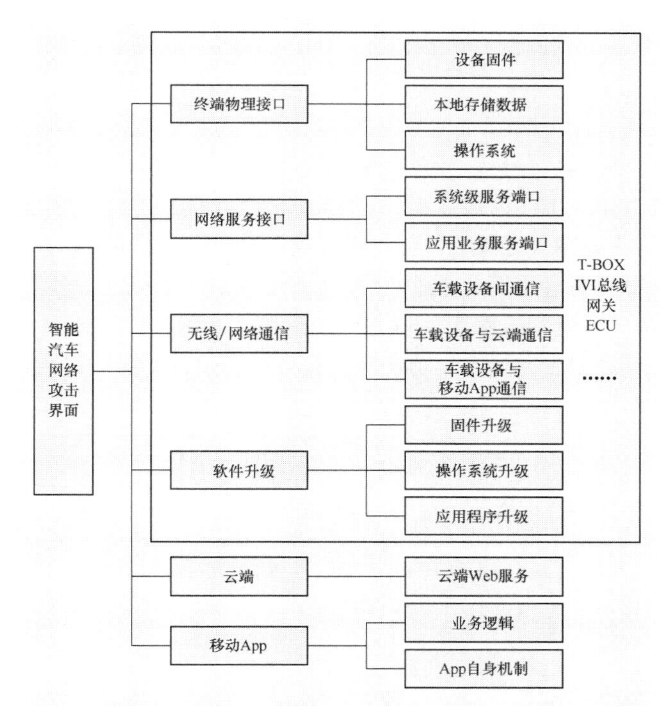


图 7-5 智能汽车网络的攻击界面

## 7.2.1　终端物理接口

智能汽车网络的物理接口分析，重点针对设备的固件、本地存储资源和操作系统，分析调试接口等是否关闭、是否存在访问限制以及固件能否被提取。

关于车载设备的操作系统类型，IVI 通常使用 Android 系统，而其他设备大多运行嵌入式 Linux 系统。不同的操作系统面临的安全威胁也有所差异。

车载设备若存在未关闭或未限制的调试接口，如串口、JTAG 等则可能导致以下问题：一是固件被非法导出，进而被逆向分析；二是本地存储的资源数据，如设备硬件信息等，可能通过这种途径被攻击者窃取；三是攻击者通过调试接口登录设备后，可能结合一系列方法提升设备操作权限。上述安全风险，几乎涉及所有的车载设备类型。

## 7.2.2　网络服务接口

车载设备的网络服务接口分析，一是分析设备操作系统级的服务端口开放情况，重点分析设备中 Telnet、SSH、Web、FTP、简易文件传送协议（Trivial File Transfer Protocol，TFTP）等常见端口；二是分析应用业务层面开放的一些专用端口，如温度、胎压、门窗控制等业务端口；三是 IVI、T-BOX、网关等车载设备底层系统的内核接口。

T-BOX、IVI 等车载设备开放的网络服务接口如果存在漏洞，则可能被攻击者利用：一是操作系统或应用层面的恶意代码注入；二是对文件的非授权访问甚至篡改；三是针对操作系统底层的控制权限提升（如从普通权限到 root 权限），进而导致汽车被恶意操作。

## 7.2.3　无线/网络通信

车载设备的无线/网络通信分析：一是分析无线通信功能的车载设备归属，如 BLE 和 Wi-Fi 模块通常位于 T-BOX 和 IVI 中作为热点；二是分析车载设备间通信，对于安全研究而言，以 CAN 总线通信为主时，通常先在网关处采集，再逐步分类，找到相关的 CAN 指令；三是关注车载设备与云端之间的通信，车载设备几乎都是通过 CAN 总线连接到 T-BOX 的，再由 T-BOX 通过 4G/Wi-Fi 连接到云端；四是分析车载设备与移动 App 之间的通信，主要以 BLE 和移动通信为主，典型应用是通过 BLE 开车门、连通 IVI 音频娱乐功能等。典型的车载设备通信关系如图 7-6 所示。

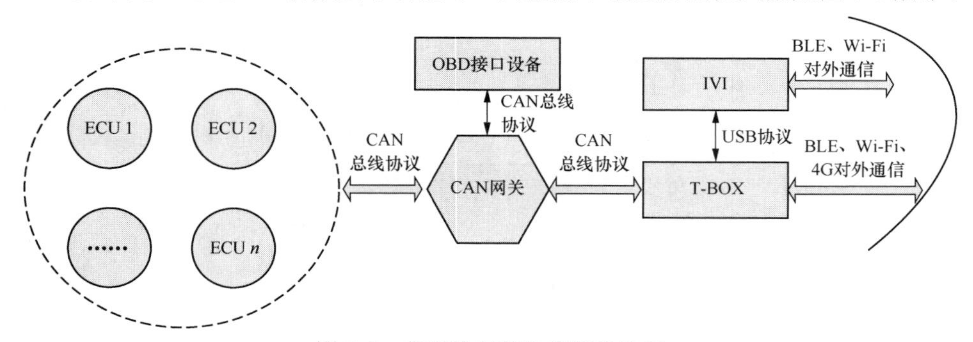


图 7-6　典型的车载设备通信关系

车载设备业务通信层面，可能存在的典型漏洞类型如下。

（1）**不安全的认证**。如脆弱的口令机制、存在认证后门等，可能导致攻击者突破或绕过认证，实现伪冒登录或恶意操作。

（2）**通信未加密**。包括未采用 SSH 等协议进行认证加密、未采用 SSL 进行通信数据加密等，可能导致通信数据被非法监听。

（3）**通信完整性缺失**。尤其是重点业务数据未进行数字签名验证，导致可能被篡改或伪造。

通信类型方面，从外部到 T-BOX 都是 IP 通信，从 T-BOX 经网关到 ECU 都是 CAN 通信。因此，CAN 总线数据的采集与回放验证通常从网关 OBD 接口进行；IP 数据的采集与回放通常从外部 T-BOX 进行。当然，也可以延伸到外部无线回放，前提是从外部获取 T-BOX 控制权。由于 T-BOX 和网关之间是总线连接，而且网关传输是透明传输，因此再从 T-BOX 经网关进行 CAN 数据回放即可。

### 7.2.4 软件升级

车载设备的软件升级分析：一是针对不同的对象层级分析，包括整体升级和局部升级，整体升级是指设备中固件的整体更新安装，局部升级包括操作系统组件的升级和应用程序的单独升级；二是协议安全分析，经过 T-BOX 的升级协议流量是否经过加密；三是升级模块的完整性分析，待升级安装的应用程序或模块是否具备数字签名或类似的校验机制，以保护自身不被篡改。

车载设备软件升级安全风险主要存在于 T-BOX 等设备中，典型漏洞类型如下。

（1）**不安全的升级流程**。升级过程的逻辑时序存在漏洞，导致可能被非法注入恶意代码。

（2）**升级通信未加密**。这类漏洞会导致升级数据被非法监听、窃取。

（3）**升级完整性缺失**。这类漏洞会导致升级数据被篡改、重放和注入恶意代码。例如，Black Hat 2018 会议上，我国某团队对特斯拉汽车的网关、车身控制模块以及辅助驾驶 ECU 进行了渗透测试，绕过了特斯拉汽车网关上的签名验证机制——其通过构造特殊的文件名来实现！

### 7.2.5 云端安全

智能汽车虽然是一整套终端的集合，但其内部各设备分别与云端进行通信（经过 T-BOX 代理）。云端安全分析重点针对 Web 开放的 Web 服务，分析 Web 服务是否存在信息泄露、认证绕过等漏洞。事实上，智能汽车网络相关的云端与其他 IoT 场景相似，安全机制通常也没有特别之处，因此常见的安全检测技术依然适用。

云端安全问题与传统 Web 服务存在的问题类似，包括典型 Web 框架/中间件漏洞、认证绕过漏洞等类型，其后果体现在如下两个层面。Web 服务的分层安全威胁如图 7-7 所示。

（1）**用户层面 Web 认证绕过**。导致与该用户相关的信息被泄露或智能汽车配置可能被任意修改，主要威胁的是单个用户的隐私及安全问题。

（2）**Web 框架层面的安全问题**。可能导致共享该 Web 服务的所有用户的信息被泄露或配置遭到更改。

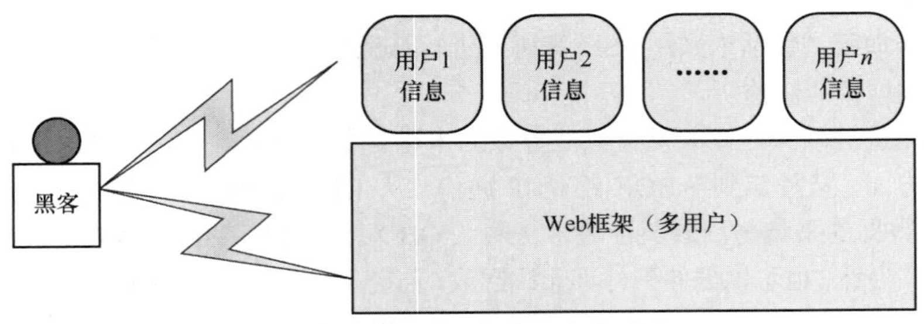


图 7-7　Web 服务的分层安全威胁

### 7.2.6　移动 App

移动 App 是智能汽车的远程控制接口，通常分为 Android 版移动 App 和 iOS 版移动 App。移动 App 的分析重点主要有两个：一是通过对其业务逻辑的分析澄清，验证其是否存在逻辑处理类型的漏洞；二是分析验证移动 App 本身的抗逆向及篡改能力，以及业务通信算法的安全性，明确其是否存在被恶意破坏的可能性。

智能汽车移动 App 存在的典型漏洞类型如下。

（1）移动 App 自身的业务逻辑存在问题，导致其被攻击者综合利用，产生对智能汽车的信息窃取、非法使用或恶意操控的后果。

（2）移动 App 自身加固存在缺陷，一些基于 Android 的移动 App 加壳保护强度不足，导致移动 App 被逆向分析，关键的控制指令、密钥信息被提取，也会产生上述后果。

（3）在无线协议处理方面，存在 BLE 等协议设计或协议栈实现漏洞，攻击者结合外部钥匙的恶意利用，实现恶意指令、数据伪造或数据窃取等非法目的。

智能汽车移动 App 存在漏洞的一个案例是某共享汽车的安全问题。该类汽车中，移动 App 与车端蓝牙通信，黑客可通过租用汽车，安装移动 App 后，获取一次汽车密钥。然后破解该移动 App，还原协议、指令和密码，进而可以长期破解这辆车，甚至可能实现对其他同品牌汽车的非法开启。其原理在于，移动 App 中同时实现了身份认证（使用计费）和命令控制（车辆使用），但前者与命令控制未绑定。因此，黑客可以在使用一次汽车之后逆向移动 App 以提取相关的命令及密钥，以后就可以在不需要计费的情况下直接使用汽车。

## 7.3　安全风险与案例

### 7.3.1　特斯拉 WebKit 漏洞

腾讯科恩实验室在 2016 年至 2017 年间，连续两年针对特斯拉 Model S 和 Model X 进行了攻击测试，其预设的场景是避免通过物理方式接触汽车进行远程攻击。攻击均是利用了一个WebKit中存在的漏洞。研究利用特斯拉汽车浏览器漏洞并发送恶意软件攻击特斯拉汽车的操作系统，甚至通过Wi-Fi和移动数据连接来对汽车进行远程控制。特斯拉网关模块连接如图7-8所示。

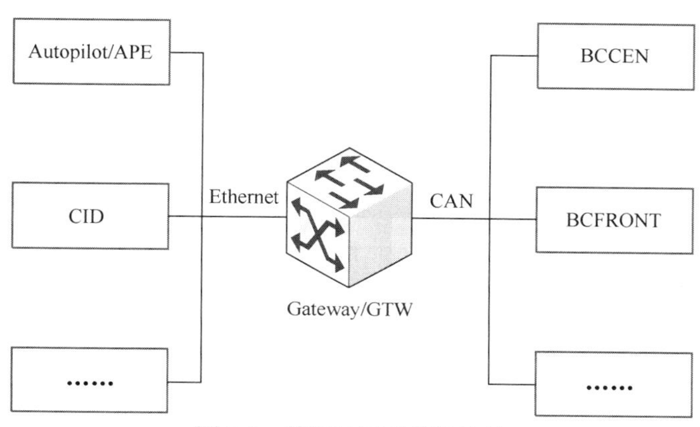


图7-8 特斯拉网关模块连接

（1）**利用浏览器漏洞获取浏览器控制权**。图7-8所示的CID上有一个WebKit内核的浏览器。在2017年报告该漏洞时，该浏览器版本为534.34。该版本的WebKit内核中存在一个UAF漏洞。利用该漏洞，黑客可以获取浏览器控制权。

（2）**利用内核漏洞获取root权限**。腾讯科恩实验室的研究员在2016年利用Linux内核中的一个漏洞实现了突破内核和其他安全防护措施对浏览器的限制从而获取root权限。2017年，有人利用NVMap驱动漏洞实现root权限的获取。该漏洞在处理命令NVMAP_IOC_PIN_MULT时，由于对用户提供的指针数组验证不当，因此结合内核中的其他gadget可以对内核空间中的任意地址进行读写操作，然后对相关的syscall和AppArmor配置进行篡改，即可获取root权限。

（3）**利用升级漏洞可获取网关控制权**。特斯拉升级漏洞如图7-9所示。2017年，特斯拉汽车通过加入签名机制，对网关上的升级软件传输操作进行了限制——未签名的升级软件将不能被传输到网关上。但是新的安全机制存在升级过程中行为不一致的问题，网关的文件传输协议限制了直接传输升级软件的操作，名为“boot.img”的升级软件无法直接传输到网关上，但文件系统的重命名行为和文件传输协议的重命名行为不一致。文件系统会忽略目标文件名首部的空格，导致目标文件名“\x20boot.img”会被文件系统理解为“boot.img”，从而绕过升级软件对文件名的检查。攻击者用这种方法可以“刷入”修改后的升级软件，重启网关，使其执行升级软件操作，即可在网关上执行修改后的升级代码，植入后门，或绕过原有升级软件对固件签名的检查。

特斯拉的OTA过程大致可由图7-10所示的几个关键步骤描述。云端通过特斯拉自有的握手协议下发固件下载地址后，特斯拉 CID 上的 cid-updater 会从云端下载固件，进行解密，并校验其完整性。车内其他强运算力的联网组件（如 IC、APE 等）根据 cid-updater 提供的固件进行升级。

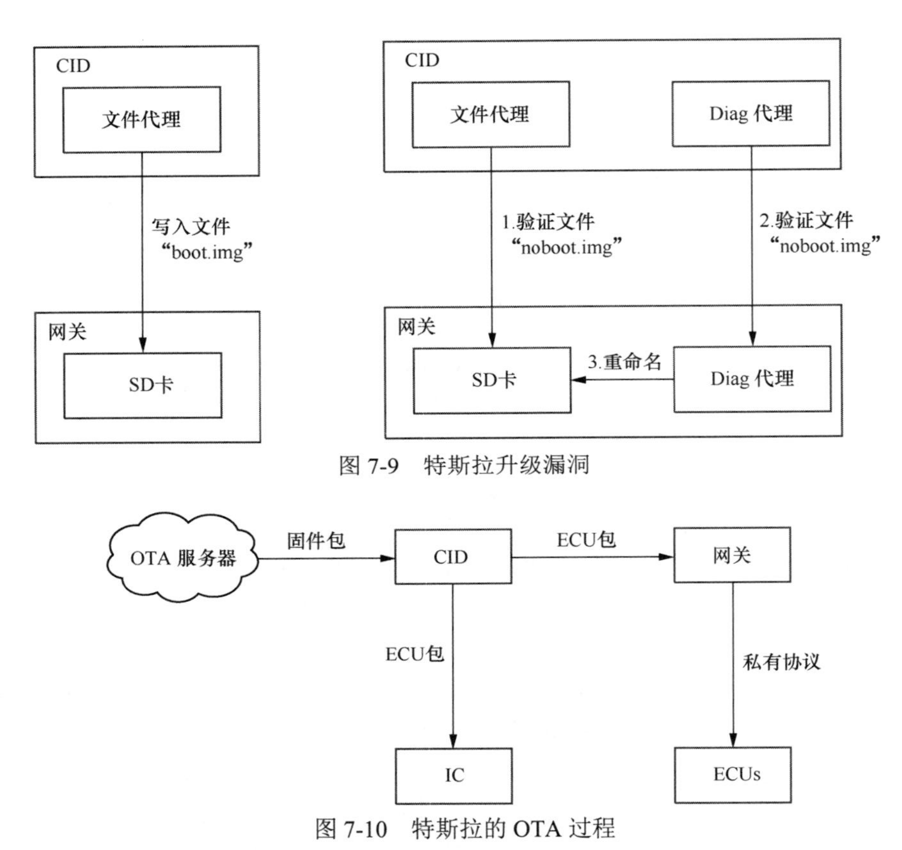


图 7-9　特斯拉升级漏洞

图 7-10　特斯拉的 OTA 过程

要梳理清楚特斯拉 OTA 过程，可对 OTA 框架中的几个关键程序进行安全分析，发现其漏洞。

## 7.3.2　特斯拉 PKES 系统遭受中继攻击

2019 年，外国媒体曝出英国一用户的特斯拉 Model S 在短时间内被攻击者利用中继攻击（Relay Attack）的方式盗取。从技术层面分析这次攻击，攻击者抓住了汽车无钥匙进入与启动（Passive Keyless Entry and Start，PKES）系统中的漏洞，从而实现了中继攻击。

PKES 系统是射频技术在汽车用户认证系统上的应用。载有 PKES 系统的汽车，会根据用户持有的射频发射器（电子钥匙）所发出的射频信号识别认证用户身份的合法性，即实现了无实体钥匙汽车用户身份认证的功能。对于汽车用户来说，这无疑带来了极大的便利，提升了用户的使用体验。

针对汽车的中继攻击，通俗来说是指授权钥匙位于汽车有效距离之外，汽车仍然会被解锁，如图 7-11 所示。中继攻击通过将钥匙的射频信号放大，使钥匙收到并响应汽车短距离内的射频信号，从而完成一个完整的挑战应答通信过程，最终达到无授权解锁汽车的目的。

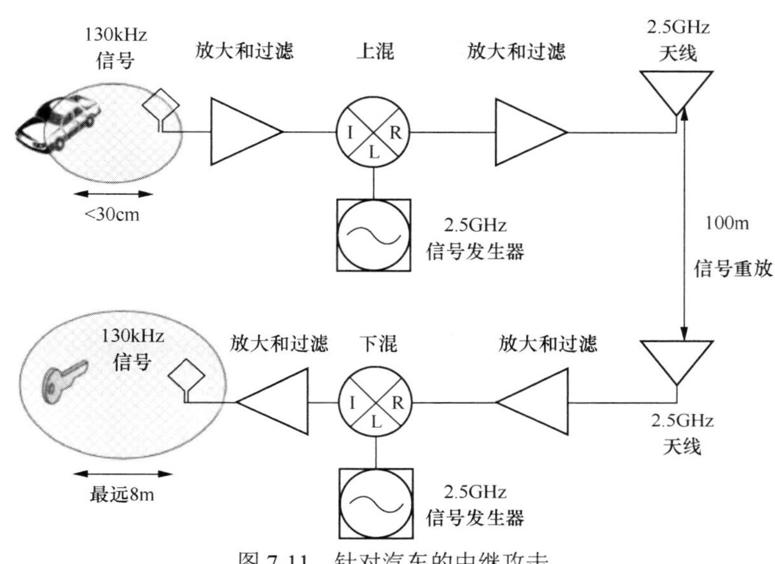


图 7-11 针对汽车的中继攻击

在此类攻击的实现过程中，攻击者首先利用中继设备探寻到特斯拉汽车用户钥匙所发出的射频信号，经过识别之后，将捕获到的射频信号放大，再发送给入侵汽车，从而欺骗汽车的射频接收系统，使其误以为钥匙已经在安全的解锁范围之内，进而实现偷窃。整个过程并没有涉及对射频信号加密算法以及汽车认证过程的研究，也并未对通信协议进行分析，而以一种很简单直接的方法实现了攻击，可见 PKES 系统的安全机制并不完善。

## 7.3.3 自动驾驶系统中的安全风险

在自动驾驶技术中，汽车行驶时对于外部世界的目标检测是一个重要的研究课题，其中基于激光雷达的方法进行目标检测得到了广泛使用。2019 年，有学者对激光雷达的安全性提出了质疑，他们利用一种对抗样本的方法成功欺骗了激光雷达的检测。

对抗样本是指在本身的数据集之中通过故意人为地加入一些细小差异形成干扰的输入样本，从而使模型产生一个错误的输出值。研究人员使用了一种名为 LiDAR-Adv 的方法训练模型，得到了能够欺骗激光雷达检测的对抗样本，导致在各种条件下激光雷达的检测能力大大下降。对抗样本如图 7-12 所示。

如图 7-12 所示，自动驾驶系统可以检测到普通的目标物体，而用 LiDAR-Adv 生成的对抗样本通过干扰激光雷达点云的方式，使其成功欺骗了检测算法的识别。同时，研究人员对生成的对抗样本进行了 3D 打印，并在真实汽车中进行了实验。

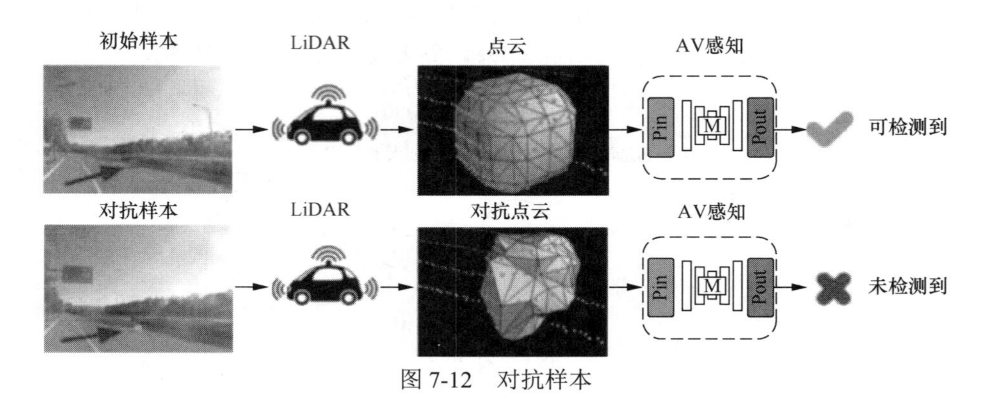


图 7-12　对抗样本

这个案例说明自动驾驶系统存在着潜在的安全隐患。如果自动驾驶汽车想要真正实现上路行驶，则对于目标检测的识别率需要有更大的提高。

### 7.3.4　car2go 公司共享汽车 App 入侵事件

2019 年 4 月，据外媒报道，戴姆勒公司旗下的共享汽车公司 car2go 在芝加哥有 100 多辆高端汽车被盗取。该公司立即停止了其在芝加哥的业务。另据外媒报道，盗贼是通过共享汽车 App 以欺骗性或诈骗的手段来对汽车进行非法租用的。

car2go 公司是戴姆勒公司的子公司，该事件对公司声誉造成了极大的负面影响。其于 2019 年 6 月正式退出中国市场，并削减其在美国的市场份额。

### 7.3.5　特斯拉汽车“失联”事件

2020 年 5 月 13 日晚，国内数位特斯拉车主发微博称，特斯拉汽车的 App 大面积宕机，致使手机无法与汽车连接、手机钥匙失效，导致车主无法获取汽车信息、无法点亮车内仪表盘、中控屏。多位车主处于“盲开”状态，甚至有些车主被锁在车中，其安全和人身安全受到威胁。特斯拉汽车线上客服回复称，这是由于系统服务器故障导致手机 App 无法直接控制汽车。

特斯拉汽车“失联”事件凸显了 5G 时代电动汽车行业网络安全问题的严峻性：特斯拉汽车这个“轮子上的 iPhone”，由于涉及用户人身安全，因此其网络安全问题比移动安全和应用安全问题要严重得多，也复杂得多。从网络安全的角度来看，智能联网汽车的攻击界面极为宽广，从软件漏洞、通信安全、App 安全、隐私数据保护到供应链安全和 AI 安全，智能联网汽车从诞生之日起始终是网络安全热门新闻和头条竞争者。在特斯拉汽车“失联”事件之前，2020 年 3 月以来，特斯拉公司就曾先后被曝出 Model 3 仪表盘漏洞、二手车泄露用户数据，以及特斯拉供应商 Visser 遭勒索软件攻击以致数据泄露等事件。

## 7.4 本章小结

未来的汽车正朝着智能化、联网化的方向发展，智能联网汽车即将成为人们出行方式的又一次革新。但智能联网汽车架构复杂、网络异构的特点又会带来许多安全性方面的思考，智能联网汽车立体且多元的攻击界面更为安全性带来了极大的威胁隐患。

当然，各大厂商基于安全性问题正在规划自己的解决方案。我们期待真正安全、智能、便利的“智能车联网时代”的到来。

# 第8章 智能穿戴设备网络安全

本章将详细介绍智能穿戴设备网络安全方面的内容。

智能穿戴设备是指应用穿戴式技术对日常穿戴进行智能化设计，开发出的可以穿戴的设备的总称，如智能手表、智能手环、智能眼镜等。智能穿戴设备最早出现于20世纪七八十年代。

智能穿戴设备可以让人类更好地感知外部与自身的信息，在计算机、网络抑或其他人的辅助下更为高效地处理信息。

智能穿戴设备采用无线传感、多媒体、GPS、生物识别创新等技术，可以采集使用者的心率、步数、体温、卡路里、睡眠状况、血压和呼吸频率等信息，通过云端服务实现信息传输，然后对这些信息进行计算和分析，并把结果反馈给用户，帮助用户进行健康管理。

智能穿戴设备的代表产品有Apple Watch苹果智能手表、FashionComm A1智能手环、谷歌眼镜、卫星导航鞋等。不少商家发布了一系列的智能穿戴产品，例如小米公司出品的小米手环和AirDots蓝牙耳机、苹果公司出品的Apple AirPods耳机和Apple Watch智能手表、三星公司出品的Gear智能手表、华为出品的智能手表和蓝牙耳机等。

在医疗健康领域，智能穿戴设备也有很多使用案例，例如通过智能穿戴设备对患者进行心电监测、血糖监测，让医疗机构可以实时采集和分析患者的生命体征数据，这对于慢性病管理、疾病预防、健康保健和居家养老等都有非常高的价值。智能穿戴设备的网络模型如图8-1所示。

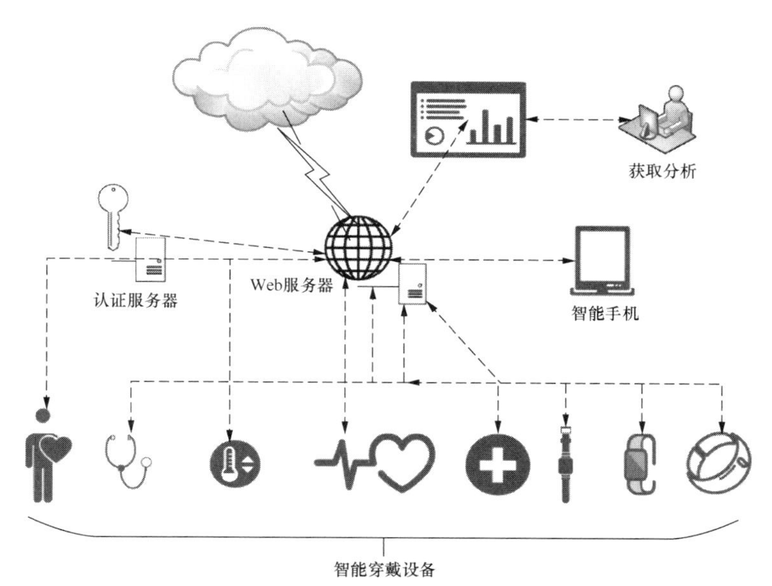


图 8-1 智能穿戴设备的网络模型

# 8.1 网络特点概述

## 8.1.1 网络通信实时传输

智能穿戴设备网络有一个非常突出的特点，那就是数据传输的实时性。智能穿戴设备与人体紧密贴合，而人体自身的活动（运动或者静止）每分每秒都在产生活动信息，智能穿戴设备便把人体活动信息转换为计算机可识别的数字信息，并通过网络或代理设备（智能手机）发送到远程服务器。这个过程是实时的、不间断的，可以让用户随时随地了解个人的身体健康情况。

例如，心脏起搏器作为一个典型的医疗设备，其重要性不言而喻。心脏起搏器对数据传输和通信过程都有极其严格的要求，特别是对其自身的监控数据更是要求实时性，使用者出现相应状况时要随时告警处理。

## 8.1.2 高度依赖网络传输通信

智能穿戴设备自身由于佩戴位置的影响，大部分不具备数据计算能力，只有数据记录和转发的功能。智能穿戴设备功能的实现在很大程度上依赖网络传输通信对数据的处理。

## 8.1.3 通信协议多样

智能穿戴设备多使用蓝牙与手机终端进行通信连接，但并不是所有智能穿戴设备都是如此，也有使用 NFC、红外、短波、Wi-Fi、Z-Wave 等。蓝牙之所以在众多场景中得到应用，是因为蓝牙已经成为智能手机标配通信组件，其中 BLE 在智能穿戴设备中也使用得非常广泛，其近场通信非常稳定、高效，传输效率也能够得到保证。

其他通信协议也有非常多的使用场景，例如，Wi-Fi 是主流的网络通信协议，制约其在智能穿戴设备上使用的因素是其功耗过高，无法满足智能穿戴设备低功耗的要求；NFC 在公交等领域有长足的应用，可实现身份识别——智能穿戴设备如智能手环往往会集成 NFC 功能。其他如红外、短波和 Z-Wave 等通信协议也有一定的使用场景。

上述介绍的是智能穿戴设备中的通信接入协议，在这层协议之上还有一层通信协议。IoT 在互联网通信中比较常见的通信协议包括 HTTP、WebSocket、XMPP、MQTT、CoAP 等。通信协议架构模型如图 8-2 所示。

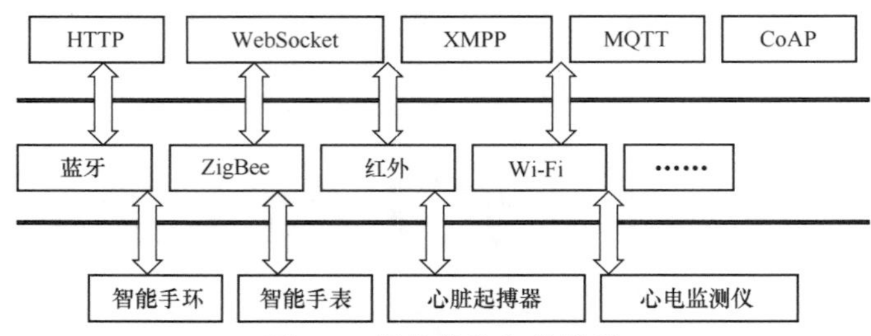


图 8-2　通信协议架构模型

各种通信协议的具体对比如表 8-1 所示。

**表 8-1　各种通信协议的具体对比**

| 协议名称 | 简介 | 优点 | 缺点 |
| --- | --- | --- | --- |
| HTTP | 主流通信协议，采用 C/S 通信模式，采用 TCP 通信，客户端主动发起连接，向服务器请求数据 | 开发成本低、开放程度高 | 服务器难以主动向设备推送数据，安全性不高 |
| WebSocket | HTML5 提出的基于 TCP 之上的可支持全双工通信的协议标准 | 遵循 HTTP 的思路，对于基于 HTTP 的 IoT 系统是一个很好的补充 | 服务器难以主动向设备推送数据，安全性不高 |
| XMPP | 基于 XML 协议的通信协议，目前已由 IETF 国际标准化组织完成了标准化工作 | 协议成熟、强大、可扩展性强 | 协议较复杂、冗余（基于 XML）、费流量、费电，部署硬件成本高 |
| CoAP | 采用和 HTTP 一样的 URL 标示需要发送的数据 | 采用 UDP 省去了 TCP 建立连接的成本及协议栈的开销；数据包头部采用二进制压缩，减少数据量以适应低网络速率场景；发送和接收数据可以异步进行 | CoAP 设备作为服务器无法被外部设备寻址，CoAP 只适用于局域网内部（如 Wi-Fi）通信 |
| MQTT | MQTT 协议是由 IBM 公司开发的即时通信协议，协议采用发布/订阅模式，所有的 IoT 终端通过 TCP 连接到云端，云端通过主题的方式管理各个设备，负责设备与设备之间消息的转发 | 协议简洁、小巧、可扩展性强、省流量、省电 | 不够成熟、实现较复杂，部署硬件成本较高 |

## 8.2　攻击界面分析

进行攻击界面分析的依据是 IoT 三层模型。IoT 三层模型从上至下分别是应用层、传输层和感知层，以此来进行分类划分，各种智能穿戴设备属于感知层，手机等智能终端属于传输层，云端服务属于应用层。分类划分，有助于我们进行攻击界面的分析，可从细分层面进行细致的攻击界面解析。

## 8.2.1 手机等智能终端

手机终端或其他智能终端几乎承担了所有智能穿戴设备的通信和操作过程，是一个综合超级网关。手机终端负责接收、处理智能穿戴设备的数据并转发到云端服务器，并对返回的结果进行查看和处理。通过手机终端可对智能穿戴设备进行管理、配置等操作，可见手机终端是智能穿戴设备的一大攻击界面。

手机终端攻击界面主要分为两大部分，即智能操作系统和应用软件。手机终端的智能操作系统有两大类：Android 和 iOS。大多数应用软件基于这两类操作系统进行开发。

智能操作系统作为持续改进和演化的系统，其自身也面临着各种各样的安全问题，如内核提权漏洞、信息泄露、远程溢出漏洞和拒绝服务攻击等；智能穿戴设备的应用软件同样会受到这些漏洞的影响，如读取应用软件的数据库、GPS 信息、解密通信数据等。

如果智能穿戴设备厂商的开发人员自身安全意识不足，那么在开发应用软件的过程中很容易引入种种安全问题，从而造成应用软件层面漏洞的产生，如信息泄露、GPS 信息暴露、权限认证缺陷、弱密码、明文传输、拒绝服务、明文编码、App 无加固和缺乏更新或更新无签名等安全问题。智能穿戴设备手机终端攻击界面如图 8-3 所示。

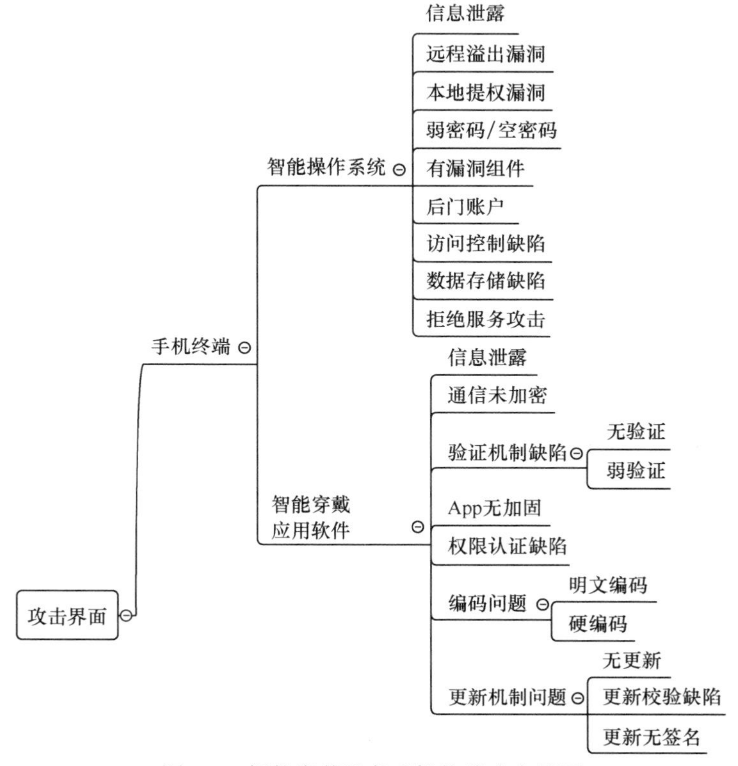


图 8-3 智能穿戴设备手机终端攻击界面

## 8.2.2 云端服务

云端承担了智能穿戴和智慧医疗绝大部分的计算处理任务，同时也为用户对智能穿戴设备的配置管理提供了数据依据，甚至提供了手机终端的管理接口。智能穿戴设备并非一种，云端集存储了至少一种甚至多种智能穿戴设备的监控数据，包含人体特征数据、人身活动数据、健康数据等。一旦出现问题，将会导致非常严重的事故。

云端服务由承载云端服务的底层操作系统和云端服务本身的应用软件组成。云端服务与智能穿戴设备之间进行交互、云端服务与手机终端交互、云端服务与其他云端服务交互的过程中，都有可能出现各种问题，严重的就是漏洞。

具体而言云端服务的攻击界面如图 8-4 所示。

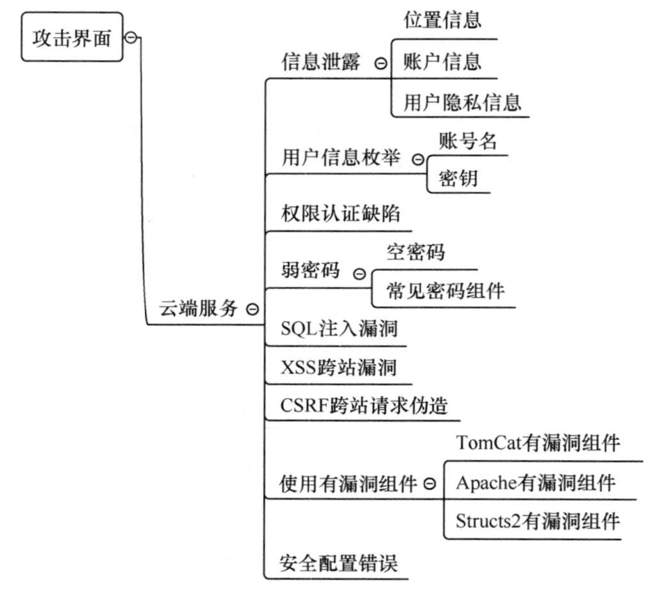


图 8-4　云端服务的攻击界面

## 8.2.3 智能穿戴设备自身软硬件

作为 IoT 智能穿戴场景中的感知层设备，智能穿戴设备本身也是一个很大的攻击界面，分为两个层面：嵌入式操作系统和功能应用软件。谷歌公司和苹果公司为智能穿戴开发了特有的操作系统：Wear OS 和 watchOS。华为公司也推出了自己的智能穿戴操作系统 LiteOS。

智能操作系统同样也会存在操作系统层面的漏洞和隐患，如事务提醒和消息提示等智能穿戴功能应用都是厂商基于智能操作系统之上开发的应用程序，其他一些厂商会采用主流的嵌入式操作系统作为应用程序支撑。

智能操作系统和功能应用软件以智能穿戴设备固件的形式存储在智能穿戴设备的 flash ROM 或其他内存介质中。针对固件自身的保护，如防提取、更新验证机制和调试机制隐藏等，嵌入式操作系统和功能应用软件安全性的问题层出不穷，智能穿戴设备自身软硬件攻击界面如图 8-5 所示。

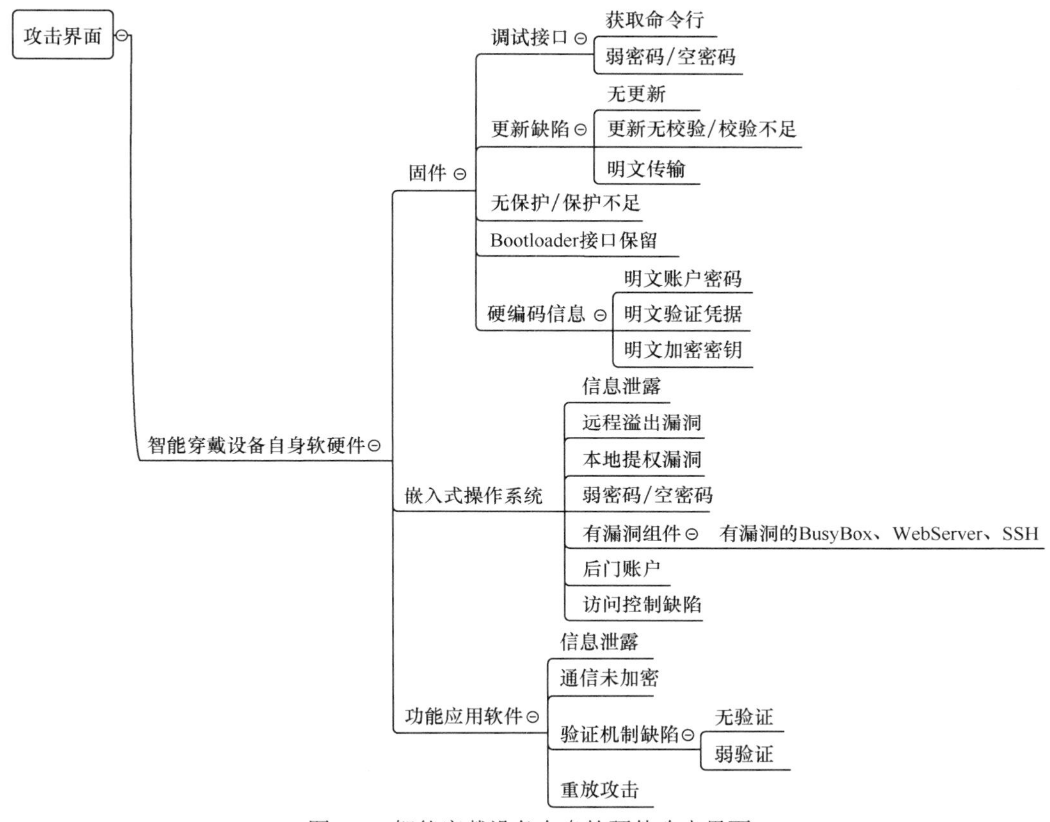


图 8-5　智能穿戴设备自身软硬件攻击界面

## 8.3　安全风险与案例

本节先以智能穿戴医疗设备为例，引入智能穿戴设备所面临的风险。智能穿戴医疗设备是贴近人体进行实时健康数据监测的装置，不仅能收集用户的基本信息，还能采集实时的客观生命体信息和主观输入的事件信息。这些有关个人隐私的信息容易受到黑客的攻击，一旦用户的隐私受到攻击，就有可能威胁到他们的生命健康。

国内互联网漏洞平台乌云网的一位网络工程师曾告诉《21 世纪经济报道》记者，对于智能穿戴医疗设备，国内目前缺少相关网络安全的技术标准。不仅如此，国内曾有智能穿戴医疗设备存在越权漏洞，导致攻击者可以通过接口盗取用户的云端信息。

由于智能穿戴医疗设备的固有属性，其与用户个人信息具有很强的绑定关系，而黑客容易受利益或竞争对手驱动入侵，因此用户的隐私权会面临极大的挑战。

### 8.3.1　智能腕带安全问题

2018年，美国罗格斯大学的研究人员发明了一款带有生物传感器的新型智能腕带，可监测用户的个人健康。这款新型智能腕带可以采集用户体内的血细胞等数据，并通过蓝牙将该数据传输到智能手机上。尽管该技术可能会在个人医疗保健领域产生重大的影响，但同时也可能引起用户的健康数据和隐私泄露的问题。

这款新型腕带包括柔性电路板和生物传感器，生物传感器的管道直径比人头发的直径还小，并且内嵌金电极。腕带中还有处理电信号的电路、用于数字化数据的微控制器以及用于无线传输数据的蓝牙模块。但是，这款新型智能腕带采集的健康数据不受美国HIPAA法案隐私规则的约束，从而导致得用户的隐私极易被泄露，并造成严重的后果，例如有人以用户的健康数据进行诈骗、敲诈勒索等。

### 8.3.2　智能手表安全问题

智能手表有多种功能，如可以记录运动轨迹、进行事务提醒等。特别是儿童智能手表，因使用便捷受到多数家长的青睐。有机构预计到2025年，国内儿童手表的市场规模将突破500亿元，足见智能手表的使用范围广泛，但安全问题也不断出现。

儿童智能手表一个很重要的功能就是帮助家长通过应用程序来获取孩子周围的环境信息，同时儿童智能手表也会发送位置信息。但是儿童智能手表的信息传输功能的安全性较差，有的甚至未对信息进行加密处理就进行了网络传输，这使得恶意攻击者能够监听儿童的位置和环境信息，并对这些信息进行处理后欺骗家长。德国目前已经完全禁止了所有儿童智能手表的销售。

2019年，因安全问题被曝光的智能手表产品涉及我国的M2智能手表——该智能手表存在的缺陷可能会泄露用户的个人GPS数据，甚至无法阻止攻击者监听和操控对话。此外，安全研究人员还发现Smart Watch、TicTocTrack 存在大量安全问题，这些问题使黑客能够跟踪和呼叫儿童。更糟糕的是，与其他智能硬件产品类似，智能手表的安全缺陷很有可能是全行业的系统性风险。

## 8.4　本章小结

本章介绍了智能穿戴设备网络安全的相关内容，重点介绍了其网络特点、攻击界面分析，然后介绍了智能穿戴医疗设备可能存在的安全风险，以及智能腕带和智能手表这两种智能穿戴设备所面临的安全风险。智能穿戴设备与人们日常生活息息相关，也是我国实现“健康中国”规划中的热点，值得引起广大相关从业者的持续关注。

# 第9章 IoT安全分析技术

本章从方法和工具运用的角度出发，详细介绍IoT安全分析技术，涵盖设备固件获取方法、固件逆向分析、设备漏洞分析、业务通信安全分析、移动App安全分析和云端安全分析等内容，以期帮助读者能以自身实践的方式验证及强化前面几章学习的IoT安全知识。

## 9.1 安全分析技术框架

本章将从感知层、网络层和应用层入手对IoT进行安全分析。IoT安全分析技术框架如图9-1所示，框架中每层涉及的分析对象和漏洞类型各有特点，具体如下。

（1）**感知层安全分析**。主要对IoT设备进行安全分析，包括IoT终端、传感器、网关等，还包括固件获取、固件逆向分析、设备漏洞等。

（2）**网络层安全分析**。主要对IoT终端、网关、云端和手机App之间的网络通信进行安全分析，包括数据嗅探、数据重放、通信劫持、协议安全等。

（3）**应用层安全分析**。主要对云端、Web服务和手机App进行安全分析。云端安全分析主要对云平台和云应用开展安全检测，其中，云平台主要安全问题为虚拟机逃逸漏洞、虚拟机管理缺陷、权限提升等，云应用则在设备接入、用户访问控制、数据通信、数据存储、访问接口等方面开展安全检测，发现存在的安全问题。Web服务安全分析主要分析Web服务是否存在注入漏洞、跨站漏洞、登录绕过、命令执行等安全问题。手机App安全分析主要在App代码安全和App数据安全方面展开。

图9-2所示为IoT安全分析检测目标和漏洞类型。IoT安全分析具体的检测目标可分为Web接口、云端、IoT设备、IoT网关和用户App这5部分。根据IoT漏洞产生原因，可将IoT漏洞分为第三方组件漏洞、本厂商组件已知漏洞和本厂商组件未公开漏洞这3类。

（1）**第三方组件漏洞**。IoT设备在实现时经常会复用多种第三方组件，但是在使用第三方组件时厂商并没有进行漏洞检测，或者使用第三方组件后没有及时更新补丁，导致IoT设备第三方组件存在各种各样的安全问题。例如“心脏滴血”（Heartbleed）漏洞和“破壳”（Shellshock）漏洞虽然已经公布数年，但目前仍存在于很多IoT设备中。

（2）**本厂商组件已知漏洞**。同一厂商的不同产品可能会复用相同的功能代码，该厂商的某些产品爆出漏洞后，复用相同组件的其他产品可能没有修复已公开漏洞，存在安全风险。此外，一些 IoT 设备固件升级机制不完善，很多 IoT 设备没有预留在线升级接口，导致该类型的 IoT 设备漏洞公开很久后并没有被修复。

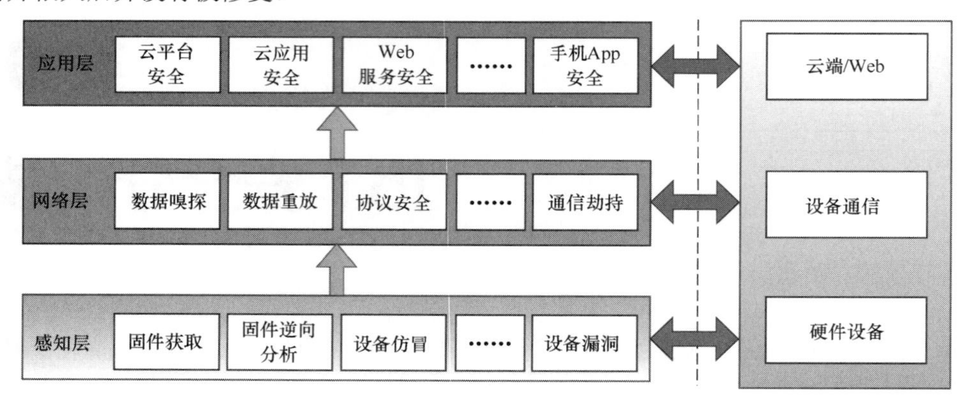


图 9-1　IoT 安全分析技术框架

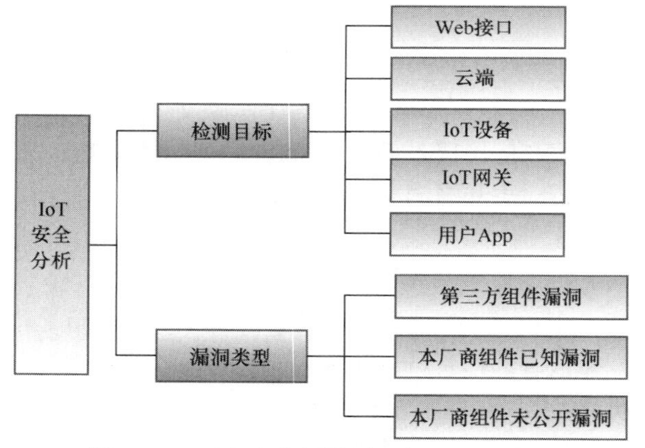


图 9-2　IoT 安全分析检测目标和漏洞类型

（3）**本厂商组件未公开漏洞**。由 IoT 开发人员的安全意识不足、开发过程不规范、安全测试不充分等导致的漏洞，包括协议劫持、权限绕过、信息泄露、XSS、CSRF、命令执行、缓冲区溢出、SQL 注入、弱口令等。

对 IoT 进行安全分析时，首先分析其是否存在第三方组件漏洞和本厂商组件已知漏洞，快速检测 IoT 各层存在的安全问题。然后针对不同的 IoT 实体开展具体的漏洞分析，发现 IoT 实体存在的本厂商组件未公开漏洞。已公开漏洞的检测技术比较成熟，本书不再阐述。本章将围绕 IoT 未公开漏洞的挖掘开展详细分析和讨论。

## 9.2　设备固件获取方法

固件是设备的核心，是系统代码的实体。获取设备固件是对设备进行安全分析的基础，在此基础上可对设备进行逆向分析和漏洞发现工作。此外，在获取设备固件后，攻击者还可以对设备固件进行修改，实现设备固件的二次打包，从而在设备固件中添加后门，达到对设备控制的目的。

图 9-3 所示为常见的设备固件获取方法，不同设备固件的获取方法不同，可以根据具体的设备采用一种或者多种方法实现设备固件的获取。

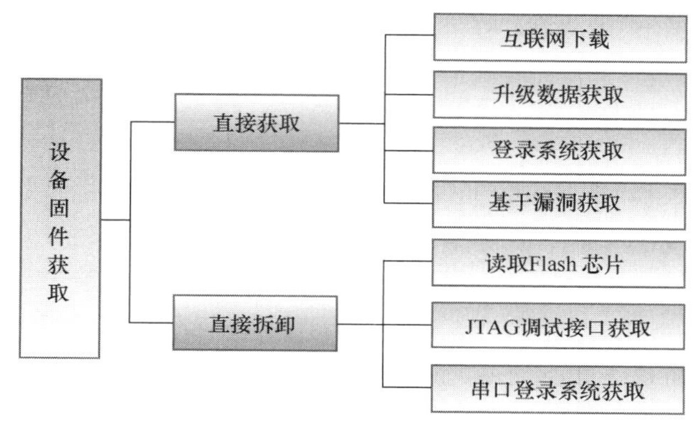


图 9-3 常见的设备固件获取方法

## 9.2.1 互联网下载设备固件

设备固件最直接和最简单的获取方法就是通过互联网下载，通过互联网下载设备固件常见的方法主要有以下几种。

（1）**官网下载**。有的设备厂商会在官网提供最新固件下载，用户可以根据设备的类型下载对应版本固件来对设备进行升级和维护。图 9-4 所示为 TP-Link 路由器的官网固件下载页面，用户可以从官网下载各类型设备的最新固件。

图 9-4 TP-Link 路由器的官网固件下载页面

官网下载设备固件的方法比较直接和简单，但是官网提供的设备固件一般是最新的，没有历史版本设备固件。有些设备厂商官网提供的设备固件是加密的，不能直接解压分析。此外，很多设备厂商并不提供设备固件下载服务，这就需要用户通过其他方法获取。

（2）**通过售后服务渠道索要**。对于没有提供固件下载服务的设备，可以通过售后服务渠道联系技术人员，提供各种理由索要设备固件。这种方法比官网下载复杂，需要和售后服务人员多次沟通并且不一定会成功，但是通过这种方法有可能索要到特定历史版本的设备固件。

（3）**第三方网站下载**。对于很多常用设备，可以通过软件下载网站、技术交流论坛、安全分析论坛等途径下载设备固件，或者通过论坛求助索取。此外，一些漏洞分析网站在提供漏洞 PoC 时会同时提供存在漏洞的设备固件或者组件，图 9-5 所示为 exploit-db 网站在提供漏洞 PoC 的同时提供对应组件的下载。

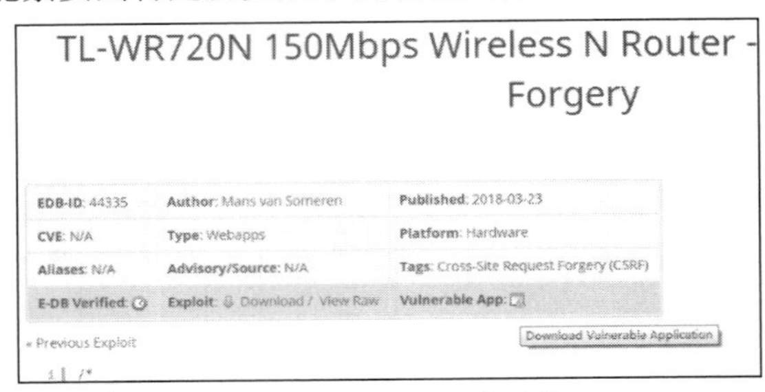


图 9-5　第三方网站下载

通过第三方网站可以下载到设备的历史版本固件，但是不一定能下载到所有设备的固件，尤其是比较小众化的设备。

## 9.2.2　升级数据获取设备固件

IoT 设备一般会预留在线升级接口对设备进行定期更新。在 IoT 设备更新过程中可以运行抓包程序（如 Wireshark、tcpdump 等）获取设备的升级数据，然后从升级数据中获取设备固件。很多 IoT 设备在固件更新时会在手机 App 中提示，用户在手机 App 中选择升级，这时运行抓包程序就可以抓取设备的升级数据。图 9-6 所示为某设备的升级数据流，该设备通过 GET 请求的方式获取固件，可以从数据包中获取设备固件。

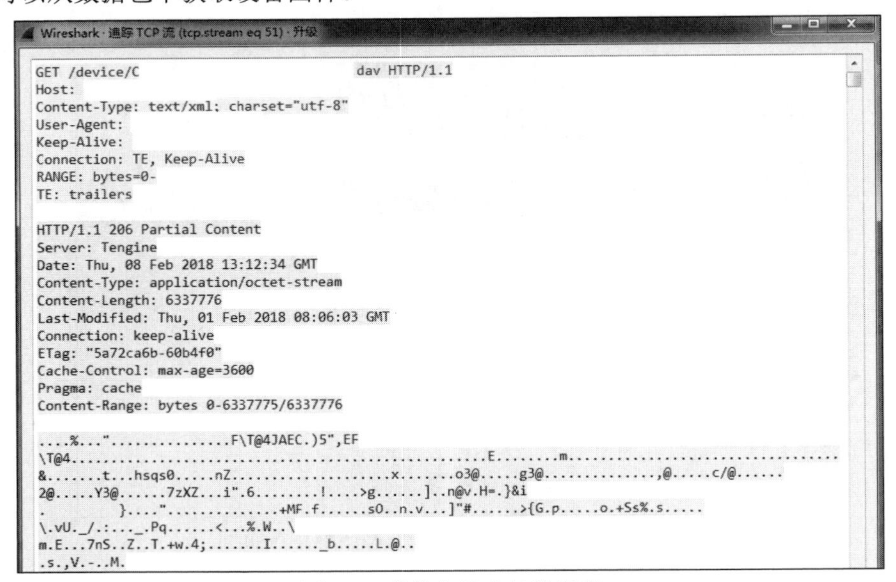


图 9-6　某设备的升级数据流

抓取设备升级数据可以获取设备的最新固件，但是需要等到有新的固件发布时才能抓取设备的升级数据。此外，随着厂商安全防护意识的增强，很多设备采用加密通信方式进行固件升级。如果升级过程加密，则不能通过抓包来直接获取设备的固件。

### 9.2.3 调试接口获取设备固件

有些设备在出厂时会保留硬件调试接口，拆开设备后通过设备上暴露的调试接口可以获取系统权限并获取设备固件。IoT 设备常见的调试接口为 JTAG 接口和串口（COM、UART）。

（1）**通过 JTAG 接口获取设备固件**。JTAG 是一种国际标准测试协议（IEEE 1149.1 兼容），主要用于芯片的内部测试，可以实现内存数据的读写和设备代码的调试。嵌入式设备开发过程中常用 JTAG 接口下载设备固件到设备中，JTAG 接口一般为 6 针、10 针、14 针和 20 针。通过 JTAG 接口获取设备固件的主要步骤如下。

- 识别 JTAG 接口。根据常用 JTAG 接口的特点，查找设备中存在 6 针、10 针、14 针和 20 针的接口引脚，然后进行接口引脚分析。
- 识别 JTAG 接口引脚。JTAG 接口虽然有很多引脚，但是只有 4 个引脚可用，分别为 TMS（测试模式选择）、TCK（测试时钟）、TDI（测试数据输入）和 TDO（测试数据输出）。可以使用 JTAG 接口引脚自动识别工具（如 JTAGulator、JTAG Finder、JTAG Pinout Tool、JTAG Pin Finder、JTAG pinout detector 等）识别 JTAG 接口引脚。此外，有些设备为了便于调试会在设备 PCB 上印刷 JTAG 接口各引脚含义，图 9-7 所示为某设备的 JTAG 接口引脚标识。
- 选取合适的适配器。对设备进行 JTAG 调试需要专门的适配器，根据设备特点选取特定的 JTAG 适配器对设备进行调试。这里需要注意，不同的设备适配器需要安装对应的驱动程序才能对设备进行有效调试。图 9-8 所示为使用 JTAG 适配器调试设备的示意。

图 9-7 某设备的 JTAG 接口引脚标识

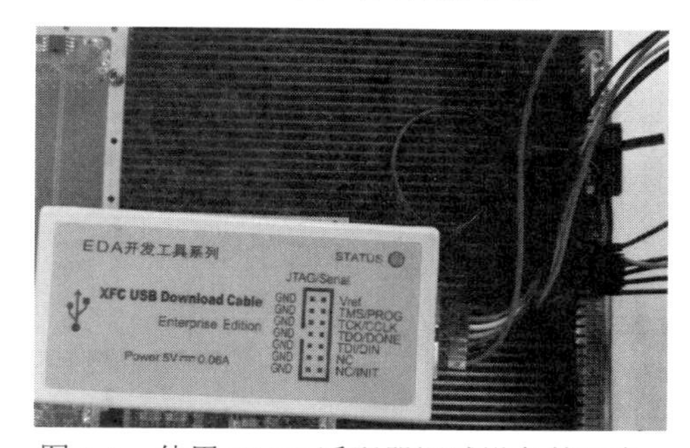


图 9-8 使用 JTAG 适配器调试设备的示意

- 读取设备固件。在计算机上安装适配器驱动后，使用 JTAG 调试工具（如 J-Flash）设置好参数即可对设备进行固件读写。

（2）**通过串口获取设备固件**。IoT 设备串口一般为 4 针（或 5 针）引脚。串口有 4 个引脚比较重要，分别为 GND、VCC、TX 和 RX。其中，GND 是电线接地端，代表地线或零线；VCC 为电源电压，一般为 3.3V 或者 5V；RX 用来接收数据；TX 用来发送数据。串口调试只需连接 TX、

RX 和 GND 这 3 个引脚（一般不需要 VCC）。通过 TTL 调试获取设备固件的主要步骤如下。

- 识别串口。串口一般为 4 针或者 5 针。设备出厂时，有的设备串口会保留引脚，有的设备串口会将引脚焊掉，只留下接口。图 9-9 所示为常见的设备串口引脚实例，其中包括保留引脚的串口和焊掉引脚的串口。

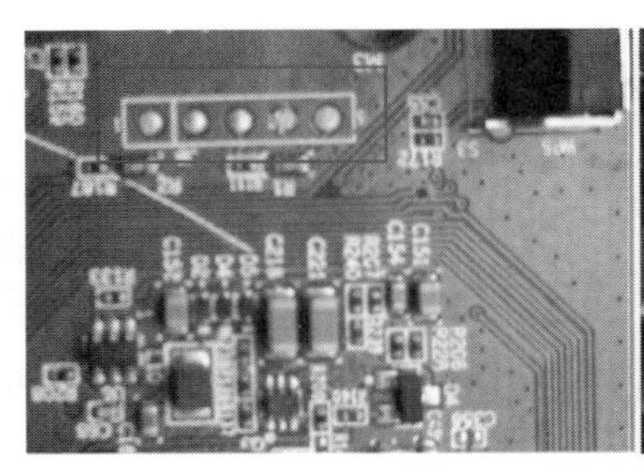
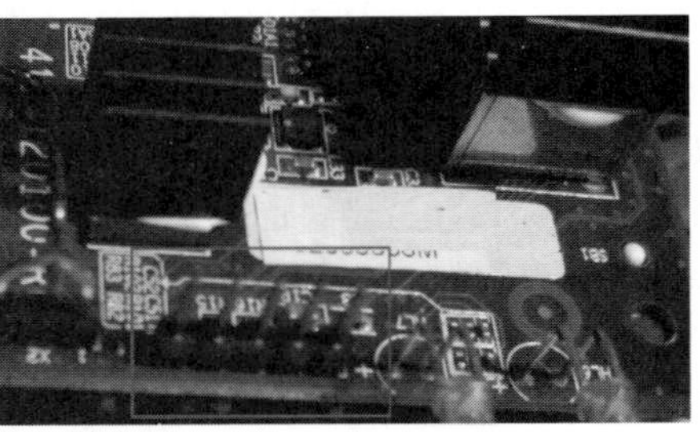

图 9-9　常见的设备串口引脚实例

- 识别引脚。使用串口调试设备需要确定 TX、RX 和 GND。有些设备出厂时其 PCB 上的引脚标识没有被擦除，这样就可以根据标识确认各个引脚。但是更多的设备引脚标识是被擦除的，这就需要使用如下技巧确认各个引脚。其中 GND 比较容易确认，设备开机时使用万用表测试各个引脚的电压，电压为 0 的就是 GND；或者设备关机后测电阻，电阻为 0 的引脚就是 GND。RX 和 TX 一般电压相等，电阻也相等，通过这种方法可以排除 VCC，找到疑似 RX、TX 的引脚，然后使用调试工具对设备进行调试，如果调试窗口没有反应则改变 RX、TX 的连接顺序重新测试。
- 串口引脚连接。串口调试一般使用 USB TO TTL 工具对设备进行调试，USB TO TTL 工具如图 9-10 所示。

USB TO TTL 工具和设备端接线的对应关系如下：IoT 设备 GND 对应 USB GND；IoT 设备 TX 对应 USB RXD；IoT 设备 RX 对应 USB TXD。

对于保留引脚的设备，直接使用杜邦线连接设备，如图 9-11 所示。

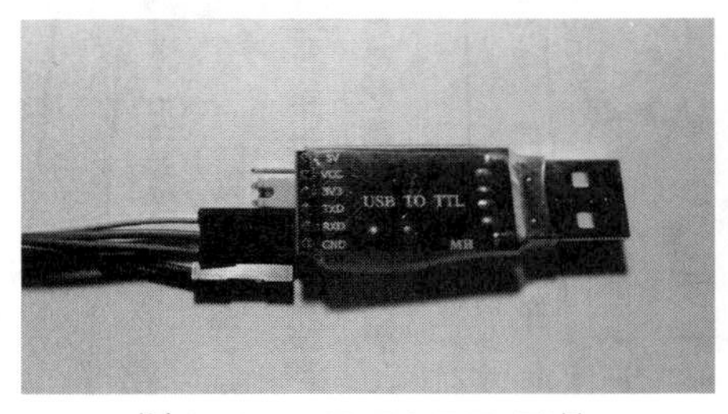


图 9-10　USB TO TTL 工具

图 9-11　使用杜邦线连接设备

对于擦除引脚的设备，需要将调试线焊接到接口上对设备进行调试，如图 9-12 所示。

（3）**串口调试获取固件**。可使用 PuTTY 和 SecureCRT 等串口工具调试设备。选中串口工具对应的串口（COM），波特率一般选择为 115200bit/s，然后打开设备等待串口信号。图 9-13 所示为使用 PuTTY 调试设备的串口参数配置。

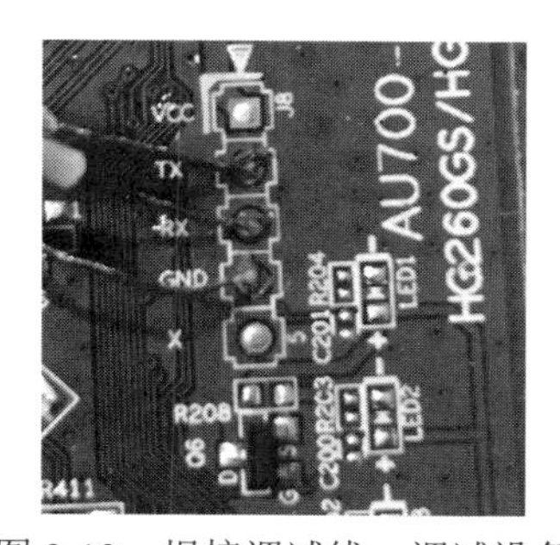


图 9-12　焊接调试线，调试设备

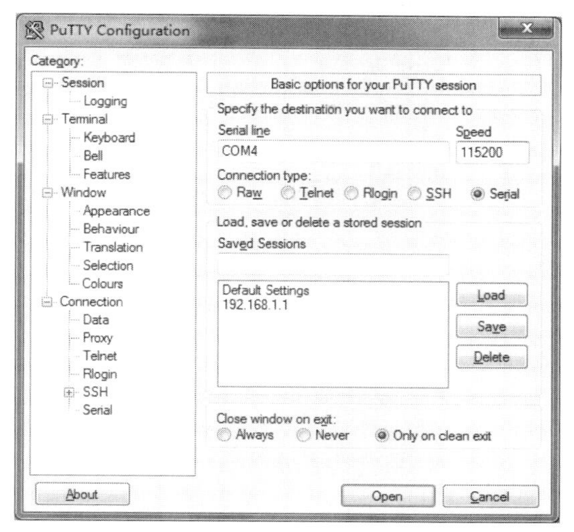


图 9-13　调试串口参数配置

设备开机后，就可以从 PuTTY 调试窗口中看到设备串口输出信息，如图 9-14 所示。

COM4 - PuTTY

```
RDP: 400MHz
Main Thread: TP0
Total Memory: 134217728 bytes (128MB)
Boot Address: 0xbfc00000

NAND flash device: , id 0xc2f1 block 128KB size 131072KB
ddr_tm_base_address = 0xa0800000
Board IP address                    : 192.168.1.1:ffffff00
Host IP address                     : 192.168.1.100
Gateway IP address                  :
Run from flash/host/tftp (f/h/c)    : f
Default host run file name          : vmlinux
Default host flash file name        : bcm963xx_fs_kernel
Boot delay (0-9 seconds)            : 1
Default host ramdisk file name      :
Default ramdisk store address       :
Board Id (0-27)                     : 968380FE41SP
Number of MAC Addresses (1-32)      : 11
Base MAC Address                    : 64:5d:92:50:06:2f
PSI Size (1-64) KBytes              : 24
Enable Backup PSI [0|1]             : 0
System Log Size (0-256) KBytes      : 0
Auxiliary File System Size Percent: 0
Main Thread Number [0|1]            : 0
```

图 9-14　设备串口输出信息

通过串口调试获取设备固件一般有两种方法：一种是进入 Bootloader；另一种是登录系统。

在系统开机加载过程中，通过提示信息进入设备引导程序 Bootloader 命令行界面（一般设备启动后立马按几次任意键就可以进入 Bootloader）。嵌入式 Linux 常用 U-Boot 作为引导程序。对于一些有登录密码的 Linux，如果不知道系统登录口令，可以通过修改 U-Boot 的启动参数以 TFTP 远程加载系统的方式启动远程操作系统（类似于 WinPE），然后获取设备固件或者修改系统 passwd 文件和 shadow 文件重置系统登录口令。此外，有些设备的 Bootloader 会提供修改系统登录口令的命令，可以通过这些命令修改系统登录口令以获取系统的登录权限。图 9-15 和图 9-16 所示分别为某设备 Bootloader 支持的命令以及设备的启动参数。

```
COM4 - PuTTY
CFE> help
Available commands:

phy                 Set memory or registers.
sm                  Set memory or registers.
dm                  Dump memory or registers.
w                   Write the whole image start from beginning of the flash
e                   Erase NAND flash
ws                  Write whole image (priviously loaded by kermit) to flash .
r                   Run program from flash image or from host depend on [f/h] fl
ag
p                   Print boot line and board parameter info
c                   Change booline parameters
i                   Erase persistent storage data
a                   Change board AFE ID
b                   Change board parameters
reset               Reset the board
pmdio               Pseudo MDIO access for external switches.
spi                 Legacy SPI access of external switch.
force               override chipid check for images.
help                Obtain help for CFE commands

For more information about a command, enter 'help command-name'
*** command status = 0
```

图 9-15　设备 Bootloader 支持的命令

```
COM4 - PuTTY
*** command status = 0
CFE> p
Board IP address                    : 192.168.1.1:ffffff00
Host IP address                     : 192.168.1.100
Gateway IP address                  :
Run from flash/host/tftp (f/h/c)    : f
Default host run file name          : vmlinux
Default host flash file name        : bcm963xx_fs_kernel
Boot delay (0-9 seconds)            : 1
Default host ramdisk file name      :
Default ramdisk store address       :
Board Id (0-27)                     : 968380FE41SP
Number of MAC Addresses (1-32)      : 11
Base MAC Address                    : 64:5d:92:50:06:2f
PSI Size (1-64) KBytes              : 24
Enable Backup PSI [0|1]             : 0
System Log Size (0-256) KBytes      : 0
Auxillary File System Size Percent: 0
Main Thread Number [0|1]            : 0
MC memory allocation (MB)           : 4
TM memory allocation (MB)           : 20
Voice Board Configuration (0-1)     : SI32392

*** command status = 0
```

图 9-16　设备的启动参数

通过串口调试设备时，如果有些设备系统没有账号口令保护，则可以直接登录设备获取设备 root 权限。如果设备需要账号口令登录系统，则可以通过 Bootloader 修改启动参数和默认口令登录系统。登录系统获取设备固件的方法将在 9.2.4 小节中进行详细阐述。

## 9.2.4　系统登录获取设备固件

通过网络或者串口获取系统登录权限后，可以使用系统命令获取设备固件。本节以嵌入式 Linux 为例，介绍设备固件的存储形式和提取方法。

嵌入式 Linux 通常采用内存技术设备（Memory Technology Device，MTD）技术访问存储设备。MTD 层为 NOR flash 和 NAND flash 等提供了统一的访问接口，便于访问底层的 flash 硬件存储设备。

嵌入式 Linux 的 MTD 架构如图 9-17 所示，包括 flash 硬件驱动层、MTD 原始设备层、MTD 设备层和设备节点。MTD 设备层分为 MTD 字符设备和 MTD 块设备。MTD 设备的具体含义如下。

- MTD 字符设备：主设备号为 90，在 mtdchar.c 中实现并描述设备接口。
- MTD 块设备：主设备号为 31，在 mtdblock.c 中实现并描述设备接口。

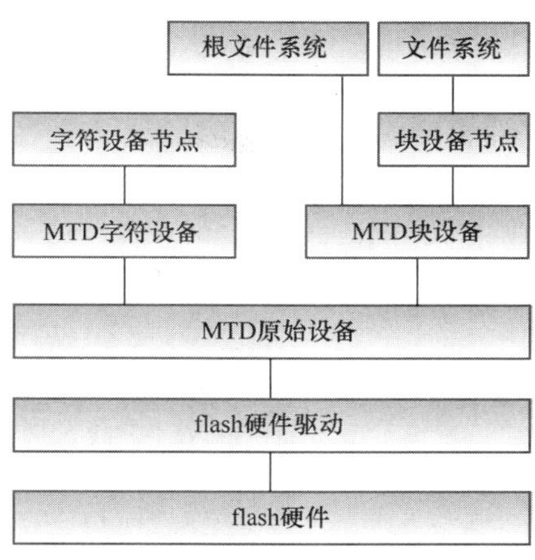


图 9-17 嵌入式 Linux 的 MTD 架构

对应的设备节点分为字符设备节点和块设备节点，通过设备节点可以访问 MTD 字符设备和 MTD 块设备。设备节点具体含义如下。

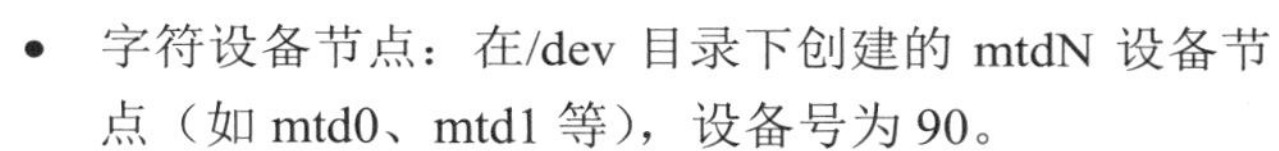

- 字符设备节点：在/dev 目录下创建的 mtdN 设备节点（如 mtd0、mtd1 等），设备号为 90。
- 块设备节点：在/dev 目录下创建的 mtdblockN 设备节点（如 mtdblock0、mtdblock1 等），设备号为 31。

图 9-18 所示为/dev 目录下的字符设备节点和块设备节点实例。

```
COM4 - PuTTY
#
# ls -l /dev/mtd*
crw-rw-r--    1 admin    root      90,   0 Dec 30  2015 /dev/mtd0
crw-rw-r--    1 admin    root      90,   2 Dec 30  2015 /dev/mtd1
crw-rw-r--    1 admin    root      90,   4 Dec 30  2015 /dev/mtd2
crw-rw-r--    1 admin    root      90,   6 Dec 30  2015 /dev/mtd3
brw-rw-r--    1 admin    root      31,   0 Dec 30  2015 /dev/mtdblock0
brw-rw-r--    1 admin    root      31,   1 Dec 30  2015 /dev/mtdblock1
brw-rw-r--    1 admin    root      31,   2 Dec 30  2015 /dev/mtdblock2
brw-rw-r--    1 admin    root      31,   3 Dec 30  2015 /dev/mtdblock3
brw-rw-r--    1 admin    root      31,   4 Dec 30  2015 /dev/mtdblock4
brw-rw-r--    1 admin    root      31,   5 Dec 30  2015 /dev/mtdblock5
brw-rw-r--    1 admin    root      31,   6 Dec 30  2015 /dev/mtdblock6
brw-rw-r--    1 admin    root      31,   7 Dec 30  2015 /dev/mtdblock7
#
```

图 9-18 字符设备节点和块设备节点实例

需要注意的是，字符设备节点和块设备节点内容完全相同，它们指向同一个硬件分区，只是上层访问方法不同，例如 mount 命令只能挂在块设备上而不能挂在字符设备上。

在介绍了 MTD 相关概念后，下一步我们需要确定/dev 目录下每个 MTD 分区的作用。可以通过查看/proc/mtd 文件获取 MTD 分区，如图 9-19 所示。

```
COM4 - PuTTY
# cat /proc/mtd
dev:    size   erasesize  name
mtd0: 03b60000 00020000 "rootfs"
mtd1: 03b60000 00020000 "rootfs_update"
mtd2: 00400000 00020000 "data"
mtd3: 00020000 00020000 "nvram"
mtd4: 03b60000 00020000 "image"
mtd5: 03b60000 00020000 "image_update"
mtd6: 00400000 00020000 "middleware"
#
```

图 9-19 查看 MTD 分区

其中，size 是 MTD 分区的最大字节数，erasesize 是 MTD 分区的最小擦除字节数（也就是块大小）。注意，块设备节点和字符设备节点一一对应，例如图 9-19 中的 mtd0 为设备固件所在的分区，也就是我们需要获取的设备固件。读取 mtdblock0 文件获取设备固件和读取 mtd0 时完全一样。

除了查看/proc/mtd 文件获取 MTD 分区，我们还可以通过 dmesg 命令显示开机信息，进而获取分区信息，如图 9-20 所示。

```
COM4 - PuTTY
<6>brcmnand_scan, eccsize=512, writesize=2048, eccsteps=4, ecclevel=4, eccbytes=
7
<4>-->brcmnand_default_bbt
<4>brcmnand_default_bbt: bbt_td = bbt_slc_bch4_main_descr
<7>Bad block table Bbt0 found at page 0000ffc0, version 0x01 for chip on CS0
<7>Bad block table 1tbB found at page 0000ff80, version 0x01 for chip on CS0
<6>brcmnand_reset_corr_threshold: default CORR ERR threshold  1 bits for CS0
<6>brcmnand_reset_corr_threshold: CORR ERR threshold changed to 3 bits for CS0
<7>nand_read_bbt: Bad block at 0x023e0000
<6>brcmnandCET: Status -> Deferred
<5>Creating 7 MTD partitions on "brcmnand.0":
<5>0x000000020000-0x000003b80000 : "rootfs"
<5>0x000003b80000-0x0000076e0000 : "rootfs_update"
<5>0x000007b00000-0x000007f00000 : "data"
<5>0x000000000000-0x000000020000 : "nvram"
<5>0x000000020000-0x000003b80000 : "image"
<5>0x000003b80000-0x0000076e0000 : "image_update"
<5>0x000007700000-0x000007b00000 : "middleware"
<6>PPP generic driver version 2.4.2
<6>PPP BSD Compression module registered
<6>PPP Deflate Compression module registered
<6>NET: Registered protocol family 24
<6>ehci_hcd: USB 2.0 'Enhanced' Host Controller (EHCI) Driver
<4>PCI: Enabling device 0000:00:0a.0 (0000 -> 0002)
```

图 9-20 使用 dmesg 命令获取分区信息

和/proc/mtd 文件显示一样，MTD 第 0 号节点（mtd0 和 mtdblock0）为设备固件所在分区，可以通过 dd 命令将分区读取到系统临时文件，然后通过 tftp 命令将其传输到 PC 主机中，或者直接使用 tftp 命令获取设备固件。图 9-21 所示为使用 tftp 命令直接获取并上传设备固件的方法。

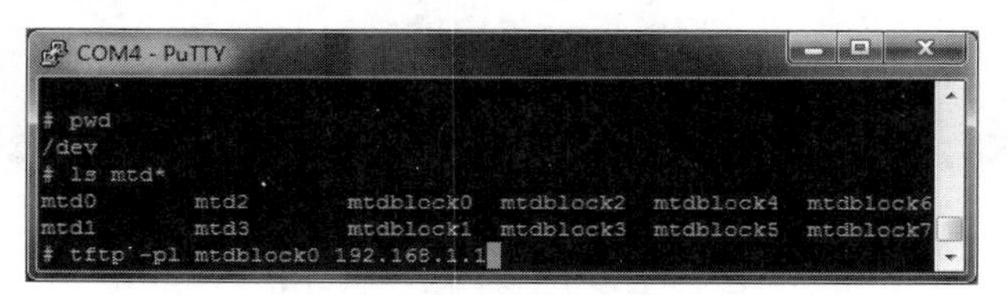


图 9-21 使用 tftp 命令直接获取并上传设备固件

## 9.2.5 读取 flash 芯片获取设备固件

前文提到，大多数 IoT 设备使用 flash 芯片作为存储器。IoT 设备可以直接读取 flash 芯片获取设备固件。通过读取 flash 芯片获取设备固件的主要步骤如下。

（1）**识别 flash 芯片**。flash 是一种非易失性的内存，断电后也能够长久地保存数据。通常 IoT 设备会使用一种或者几种 flash 芯片存储不同的数据。实际中通常通过 flash 芯片类型和芯片标识来确定哪一个 flash 芯片存储了设备固件。

flash 芯片根据内存存储结构可分为 NOR flash 和 NAND flash 两种，根据外部接口可分为普通接口（Parallel/CFI/JEDEC）和 SPI 接口。IoT 设备的 flash 芯片主要有 SPI NOR flash、Parallel NOR flash、Parallel NAND flash、SPI NAND flash、eMMC flash 几种类型。本书不具体介绍 flash 芯片存储原理，主要介绍芯片的外部封装，以便读者识别 flash 芯片。

SPI 常见封装多为 SOP8、SOP16、WSON8、QFN8、BGA24 等，如图 9-22 所示。

图 9-22 flash 芯片 SPI 常见封装

Parallel 常见的封装为 BGA64、PLCC32、TSSOP32、TSOP48、BGA107、BGA137 等，如图 9-23 所示。

图 9-23 flash 芯片 Parallel 封装

还有些 IoT 设备采用 MMC 封装，如图 9-24 所示。

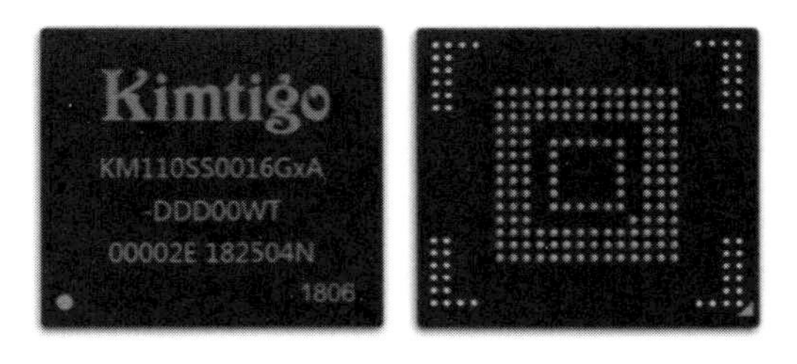


图 9-24 flash 芯片 MMC 封装

（2）**使用编程器获取设备固件**。从 flash 芯片中直接获取设备固件首先要从设备电路板中识别出存储设备固件的 flash 芯片，然后通过编程器获取设备固件。图 9-25 所示为某编程器的主界面，该编程器支持主流 flash 芯片的识别、读取和写入功能。读取 flash 芯片中的设备固件一般有两种方法：一种是通过夹子夹住 flash 芯片引脚，然后通过飞线的方式连接编程器读取 flash 芯片内容；另一种通过风枪把 flash 芯片取下来，然后放到编程器中读取。

图 9-25　某编程器的主界面

## 9.3 固件逆向分析技术

获取设备固件后，围绕设备固件可以开展固件识别、固件解压、固件反汇编、固件动态调试等逆向分析工作。通过对设备固件的逆向分析可以定位设备系统的关键组件、澄清系统关键代码功能、明确系统数据存储和通信模式、支撑设备安全分析和漏洞挖掘。固件逆向分析技术框架如图9-26所示，固件逆向分析主要包括固件识别与解压、固件静态反汇编、固件动态调试等工作。

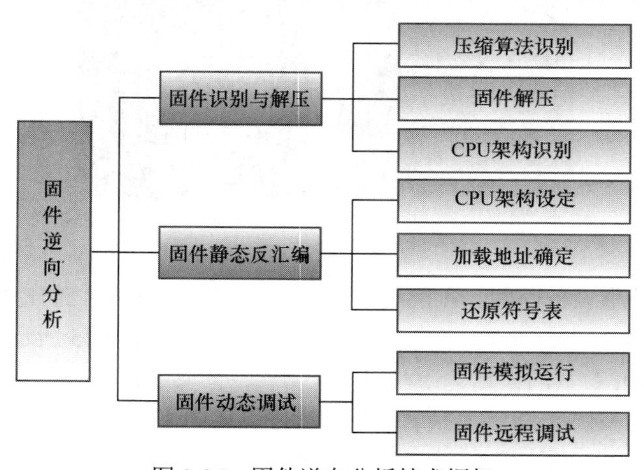


图 9-26　固件逆向分析技术框架

## 9.3.1 固件识别与解压

为节省存储空间，IoT 设备固件通常会进行压缩处理。固件常见的压缩算法有 LZMA、XZ、GZIP、Zlib、Zip 和 ARJ 等。可以使用固件分析工具（如 binwalk、firmware-mod-kit 等）对固件进行分析。固件分析工具可以识别出常见的固件压缩算法并可以有效提取出原始固件。IoT 固件可分为嵌入式 Linux 固件和二进制固件两类。本书使用 binwalk 作为固件分析工具，针对嵌入式 Linux 固件和二进制固件分别给出识别和提取分析方法。

**1. 嵌入式 Linux 固件识别与解压**

嵌入式 Linux 是能运行在嵌入式计算机系统上的一种操作系统，其固件解压缩后得到 Linux 操作系统文件，包含 Linux 系统的目录文件、可执行文件和配置文件等。

图 9-27 所示为使用 binwalk 对嵌入式 Linux 设备进行分析的结果。binwalk 可以识别出固件详细信息，包括系统类型、压缩算法、CPU 架构、指令集及其大小端等。

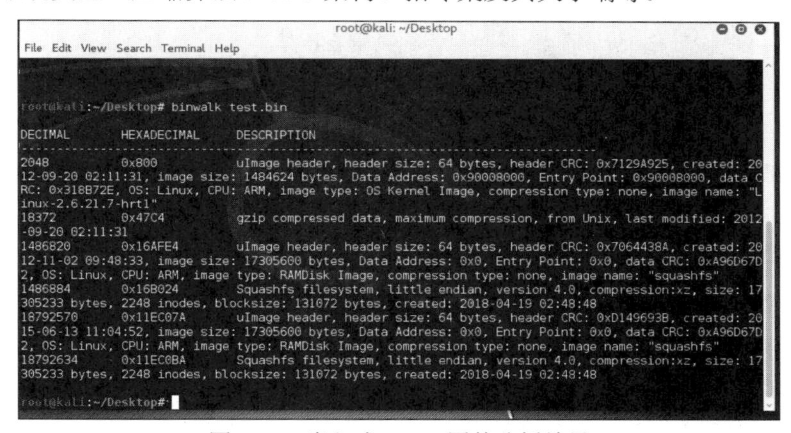


图 9-27 嵌入式 Linux 固件分析结果

然后使用 binwalk -e 命令（-Me 递归提取）解压固件，获取未压缩的固件。图 9-28 所示为嵌入式 Linux 固件解压缩结果，包括 Linux 常见的 bin、lib 等目录，目录下有单独的可执行文件、设备配置文件等。

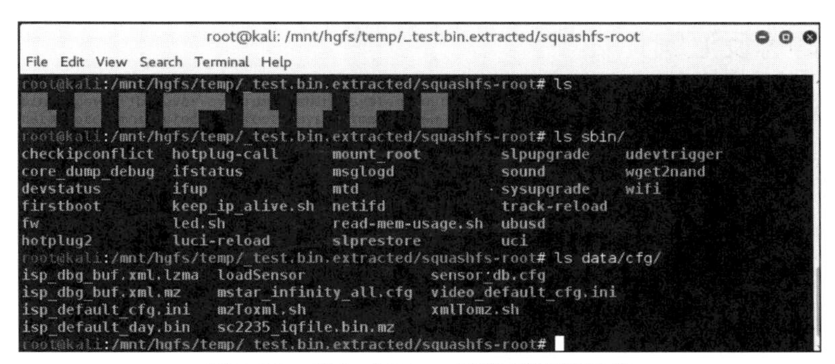


图 9-28 嵌入式 Linux 固件解压缩结果

### 2. 二进制固件识别与解压

二进制固件（如 VxWorks、Cisco IOS、单片机定制系统等）的所有功能均在单个固件中实现，系统运行时将固件所有代码都一次性加载到内存中。二进制固件逆向分析和嵌入式 Linux 固件逆向分析存在一定的差别。

二进制固件识别与解压如图 9-29 所示，使用 binwalk 对固件进行分析仅能得到固件的压缩算法这些简单信息。识别出固件压缩算法后就可以使用 binwalk -e 命令解压缩固件，得到设备原始固件。

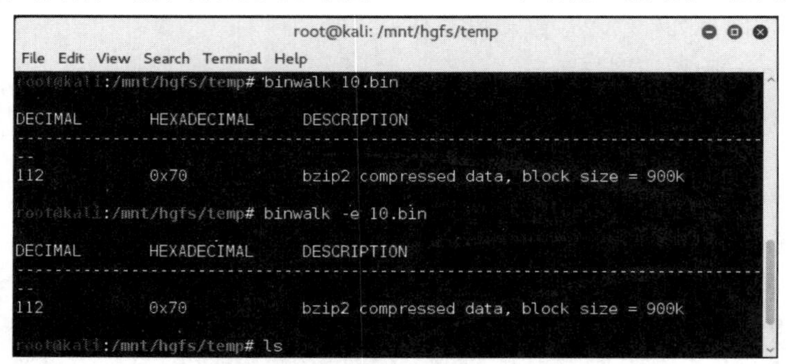


图 9-29　二进制固件识别与解压

使用 binwalk -A 命令可以识别固件的 CPU 架构，如图 9-30 所示，固件为大端的 MIPS 结构。

```
root@kali: /mnt/hgfs/temp
File Edit View Search Terminal Help
root@kali:/mnt/hgfs/temp# binwalk -A test1.bin

DECIMAL       HEXADECIMAL     DESCRIPTION
--------------------------------------------------------------------------------
2012          0x7DC           MIPS instructions, function epilogue
2080          0x820           MIPS instructions, function epilogue
2116          0x844           MIPS instructions, function epilogue
2160          0x870           MIPS instructions, function epilogue
2204          0x89C           MIPS instructions, function epilogue
2388          0x954           MIPS instructions, function epilogue
2676          0xA74           MIPS instructions, function epilogue
3092          0xC14           MIPS instructions, function epilogue
3332          0xD04           MIPS instructions, function epilogue
3664          0xE50           MIPS instructions, function epilogue
4220          0x107C          MIPS instructions, function epilogue
```

图 9-30　二进制固件 CPU 架构识别

## 9.3.2　固件静态反汇编

对固件进行静态反汇编可以辅助设备漏洞的挖掘工作，从反汇编代码中可以发现固件中隐藏的后门、超级口令、硬编码密钥等安全问题。此外，通过分析反汇编代码还可以还原设备认证流程、通信过程，支撑设备身份认证、访问控制、数据通信安全等漏洞的发现。

目前经典的反汇编工具为 IDA Pro（简称 IDA）。IDA 支持 Intel x86、Intel x64、MIPS、PPC、ARM 等多种 CPU 指令，可满足 IoT 各类设备固件的逆向分析和动态调试。

嵌入式 Linux 中的可执行连接文件（ELF 文件）有固定文件格式，二进制固件没有固定的文件格式，不同的固件采用不同的反汇编方法。

### 1. ELF 程序反汇编

嵌入式 Linux 中的可执行连接文件是单独的文件，其头部数据段记录了程序的加载地址和符号表，IDA 可以直接读取 ELF 程序头获取固件的加载地址、CPU 类型和符号表。这类程序的反汇编比较简单，IDA 默认设置就可对其进行反汇编。

IDA 对嵌入式 Linux 的 ELF 文件分析可直接识别出指令集，如图 9-31 所示。

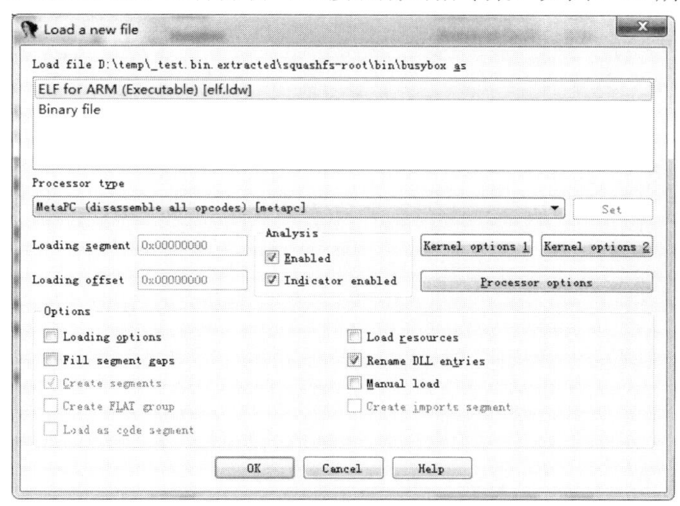


图 9-31 ELF 文件反汇编

IDA 可以很好地识别 ELF 程序中的函数和代码，如图 9-32 所示。

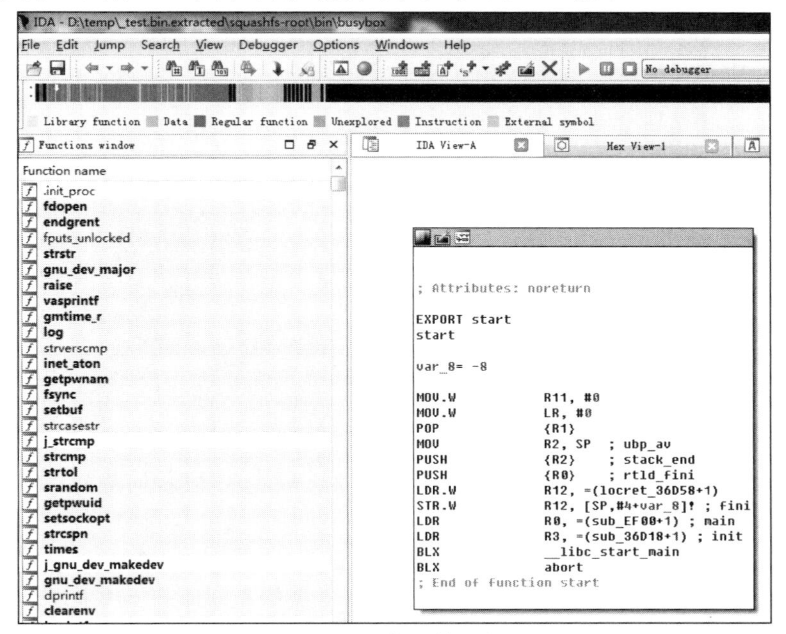


图 9-32 ELF 文件函数和代码识别

IDA 默认没有打开字符串窗口，可以使用 Shift+F12 快捷键打开 IDA 字符串窗口，查看 ELF 文件中的字符串及字符串的交叉引用，如图 9-33 和图 9-34 所示。

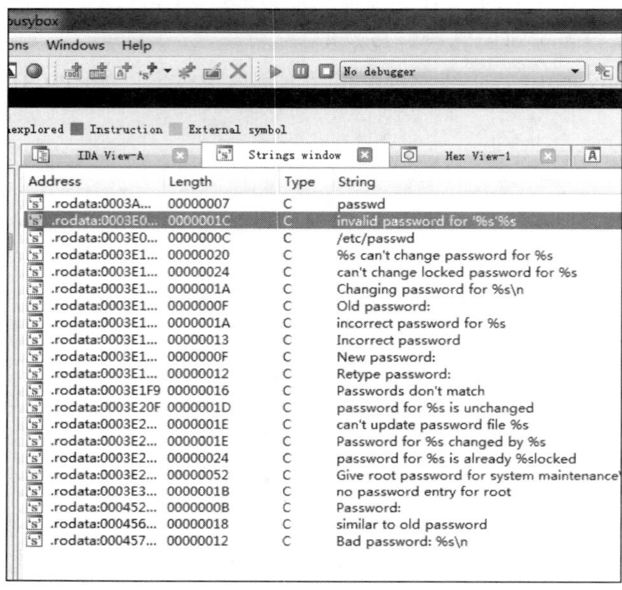


图 9-33　ELF 文件字符串

```
.rodata:0003E0B1 aOnS             DCB " on '%s'",0          ; DATA XREF: .text:loc_1026C↑o
.rodata:0003E0B1                                           ; .text:off_103E8↑o
.rodata:0003E0BA aLoginIncorrect DCB "Login incorrect",0   ; DATA XREF: .text:000102F2↑o
.rodata:0003E0BA                                           ; .text:off_103F0↑o ...
.rodata:0003E0CA aInvalidPasswor DCB "invalid password for '%s'%s",0
.rodata:0003E0CA                                           ; DATA XREF: .text:000102FE↑o
.rodata:0003E0CA                                           ; .text:off_103F4↑o
.rodata:0003E0E6 aEtcMotd        DCB "/etc/motd",0         ; DATA XREF: .text:00010358↑o
.rodata:0003E0E6                                           ; .text:off_103F8↑o
.rodata:0003E0F0 aRootLoginS     DCB "root login%s",0      ; DATA XREF: .text:0001037C↑o
.rodata:0003E0F0                                           ; .text:off_103FC↑o
.rodata:0003E0FD aEtcPasswd      DCB "/etc/passwd",0       ; DATA XREF: .text:000104C0↑o
.rodata:0003E0FD                                           ; .text:loc_10654↑o ...
.rodata:0003E109 aEtcShadow      DCB "/etc/shadow",0       ; DATA XREF: .text:000104BE↑o
.rodata:0003E109                                           ; .text:0001063E↑o ...
.rodata:0003E115 aUn             DCB "un",0                ; DATA XREF: .text:loc_105D8↑o
.rodata:0003E115                                           ; .text:off_106D8↑o
.rodata:0003E118 aALud           DCB "a:lud",0             ; DATA XREF: .text:00010422↑o
.rodata:0003E118                                           ; .text:off_10694↑o
.rodata:0003E11E aSCanTChangePas DCB "%s can't change password for %s",0
```

图 9-34　ELF 文件字符串的交叉引用

IDA 的 Hex-Rays 反编译插件（快捷键为 F5）可以将 Intel x86、ARM 等指令反编译为易读的伪代码，帮助用户快速分析程序代码。图 9-35 所示为反编译 ARM 汇编指令的伪代码。

**2. 二进制固件反汇编**

和 ELF 文件不同，二进制固件没有标准的结构，IDA 不能直接识别并反汇编二进制固件。使用 IDA 对二进制固件进行逆向分析需要手动设置 CPU 类型和固件的加载地址等参数。二进制固件反汇编主要步骤如下。

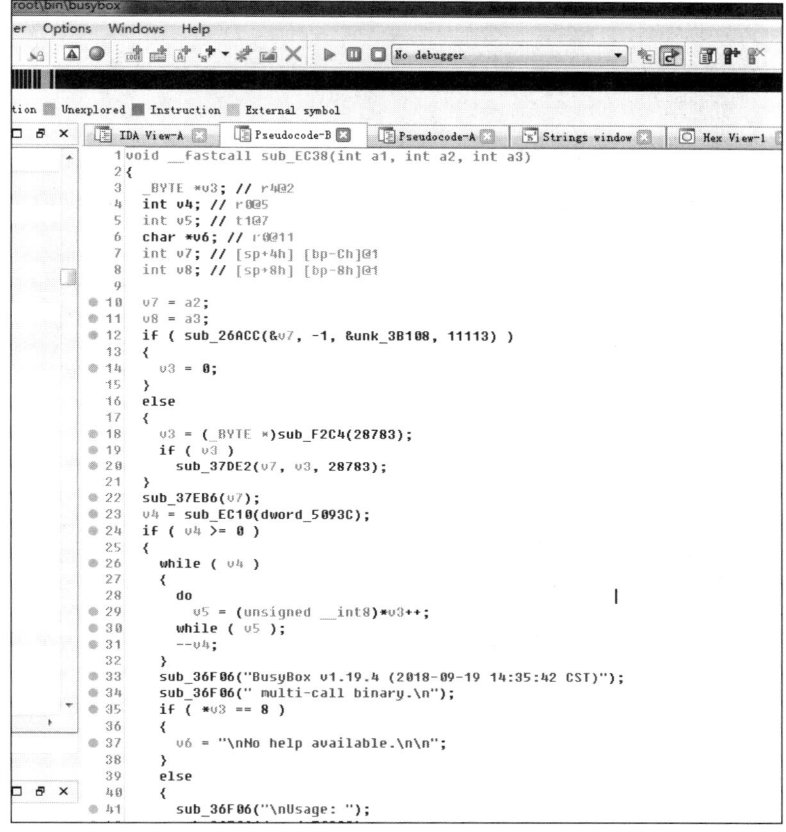


图 9-35 Hex-Rays 反编译 ARM 汇编指令的伪代码

（1）**确定固件加载地址**。固件加载地址是固件加载到内存中运行的特定位置偏移，固件中函数调用地址是基于固件加载地址而不是基于固件的偏移地址。为了能使 IDA 正确识别和分析固件中函数的调用关系以及字符串的交叉引用，在使用 IDA 逆向分析固件时需要给出固件加载地址。如果固件加载地址错误，IDA 反汇编代码时其函数调用关系和字符串的交叉引用也是错误的。

系统和 CPU 架构不同的二进制固件加载地址的确定所采用的方法各不相同。其中有些设备在引导过程中会将固件加载地址输出到控制台中。使用串口连接设备，在设备启动时会将固件加载地址输出到控制台，如图 9-36 所示。从串口调试控制台中的输出信息可知设备的固件加载地址为 0x3000。

（2）**识别固件 CPU 架构**。可以使用固件分析工具（如 binwalk）识别固件的 CPU 架构。图 9-37 所示为使用 binwalk 获取固件 CPU 架构的方法：使用 binwalk-A 分析固件，得到固件 CPU 架构为大端的 PPC。

（3）**使用 IDA 反汇编固件**。启动 IDA 加载固件，选择“Binary file”模式，CPU 类型选择“PowerPC big-endian”，如图 9-38 所示。

```
COM1 - PuTTY
@@@@@@@@@@@@@@@@@@@@@@@@@@@@@@@@@@@@@@@@@@@@@@@@@@@@@@@@@@@@@@@@@@@@@@@@@@@@@@@
@@@@@@@@@@@@@@
File "                                                            10.bin"
uncompressed and installed, entry point: 0x3000
executing...

              Restricted Rights Legend

Use, duplication, or disclosure by the Government is
subject to restrictions as set forth in subparagraph
(c) of the Commercial Computer Software - Restricted
Rights clause at FAR sec. 52.227-19 and subparagraph
(c) (1) (ii) of the Rights in Technical Data and Computer
Software clause at DFARS sec. 252.227-7013.

           cisco Systems, Inc.
           170 West Tasman Drive
           San Jose, California 95134-1706
```

图 9-36　使用串口连接设备获取固件加载地址

```
root@kali: /mnt/hgfs/temp/_10.bin.extracted
File Edit View Search Terminal Help
root@kali:/mnt/hgfs/temp/_10.bin.extracted# binwalk -A 70

DECIMAL       HEXADECIMAL     DESCRIPTION
--------------------------------------------------------------------------------
24            0x18            PowerPC big endian instructions, function prologue
1360          0x550           PowerPC big endian instructions, function epilogue
1364          0x554           PowerPC big endian instructions, function epilogue
1372          0x55C           PowerPC big endian instructions, function prologue
1704          0x6A8           PowerPC big endian instructions, function epilogue
1764          0x6E4           PowerPC big endian instructions, function epilogue
1772          0x6EC           PowerPC big endian instructions, function prologue
1812          0x714           PowerPC big endian instructions, function epilogue
1820          0x71C           PowerPC big endian instructions, function prologue
1896          0x768           PowerPC big endian instructions, function epilogue
```

图 9-37　使用 binwalk 获取固件 CPU 架构

然后填写二进制固件的加载地址，如图 9-39 所示。

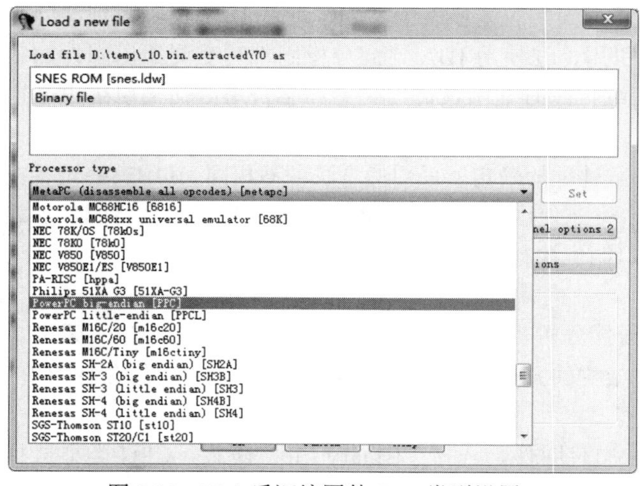

图 9-38　IDA 反汇编固件 CPU 类型设置

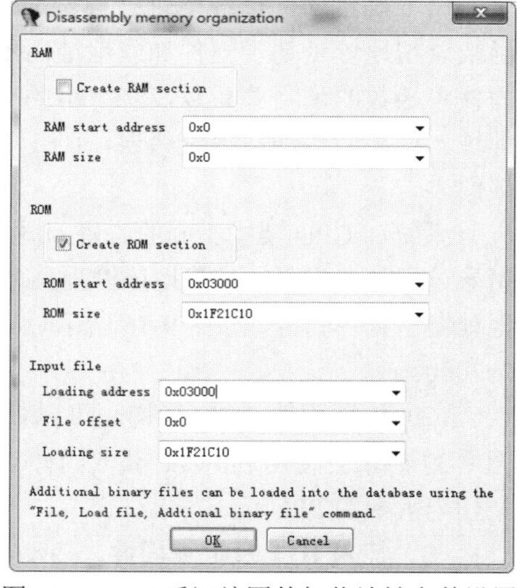

图 9-39　IDA 反汇编固件加载地址参数设置

IDA 可以识别出代码，包括代码执行流程、调用关系、字符串的交叉引用等，但是不能识别常用函数名称（因为缺乏符号表或没有自动关联符号表），如图 9-40 所示，IDA 只能以函数地址命名函数。

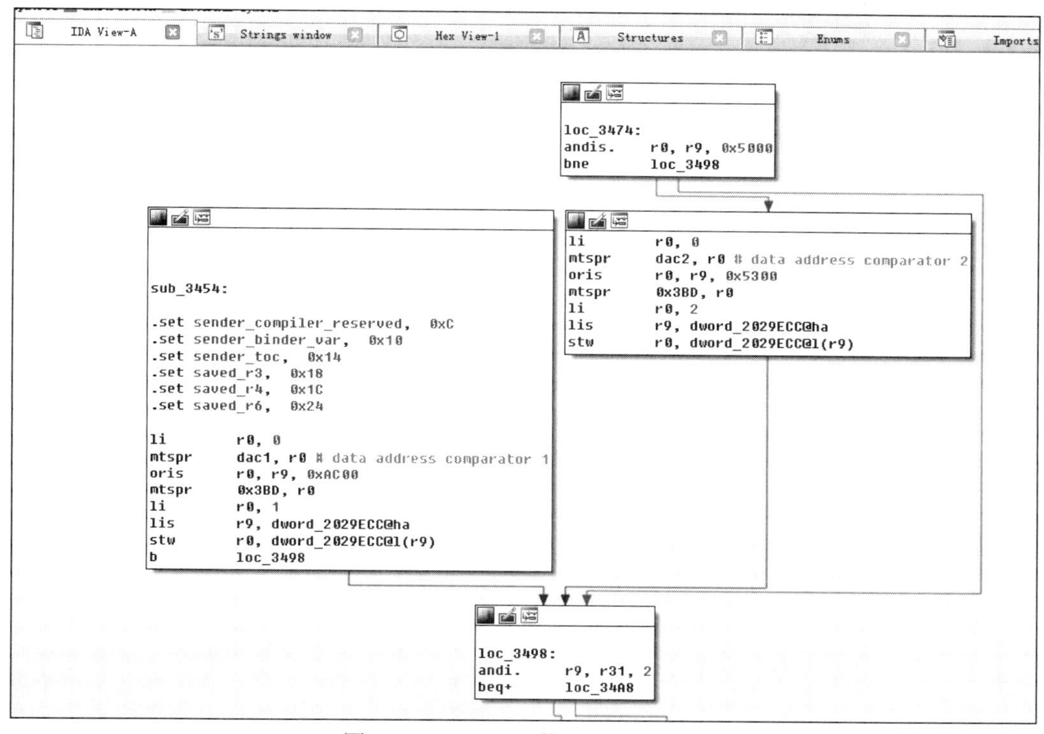


图 9-40 IDA 以函数地址命令函数

同样可以使用 Shift+F12 快捷键打开 IDA 字符串窗口查看固件中的字符串及其交叉引用，如图 9-41 和图 9-42 所示。

| Address | Length | Type | String |
|---|---|---|---|
| ROM:01C1B0C0 | 00000021 | C | \n%s(%08x): decrypt password fail |
| ROM:01C1B158 | 00000017 | C | \n%s(%08x): no password |
| ROM:01C1B170 | 00000018 | C | \n%s(%08x): get password |
| ROM:01C1B188 | 00000023 | C | \n%s(%08x): check username/password |
| ROM:01C1B1AC | 00000025 | C | \n%s(%08x): invalid username/password |
| ROM:01C1B2F8 | 00000018 | C | - No password available |
| ROM:01C1B310 | 0000000F | C | - bad password |
| ROM:01C1B418 | 00000018 | C | Line password not found |
| ROM:01C1B430 | 00000013 | C | password incorrect |
| ROM:01C1E868 | 00000020 | C | \nInvalid encrypted password: %s |
| ROM:01C2FA40 | 00000011 | C | Password-Expired |
| ROM:01C2FA54 | 00000010 | C | Change-Password |
| ROM:01C2FA64 | 00000017 | C | Change-Password-Accept |
| ROM:01C318CC | 0000004C | C | \nRADIUS:previous password length and current password lengths do not match! |
| ROM:01C31918 | 00000022 | C | \nRADIUS: Long password processing |
| ROM:01C326BC | 00000013 | C | optional-passwords |
| ROM:01C326D0 | 00000043 | C | The first RADIUS request can be made without requesting a password |
| ROM:01C33890 | 00000020 | C | Specify maximum password length |
| ROM:01C338B0 | 00000018 | C | Specify password length |
| ROM:01C338C8 | 00000018 | C | User-Password attribute |

图 9-41 字符串

```
IDA View-A    Strings window    Hex View-1    Structures    Enums
ROM:00E75C60                 addi    r4, r4, aStatusS_3@l # " status %s"
ROM:00E75C64                 addi    r5, r5, byte_1F38D50@l
ROM:00E75C68                 bl      sub_FB6A1C
ROM:00E75C6C
ROM:00E75C6C loc_E75C6C:                             # CODE XREF: ROM:00E75C00↑j
ROM:00E75C6C                                         # ROM:00E75C10↑j ...
ROM:00E75C6C                 lis     r9, dword_1F38CC8@ha
ROM:00E75C70                 lwz     r6, dword_1F38CC8@l(r9)
ROM:00E75C74                 addic   r0, r6, -1
ROM:00E75C78                 subfe   r3, r0, r6
ROM:00E75C7C                 lis     r4, aSPasswordS@h # "%s password %s"
ROM:00E75C80                 addi    r4, r4, aSPasswordS@l # "%s password %s"
ROM:00E75C84                 addi    r5, r29, 0xC00
ROM:00E75C88                 bl      sub_FB5F08
ROM:00E75C8C                 b       loc_E761B0
ROM:00E75C90 # ---------------------------------------------------------------
```

图 9-42　字符串交叉引用

## 9.3.3　固件动态调试

要更好地对设备进行安全分析，在固件静态反汇编的基础上结合固件动态调试往往会起到更好、更精准的分析效果。固件动态调试能直接获取设备运行时信息，这是固件静态反汇编所不能获取的。但是并不是所有设备都内置调试服务，这就需要使用模拟器模拟固件运行，然后使用 IDA 等工具对模拟器中运行的 IoT 系统进行分析和调试。固件动态调试的主要步骤如下。

（1）**模拟环境中启动固件**。固件模拟环境一般使用 QEMU、Attify 等虚拟模拟工具实现，本书使用 QEMU 来实现固件的模拟运行。本书不介绍 QEMU 的安装，主要介绍如何基于 QEMU 和 IDA 实现 mips 固件的远程调试。

在 QEMU 用户模式下输入命令模拟运行 mips 固件模拟程序（QEMU 支持两种 mips 程序模拟调试，即大端的 qemu-mips 和小端的 qemu-mipsel），本书介绍调试大端 mips 程序，具体如图 9-43 所示。

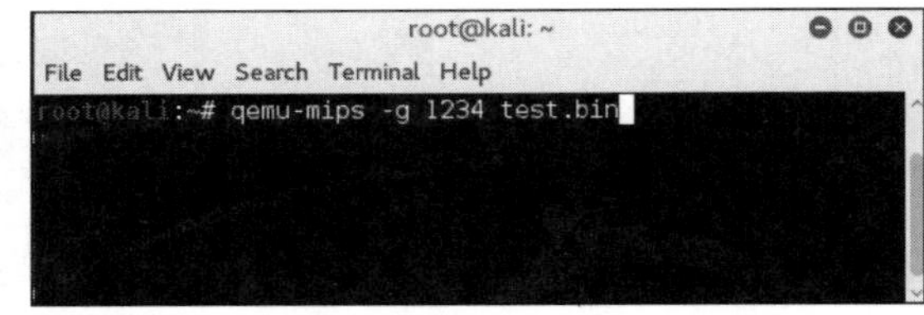


图 9-43　QEMU 调试大端 mips 程序

其中，-g 1234 表示 QEMU 开启调试模式，等待 GDB 连接端口 1234。

（2）**固件远程调试**。打开 IDA，在菜单栏中依次选择 Debugger→Attach→Remote GDB debugger，如图 9-44 所示。

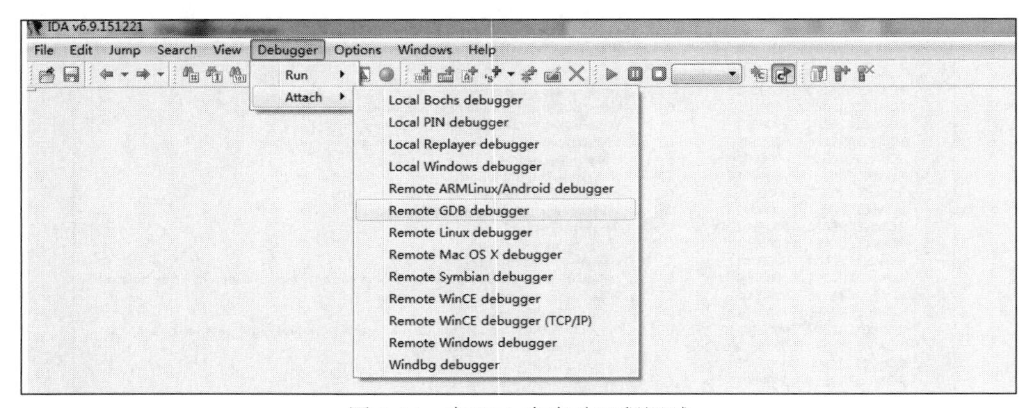


图 9-44　在 IDA 中启动远程调试

填写远程调试目标的 IP 和端口，并选择 Debug options 进行详细配置，如图 9-45 所示。

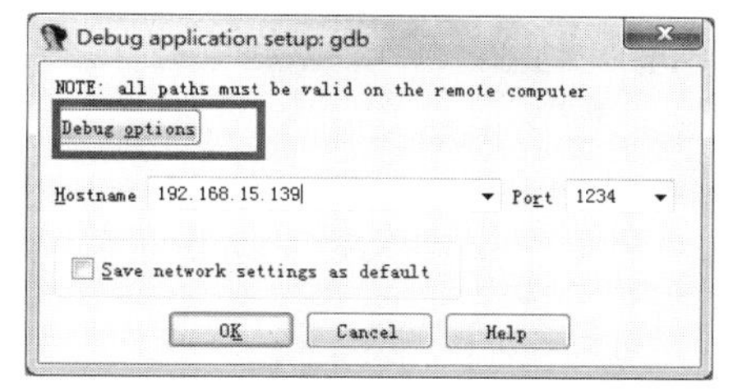


图 9-45 IDA 远程调试基本参数设置

在弹出的 Debugger setup 对话框中选择 Set specific options，如图 9-46 所示。

在弹出的 GDB configuration 对话框中的 Processor 处选择对应的处理器类型，这里选择 MIPS Big-endian，如图 9-47 所示。

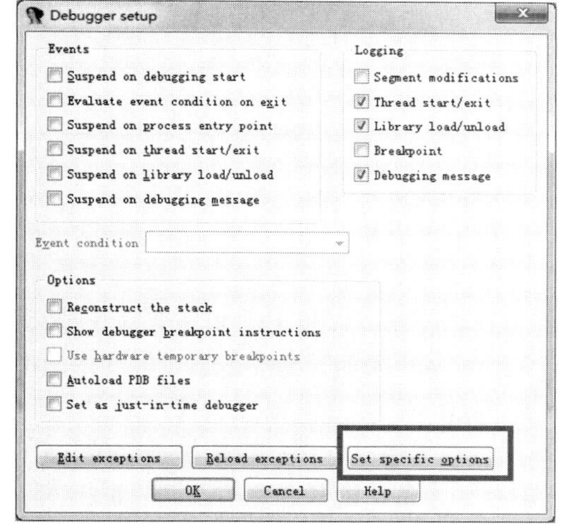


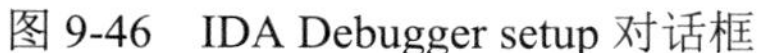

图 9-46 IDA Debugger setup 对话框

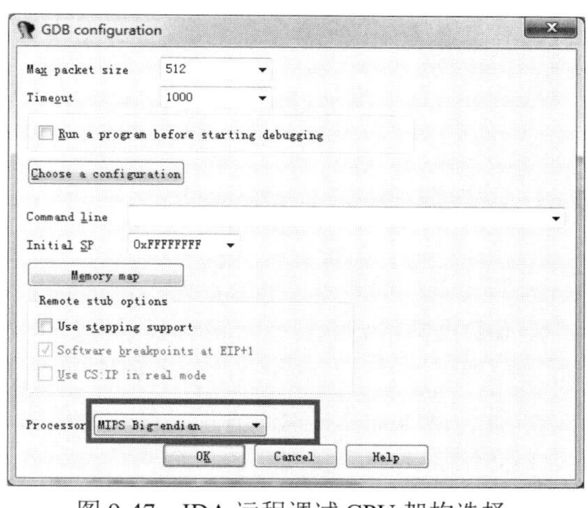


图 9-47 IDA 远程调试 CPU 架构选择

然后依次单击 OK 按钮，出现图 9-48 所示的对话框，最后单击 OK 按钮即可连接 QEMU 中模拟运行的目标。

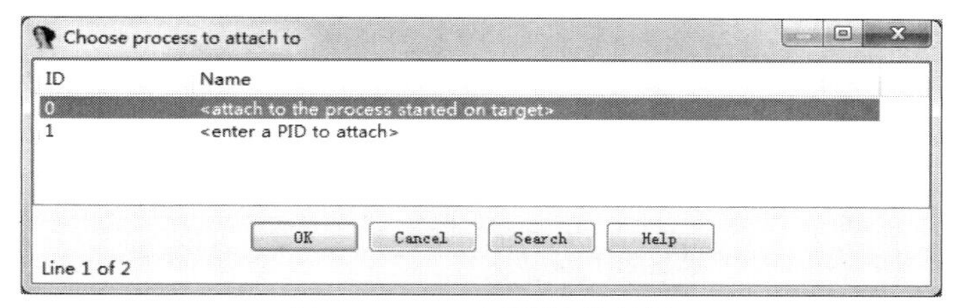


图 9-48 IDA 远程连接目标

在 IDA 远程调试窗口中可以运行、暂停固件运行，可以查看寄存器和内存状态，如图 9-49 所示。

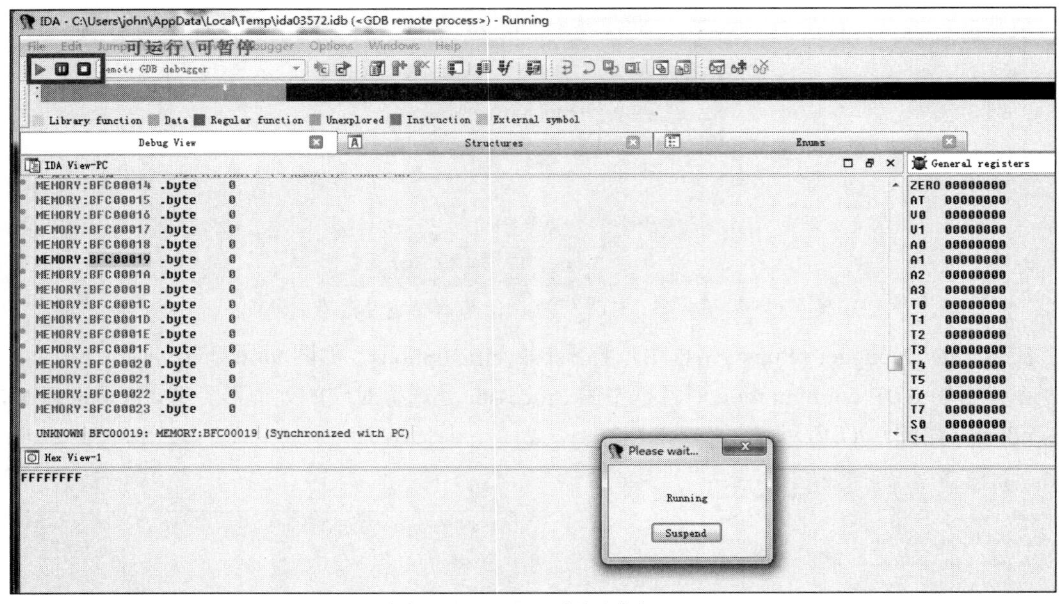


图 9-49　IDA 远程调试窗口

# 9.4　设备漏洞分析技术

IoT 设备种类繁多，各互联网厂商的安全开发技术也各不相同，因此 IoT 设备面临各种安全问题。IoT 设备常见的安全问题有权限绕过、信息泄露、Web 接口漏洞、命令执行、缓冲区溢出、弱口令（默认口令）、不安全的管理和调试端口等。图 9-50 所示为设备漏洞分析技术框架，首先通过设备探测技术获取设备类型、操作系统类型和开放的端口等信息，然后根据设备类型和开放的端口介绍调试端口复用、弱口令（默认口令）、Web 漏洞和设备认证漏洞等的检测分析技术。

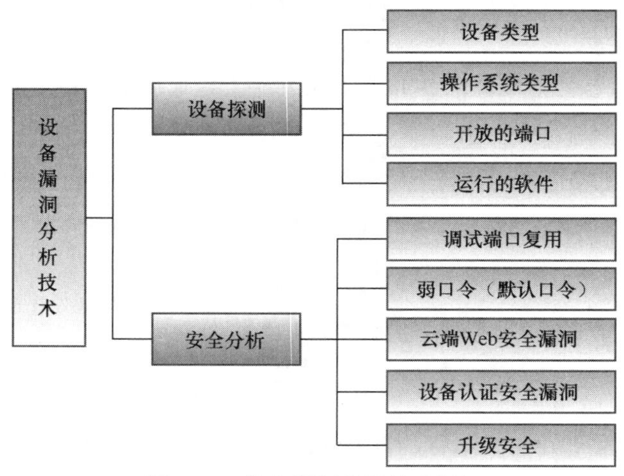


图 9-50　设备漏洞分析技术框架

## 9.4.1 设备信息探测

可以使用端口扫描工具（如 Nmap 等）对设备进行扫描，确定设备的操作系统类型和开放的端口，在此基础上寻找设备安全分析的突破口，挖掘设备漏洞。

图 9-51 和图 9-52 所示为某路由器远程扫描的结果，从端口扫描结果可以得出该路由器的操作系统为 Linux，开放了 23、80 等常见 TCP 端口和 53、67 等常见 UDP 端口。得到这些信息后，下一步安全分析则可以针对这些端口开展，挖掘设备可能存在的 Telnet 登录弱口令、Web 注入等漏洞。

```
C:\Windows\system32\cmd.exe
D:\nmap-7.40>nmap.exe -O 192.168.1.1

Starting Nmap 7.40 ( *****://nmap.***** ) at 2018-10-31 10:26 ?D1ú±ê×?ê±??
Nmap scan report for 192.168.1.1
Host is up (0.00057s latency).
Not shown: 995 closed ports
PORT      STATE    SERVICE
1/tcp     filtered tcpmux
23/tcp    open     telnet
53/tcp    open     domain
80/tcp    open     http
49152/tcp open     unknown
MAC Address: C4:12:F5:77:06:A2 (D-Link International)
Device type: broadband router
Running: Linux 2.6.X
OS CPE: cpe:/o:linux:linux_kernel:2.6
OS details: OpenWrt Kamikaze 8.09 (Linux 2.6.25 - 2.6.26)
Network Distance: 1 hop

OS detection performed. Please report any incorrect results at https://nmap.org/
submit/ .
Nmap done: 1 IP address (1 host up) scanned in 17.49 seconds

D:\nmap-7.40>
```

图 9-51 设备操作系统类型和 TCP 端口扫描结果

```
C:\Windows\system32\cmd.exe
D:\nmap-7.40>nmap.exe -sU 192.168.1.1

Starting Nmap 7.40 ( https://nmap.org ) at 2018-10-31 10:27 ?D1ú±ê×?ê±??
Nmap scan report for 192.168.1.1
Host is up (0.00s latency).
Not shown: 997 closed ports
PORT     STATE         SERVICE
53/udp   open          domain
67/udp   open|filtered dhcps
1900/udp open|filtered upnp
MAC Address: C4:12:F5:77:06:A2 (D-Link International)

Nmap done: 1 IP address (1 host up) scanned in 1110.92 seconds
```

图 9-52 设备 UDP 端口扫描结果

## 9.4.2 调试端口复用

设备调试端口包括硬件调试接口、网络调试端口和软件管理端口。硬件调试接口主要为 JTAG

接口和串口，通过硬件调试接口对设备进行控制在 9.2.3 节中已经详细介绍了，这里不赘述。很多设备在开发阶段支持通过调试端口对其进行调试，但是在设备出厂时没有把调试端口关闭。攻击者如果发现设备存在未关闭的调试端口，就可以利用调试端口对设备进行控制。另外，有些设备为了便于管理，会通过一个集中管理软件对设备进行管理。设备远程管理如果不认证或者使用弱口令，攻击者就可以利用设备远程管理端口实现设备的管理与控制。下面给出一个通过设备调试端口控制设备的事例。

图 9-53 所示为某设备的操作系统远程扫描结果，扫描发现该设备使用较老的 VxWorks 操作系统。搜索 VxWorks 系统之前出现的安全问题，我们可以发现 VxWorks 通常会开放 wdb 调试端口（UDP 17185 端口）用于设备的调试。

```
Administrator: Command Prompt
C:\nmap-7.40>nmap.exe -O 192.168.1.2

Starting Nmap 7.40 ( ****://nmap.**** ) at 2018-10-31 05:13 Pacific Daylight Tim
e
mass_dns: warning: Unable to determine any DNS servers. Reverse DNS is disabled.
 Try using --system-dns or specify valid servers with --dns-servers
Nmap scan report for 192.168.1.2
Host is up (0.00s latency).
Not shown: 997 closed ports
PORT    STATE SERVICE
21/tcp  open  ftp
23/tcp  open  telnet
111/tcp open  rpcbind
MAC Address:
Device type: general purpose
Running: Wind River VxWorks
OS CPE: cpe:/o:windriver:vxworks
OS details: VxWorks
Network Distance: 1 hop

OS detection performed. Please report any incorrect results at https://nmap.org/
submit/ .
Nmap done: 1 IP address (1 host up) scanned in 2.47 seconds

C:\nmap-7.40>_
```

图 9-53　设备操作系统远程扫描结果

因此，使用扫描工具可以探测设备开放的 UDP 端口，如图 9-54 所示，设备果然没有关闭 wdb 调试端口。

```
Administrator: Command Prompt
C:\nmap-7.40>nmap.exe -sU 192.168.1.2

Starting Nmap 7.40 ( ****://nmap.**** ) at 2018-10-31 05:14 Pacific Daylight Tim
e
mass_dns: warning: Unable to determine any DNS servers. Reverse DNS is disabled.
 Try using --system-dns or specify valid servers with --dns-servers
Nmap scan report for 192.168.1.2
Host is up (0.011s latency).
Not shown: 997 closed ports
PORT       STATE         SERVICE
111/udp    open|filtered rpcbind
520/udp    open|filtered route
17185/udp  open          wdbrpc
MAC Address:

Nmap done: 1 IP address (1 host up) scanned in 1.72 seconds

C:\nmap-7.40>
```

图 9-54　设备 UDP 端口扫描结果

使用调试工具连接设备，即可获取设备的完全控制权，如图 9-55 所示。

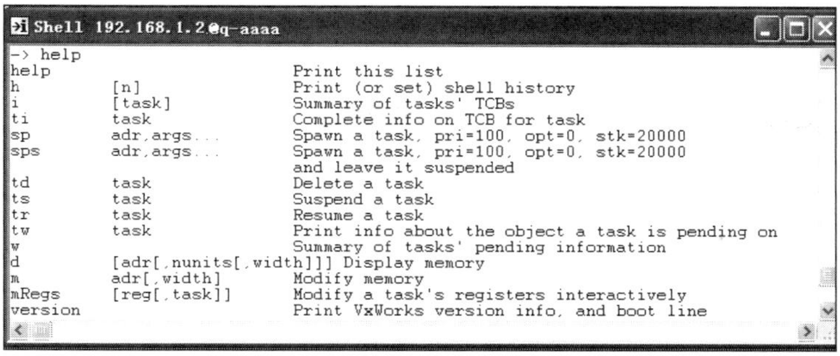

```
Shell 192.168.1.2@q-aaaa
-> help
help                            Print this list
h          [n]                  Print (or set) shell history
i          [task]               Summary of tasks' TCBs
ti         task                 Complete info on TCB for task
sp         adr,args...          Spawn a task, pri=100, opt=0, stk=20000
sps        adr,args...          Spawn a task, pri=100, opt=0, stk=20000
                                and leave it suspended
td         task                 Delete a task
ts         task                 Suspend a task
tr         task                 Resume a task
tw         task                 Print info about the object a task is pending on
w                               Summary of tasks' pending information
d          [adr[,nunits[,width]]] Display memory
m          adr[,width]          Modify memory
mRegs      [reg[,task]]         Modify a task's registers interactively
version                         Print VxWorks version info, and boot line
```

图 9-55 通过调试端口控制设备

## 9.4.3 设备认证漏洞的分析

设备认证漏洞主要由于使用不当的身份认证、默认身份认证、认证信息硬编码等漏洞导致设备认证被绕过而产生，攻击者利用上述漏洞可以实现设备的连接、Shell 访问、数据读写、配置修改等。设备认证主要存在以下漏洞。

（1）**默认身份认证**。主要指设备在出厂的时候使用默认密码或者空密码，有的设备甚至不提供密码修改接口，这样可以很容易通过默认密码获取系统的控制权。

（2）**认证信息硬编码**。在设备开发过程中，由于厂商缺乏安全开发意识，将私钥、证书、密码等信息硬编码到设备固件中，攻击者获取设备固件后可以很容易获取硬编码到设备固件中的敏感信息。

（3）**没有登录次数限制**。很多设备对登录密码没有强度要求，并且允许输入任意次密码登录尝试。这样攻击者可以构造弱口令字典，然后对设备进行密码爆破攻击。

（4）**设备预留后门账号**。开发人员为了便于后续对设备进行维护，会将一些高权限的账号编写到代码中，但是普通用户并不知道这些账号的存在。攻击者通过对设备固件的分析，可以发现设备的隐藏后门账号，从而实现对设备的控制和管理。

## 9.4.4 云端 Web 漏洞的分析

IoT 设备的 Web 服务通常是定制开发的，相比传统互联网 Web 服务，其安全性会弱很多，往往存在很多漏洞。IoT 设备开放的 Web 服务是突破 IoT 设备的主要攻击界面。利用 IoT 设备的 Web 服务漏洞可以实现数据获取、命令执行、Telnet 服务开启等控制目的。

互联网常见的 Web 漏洞同样存在于 IoT 设备的 Web 服务中。IoT 设备的 Web 服务漏洞比互联网 Web 漏洞更容易发现和利用，有些 IoT 设备的 Web 服务甚至存在已经公开很久的漏洞。图 9-56 所示为某 IoT 设备 Web 接口的命令执行漏洞，显然这是一个已公开的 bash 漏洞的延伸利用。

可以使用传统的互联网 Web 漏洞检测方法检测 Web 服务是否存在 XSS、CSRF、SQL 注入、任意文件上传、弱口令、认证绕过、目录遍历、命令执行、敏感信息泄露、数据重放、口令爆破等漏洞。

目的地址 127.0.0.1;ps

Ping Traceroute

```
1268 root    3792 S   ./onu_igmpv3
1270 root    3792 S   ./onu_igmpv3
1285 root    3792 D   ./onu_igmpv3
1286 root    3792 S   ./onu_igmpv3
1298 root    1132 S   ./fh_printf_redirect
1301 root    1132 S   ./fh_printf_redirect
1302 root    1132 S   ./fh_printf_redirect
1303 root    1132 S   ./fh_printf_redirect
1304 root    1132 S   ./fh_printf_redirect
1490 root    4188 S   /fh/extend/udhcpd
1523 root   16440 S   ./load_omci
1546 root    1504 S   /fh/extend/vsftpd
1606 root    7944 S   ./webs -L 4 -M 1 -S 100 -m all
1815 root    1132 S   ./ntpclient
```

图 9-56　Web 接口的命令执行漏洞

## 9.4.5　固件升级漏洞的分析

固件升级安全问题主要指在设备升级过程中，升级协议可以被劫持和篡改，升级的固件可以被二次打包替换，固件安装没有进行严格的完整性验证和版本合法性验证，导致攻击者通过劫持升级过程替换升级数据包实现对设备的控制。

（1）**升级协议劫持**。主要指设备在升级过程采用明文数据通信，攻击者通过 DNS 劫持、HTTP 劫持等方式实现设备升级协议的劫持，实现特定版本固件的远程推送。

（2）**固件篡改**。固件篡改主要指固件可以解压和二次打包，攻击者可以在二次打包的固件中添加控制代码。如图 9-57 所示，这是对 squashfs 类型固件进行解压后，在系统目录中添加控制代码，然后通过 mksquashfs 命令生成新的固件。

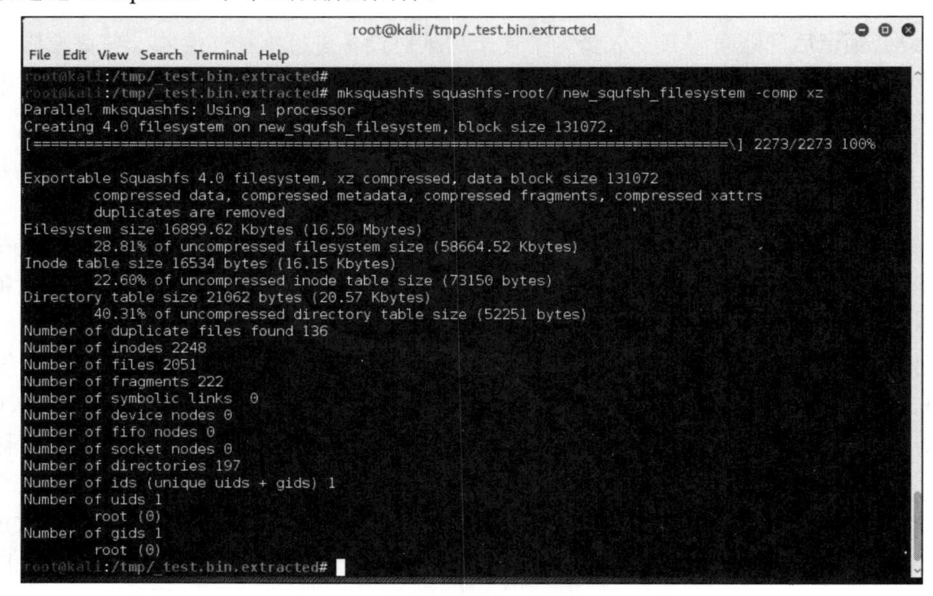


图 9-57　二次打包生成新的固件

（3）**固件安装完整性验证缺陷**。设备在安装固件时如果没有严格的完整性验证，攻击者就可以将包含恶意代码的固件通过升级等方式实现固件的远程推送和自动安装，达到将特定功能代码隐蔽植入的目的。

（4）**固件版本回滚**。固件版本回滚主要指在固件安装前只验证固件的完整性而不验证固件的版本，导致设备“升级”到存在漏洞的旧版本固件。存在已公开漏洞的旧版本固件同样也拥有合法的数字签名，有些设备在升级过程中只验证固件签名的合法性，但是没有验证固件的版本，导致攻击者可以通过固件升级等方式在设备中安装存在漏洞的固件，然后使用已知漏洞对设备进行攻击以获取设备的控制权。

## 9.5 业务通信安全分析技术

业务通信安全分析主要分析 IoT 设备、移动 App、云端之间的通信数据，发现通信数据和通信协议的安全问题（也就是对 IoT 通信的“管道”和“内容”进行安全分析）。图 9-58 所示为 IoT 业务通信安全分析技术框架，该框架主要从通信数据嗅探、通信数据重放、通信数据劫持和通信协议安全等方面进行阐述，实现对数据通信过程的篡改、劫持、重放等攻击，达到数据获取、设备仿冒、设备突破等攻击目标。

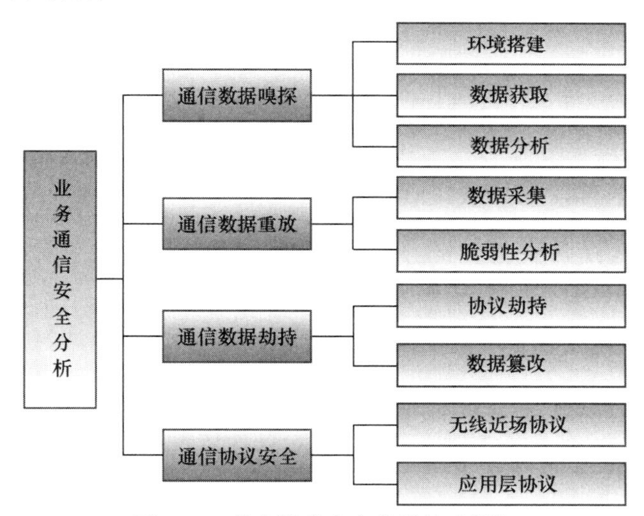


图 9-58 业务通信安全分析技术框架

### 9.5.1 无线通信数据嗅探

以蓝牙中的 BLE 为例，在通信过程中通信双方分别充当“蓝牙主机”和“蓝牙从机”。通常情况下，蓝牙从机以固定间隔发送广播数据包，广播数据包中包含设备的物理地址、功率、用户信息等。蓝牙主机扫描周边广播设备，并主动向广播设备发起蓝牙连接。在蓝牙连接建立后，主、从蓝牙设备开始进行数据收发。

对 BLE 的无线数据嗅探需要额外的硬件支持，在通过硬件采集到蓝牙数据包之后使用数据包分析软件，例如用 Wireshark 来查看和分析采集到的蓝牙数据包。此处以开源的 Ubertooth 为例，它是一款开源蓝牙测试工具，包含硬件和运行固件两部分，硬件如图 9-59 所示。

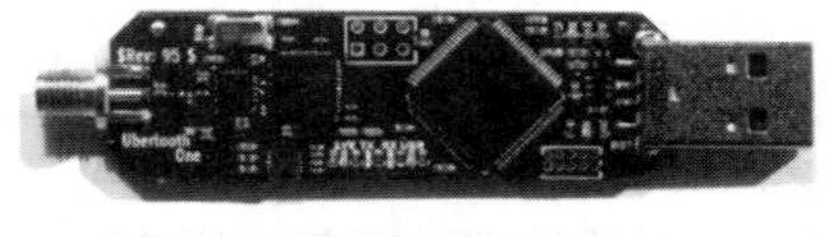

图 9-59　Ubertooth 硬件

嗅探设备也是一个小型的嵌入式设备，需要相应的固件来发挥硬件的嗅探作用。首先需要将固件通过 USB 写入硬件中，然后在 PC 上（以 Linux 为例）安装驱动设备所需的第三方库；在第三方库的基础上，再进一步构建嗅探设备。Ubertooth 在 GitHub 上有成熟的工具包以及库可供下载，如图 9-60 所示。

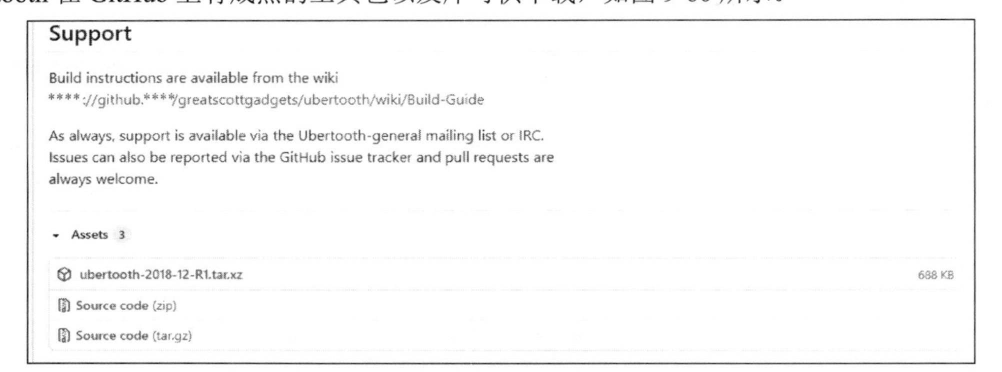


图 9-60　GitHub 上的 Ubertooth 工具

一切准备就绪，便可以对嗅探设备周边的设备进行嗅探。结合嗅探设备的使用说明，配置好相应参数，即可开启对设备的嗅探。嗅探数据包如图 9-61 所示。

```
文件(F) 编辑(E) 查看(V) 搜索(S) 终端(T) 帮助(H)
systime=1386912100 ch= 0 LAP=9e8b33 err=0 clk100ns=333148804 clk1=53304 s=-54 n=-54 snr=0
systime=1386912100 ch= 0 LAP=9e8b33 err=0 clk100ns=333248851 clk1=53320 s=-54 n=-54 snr=0
systime=1386912100 ch= 0 LAP=9e8b33 err=0 clk100ns=333348791 clk1=53336 s=-54 n=-54 snr=0
systime=1386912100 ch= 0 LAP=9e8b33 err=0 clk100ns=333548797 clk1=53368 s=-54 n=-54 snr=0
systime=1386912100 ch= 0 LAP=9e8b33 err=1 clk100ns=333748836 clk1=53400 s=-54 n=-54 snr=0
systime=1386912100 ch= 0 LAP=9e8b33 err=0 clk100ns=333848839 clk1=53416 s=-54 n=-54 snr=0
systime=1386912100 ch= 0 LAP=9e8b33 err=0 clk100ns=333948777 clk1=53432 s=-54 n=-54 snr=0
systime=1386912100 ch= 0 LAP=9e8b33 err=0 clk100ns=334048856 clk1=53448 s=-54 n=-54 snr=0
systime=1386912100 ch= 0 LAP=9e8b33 err=0 clk100ns=334148887 clk1=53464 s=-54 n=-54 snr=0
systime=1386912100 ch= 0 LAP=9e8b33 err=0 clk100ns=334248892 clk1=53480 s=-54 n=-54 snr=0
systime=1386912100 ch= 0 LAP=9e8b33 err=0 clk100ns=334448799 clk1=53512 s=-54 n=-54 snr=0
```

图 9-61　嗅探数据包

将嗅探到的数据包保存到本地，导入 Wireshark，便可以对数据包中的内容进行进一步的分析工作，如结合设备的功能，猜测并验证其在通信过程中所完成的功能，如图 9-62 所示。

有些时候数据包可能有加密，但是由于 IoT 自身的性能限制，加密强度并不算太大。这时也可以利用一些开源的协议破解工具对数据包进行解密，获取加密后的数据包内容。

以 BLE 通信的嗅探为例，通常来说，对于 IoT 设备无线通信数据的嗅探，需要与通信方式相适配的嗅探设备将嗅探到的数据包以某种格式保存下来并且导入数据包分析软件。如果通信过程存在加密，还需要解密破解软件的支持，以获取加密的消息内容。

| | | | | | | | | | | |
|---|---|---|---|---|---|---|---|---|---|---|
| 90 | 3.125 | c3:f6:b9:bf:a2:d7 | LE 1M | LE LL | 32 | 1472 | | | | 0 ADV_IND |
| 91 | 3.228 | c3:f6:b9:bf:a2:d7 | LE 1M | LE LL | 32 | 103106 | | | | 0 ADV_IND |
| 92 | 3.234 | 76:f7:61:9b:f7:6c | LE 1M | LE LL | 34 | 152 | | | | 0 CONNECT_REQ |
| 93 | 3.237 | Master_0x50657ade | LE 1M | LE LL | 0 | 24733 | 0 | 0 | True | 0 Empty PDU |
| 94 | 3.240 | Slave_0x50657ade | LE 1M | LE LL | 0 | 150 | 0 | 1 | False | 0 Empty PDU |
| 95 | 3.243 | Master_0x50657ade | LE 1M | LE LL | 6 | 152 | 1 | 0 | False | 0 Control Opcode: LL_VERSION_IND |
| 96 | 3.246 | Master_0x50657ade | LE 1M | LE LL | 6 | 29411 | 1 | 1 | False | 1 Control Opcode: LL_VERSION_IND |
| 97 | 3.248 | Slave_0x50657ade | LE 1M | LE LL | 0 | 149 | 1 | 0 | False | 1 Empty PDU |
| 98 | 3.352 | Master_0x50657ade | LE 1M | L2CAP | 11 | 89641 | 0 | 0 | False | 4 |
| 99 | 3.357 | Slave_0x50657ade | LE 1M | LE LL | 9 | 150 | 0 | 1 | False | 4 Control Opcode: LL_FEATURE_RSP |
| 100 | 3.361 | Master_0x50657ade | LE 1M | ATT | 7 | 29531 | 1 | 1 | False | 5 Sent Exchange MTU Request, Client Rx MTU: 185 |
| 101 | 3.364 | Slave_0x50657ade | LE 1M | LE LL | 0 | 150 | 1 | 0 | False | 5 Empty PDU |
| 102 | 3.367 | Master_0x50657ade | LE 1M | LE LL | 0 | 29635 | 0 | 0 | False | 6 Empty PDU |
| 103 | 3.369 | Slave_0x50657ade | LE 1M | ATT | 7 | 149 | 0 | 1 | False | 6 Rcvd Exchange MTU Response, Server Rx MTU: 23 |
| 104 | 3.473 | Master_0x50657ade | LE 1M | ATT | 11 | 29634 | 1 | 1 | False | 7 Sent Read By Group Type Request, GATT Primary Service Declaration, Handles: 0x… |
| 105 | 3.487 | Slave_0x50657ade | LE 1M | LE LL | 0 | 150 | 1 | 0 | False | 7 Empty PDU |
| 106 | 3.497 | Master_0x50657ade | LE 1M | LE LL | 0 | 29602 | 0 | 0 | False | 8 Empty PDU |
| 107 | 3.503 | Slave_0x50657ade | LE 1M | ATT | 24 | 150 | 0 | 1 | False | 8 Rcvd Read By Group Type Response, Attribute List Length: 3, Generic Access Pro… |
| 108 | 3.508 | Master_0x50657ade | LE 1M | ATT | 11 | 89496 | 1 | 1 | False | 11 Sent Read By Group Type Request, GATT Primary Service Declaration, Handles: 0x… |
| 109 | 3.511 | Slave_0x50657ade | LE 1M | LE LL | 0 | 150 | 1 | 0 | False | 11 Empty PDU |
| 110 | 3.614 | Master_0x50657ade | LE 1M | LE LL | 0 | 29601 | 0 | 0 | False | 12 Empty PDU |
| 111 | 3.618 | Slave_0x50657ade | LE 1M | ATT | 26 | 150 | 0 | 1 | False | 12 Rcvd Read By Group Type Response, Attribute List Length: 1, Nordic DFU Service |
| 112 | 3.621 | Master_0x50657ade | LE 1M | ATT | 11 | 29482 | 1 | 1 | False | 13 Sent Read By Group Type Request, GATT Primary Service Declaration, Handles: 0x… |
| 113 | 3.623 | Slave_0x50657ade | LE 1M | LE LL | 0 | 149 | 1 | 0 | False | 13 Empty PDU |
| 114 | 3.626 | Master_0x50657ade | LE 1M | LE LL | 0 | 29602 | 0 | 0 | False | 14 Empty PDU |
| 115 | 3.630 | Slave_0x50657ade | LE 1M | ATT | 12 | 150 | 0 | 1 | False | 14 Rcvd Read By Group Type Response, Attribute List Length: 1, Human Interface De… |
| 116 | 3.633 | Master_0x50657ade | LE 1M | ATT | 11 | 29594 | 1 | 1 | False | 15 Sent Read By Type Request, Device Name Handles: 0x0001..0x0007 |
| 117 | 3.636 | Slave_0x50657ade | LE 1M | LE LL | 0 | 150 | 1 | 0 | False | 15 Empty PDU |
| 118 | 3.843 | Master_0x50657ade | LE 1M | ATT | 9 | 119604 | 1 | 1 | False | 19 Sent Find Information Request, Handles: 0x000b..0x000b |

图 9-62　将数据包导入 Wireshark

## 9.5.2　通信数据嗅探

我们可以使用 Wireshark、tcpdump 等工具实现通信数据嗅探。对 IoT 设备进行通信数据嗅探需解决在什么地方、通过什么方法获取通信数据的问题。

IoT 设备一般通过 Wi-Fi 连接互联网，最直接的思路就是在家用路由器上运行抓包程序获取通信数据。但是，在路由器上运行抓包程序需要获取路由器的 root 控制权限，然后在路由器中安装 tcpdump（路由器大多采用嵌入式 Linux）工具实现通信数据的嗅探。但是家用路由器一般不开放 root 权限，需要利用漏洞获取路由器的 root 权限才能安装并运行抓包程序。这种方法比较复杂，不具有普适性。

还有一种方法，那就是在 PC 主机中创建 Wi-Fi 热点，然后将设备和手机连接到创建的 Wi-Fi 热点，并在 PC 主机中运行抓包程序，这样就可以获取设备和手机 App 中的所有通信数据。具体步骤如下。

（1）**创建热点**。在 PC 主机中创建 Wi-Fi 热点，本书通过 360 随身 Wi-Fi 创建 Wi-Fi 热点。图 9-63 所示为使用 360 随身 Wi-Fi 成功创建的 Wi-Fi 热点。

图 9-63　使用 360 随身 Wi-Fi 创建 Wi-Fi 热点

（2）**选取网卡获取通信数据**。在 PC 主机中运行 Wireshark，选取 360 随身 Wi-Fi 对应的无线网卡（无线网络连接 2）获取该网卡的所有通信数据，如图 9-64 所示。

欢迎使用 Wireshark

捕获

…使用这个过滤器: 输入捕获过滤器 …

无线网络连接 2

无线网络连接

本地连接

图 9-64　Wireshark 选取获取通信数据的无线网卡

（3）**设备连接 Wi-Fi 热点**。设备连接新创建的 Wi-Fi 热点，在 Wireshark 中就可以获取设备所有通信数据。图 9-65 所示为共享单车手机 App 的通信数据的获取结果。

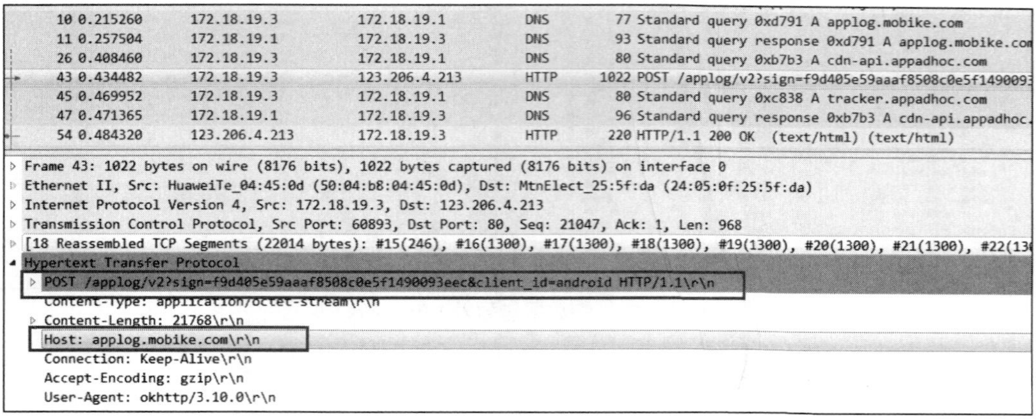

```
10 0.215260   172.18.19.3    172.18.19.1    DNS    77 Standard query 0xd791 A applog.mobike.com
11 0.257504   172.18.19.1    172.18.19.3    DNS    93 Standard query response 0xd791 A applog.mobike.com
26 0.408460   172.18.19.3    172.18.19.1    DNS    80 Standard query 0xb7b3 A cdn-api.appadhoc.com
43 0.434482   172.18.19.3    123.206.4.213  HTTP 1022 POST /applog/v2?sign=f9d405e59aaaf8508c0e5f149009
45 0.469952   172.18.19.3    172.18.19.1    DNS    80 Standard query 0xc838 A tracker.appadhoc.com
47 0.471365   172.18.19.1    172.18.19.3    DNS    96 Standard query response 0xb7b3 A cdn-api.appadhoc.
54 0.484320   123.206.4.213  172.18.19.3    HTTP  220 HTTP/1.1 200 OK  (text/html) (text/html)

Frame 43: 1022 bytes on wire (8176 bits), 1022 bytes captured (8176 bits) on interface 0
Ethernet II, Src: HuaweiTe_04:45:0d (50:04:b8:04:45:0d), Dst: MtnElect_25:5f:da (24:05:0f:25:5f:da)
Internet Protocol Version 4, Src: 172.18.19.3, Dst: 123.206.4.213
Transmission Control Protocol, Src Port: 60893, Dst Port: 80, Seq: 21047, Ack: 1, Len: 968
[18 Reassembled TCP Segments (22014 bytes): #15(246), #16(1300), #17(1300), #18(1300), #19(1300), #20(1300), #21(1300), #22(13
Hypertext Transfer Protocol
  POST /applog/v2?sign=f9d405e59aaaf8508c0e5f1490093eec&client_id=android HTTP/1.1\r\n
  Content-Type: application/octet-stream\r\n
  Content-Length: 21768\r\n
  Host: applog.mobike.com\r\n
  Connection: Keep-Alive\r\n
  Accept-Encoding: gzip\r\n
  User-Agent: okhttp/3.10.0\r\n
```

图 9-65　共享单车手机 App 通信数据

通过数据嗅探可以得到 IoT 设备、手机 App、云端之间的通信数据，可以支撑敏感数据泄露、设备升级安全、设备管理安全、加密通信协议劫持等安全问题的发现。

### 9.5.3　通信数据重放

通信数据重放攻击又称重播攻击、回放攻击，指的是在获取了目标已经接收过的数据包后，再重新发送一次数据包，以达到欺骗目标和控制目标的目的。IoT 中设备种类繁多，很多设备在身份认证等方面的设计中存在问题，通过通信数据重放攻击，攻击者不仅可以获取设备的敏感信息、云端用户数据，甚至能获取设备的控制权。

通信数据重放攻击主要分为设备的通信数据获取和通信数据重放两个阶段。

（1）**通信数据获取**。利用 9.5.1 节所搭建的数据嗅探环境来获取设备的通信数据。但并不是设备的所有通信数据都可以用作重放攻击的数据。重放攻击的数据一般为设备管理、用户认证等类型的数据，而设备的业务数据一般不用于重放攻击。因此需要在设备管理和用户认证过程中获取通信数据，用于重放攻击。

图 9-66 所示为在 VxWorks 远程调试时获取的通信数据，使用 Wireshark 数据保存功能把数据另存为文件。

（2）**通信数据重放**。通信数据重放可以使用现有发包程序实现（如 Burp Suite Pro、TCP&UDP 测试工具等），也可以编写程序（如采用 C、Python 等）实现。

图 9-67 所示为使用 TCP&UDP 测试工具发送图 9-66 所示的通信数据。由于该测试工具认证不严格，因此其会将重放的数据识别为合法数据，并根据数据中的命令回传设备状态信息。

对于存在身份认证缺陷的 IoT 设备和云端服务，攻击者通过获取通信数据并重放的方式可以绕过身份认证环节，实现设备状态查询、用户数据读取和设备远程管理等攻击目的。

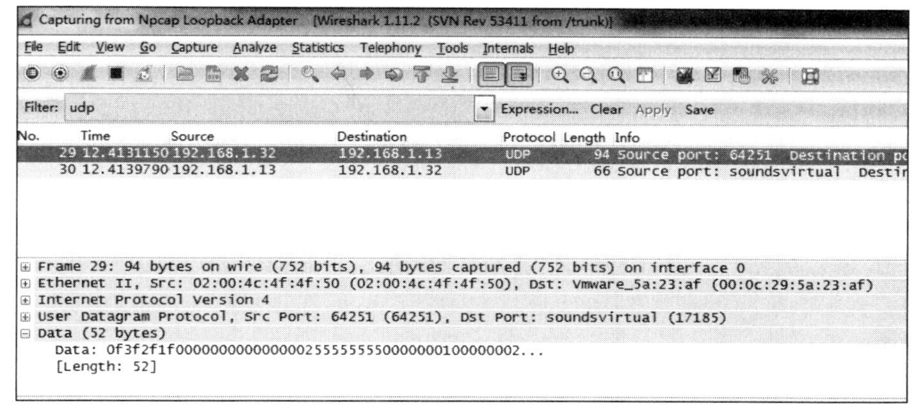


图 9-66 通信数据获取

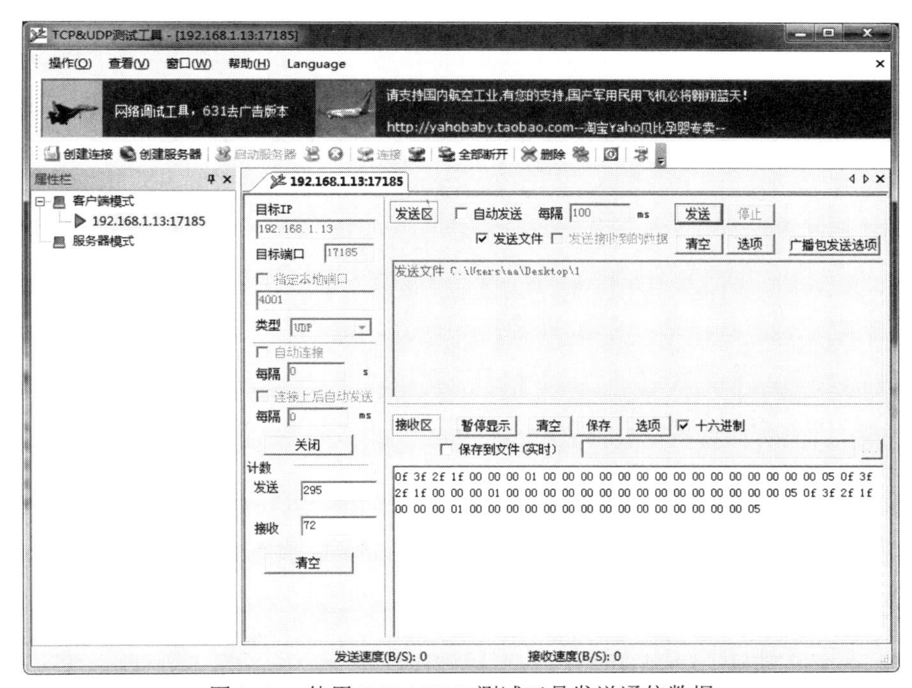


图 9-67 使用 TCP&UDP 测试工具发送通信数据

## 9.5.4 通信数据劫持

通信数据劫持主要对常见的通信协议进行中间人劫持，实现对通信过程的篡改、劫持，结合 IoT 通信协议漏洞和设备认证漏洞实现加密通信明文数据获取、设备升级固件替换等攻击目的。常见的通信数据劫持有 DNS 协议劫持、HTTP 劫持和 HTTPS（SSL）劫持等。

**1. DNS 协议劫持**

IoT 设备中的 DNS 协议劫持主要通过感染 IoT 网关或者路由器实现。DNS 协议劫持将路由器

（网关）配置中的域名服务器修改为攻击者控制的域名服务器，然后对控制的域名服务器进行配置，实现特定域名的解析结果的修改，将特定域名的访问由域名真实IP地址转到指定IP地址，实现特定域名的劫持。

DNS协议劫持结合透明代理服务可将IoT设备的通信数据引导到特定的服务器中（该服务器负责IoT通信数据的转发），在此基础上可以实现以下攻击。

（1）通信数据的获取：可获取IoT设备的所有通信数据。

（2）通信数据的劫持：通过DNS协议劫持可实现设备固件升级劫持和应用层协议中间人攻击。

**2. HTTP劫持**

HTTP明文传输数据，存在数据被嗅探、内容被篡改等安全风险。攻击者监听HTTP通信数据，当满足攻击条件时在HTTP正常通信数据中插入特定的数据报文，实现HTTP客户端特定内容显示或者页面跳转等攻击目的。HTTP劫持主要有302重定向、iframe劫持和JavaScript插入等类型。

（1）**302重定向**。302为浏览器请求某个网页时服务器返回的状态码，其将HTTP请求的URL转向另外一个指定的网址。可以利用302重定向功能实现HTTP请求页面的劫持攻击。302重定向劫持过程如下。

客户端请求代码如下：

```
GET /xxx.html HTTP/1.1
Host:***.test.***
```

服务器响应：

```
HTTP/1.1 302 Temporary Redirect
Location:****://***.hacktest.***/
```

从而实现了当客户端请求***.test.***/xxx.html页面时会重定向到如下的网址：****://***.hacktest.***/。

（2）**iframe劫持**。iframe是在HTML页面中嵌入一些文件（如URL、文档、视频等）的一项技术，可以实现在当前页面中显示其他页面的内容。iframe劫持通过在HTML隐藏嵌入iframe实现特定内容的加载。iframe劫持代码示例如下：

```
<iframe src='****://***.test.***/' width='1' height='1' style='visibility: hidden;'></iframe>
```

（3）**JavaScript劫持**。JavaScript劫持就是替换HTTP请求中原有JavaScript代码，然后在脚本代码中添加恶意攻击程序，攻击完成后重新请求原有JavaScript代码，确保页面不出现异常。

**3. HTTPS（SSL）劫持**

HTTPS是一种引入加密机制的通信协议，其利用SSL/TLS来对数据进行加密，确保通信数据的隐私性与完整性。但是SSL/TLS在具体实现时如果客户端没有校验证书的合法性，攻击者就可以对通信过程进行基于证书替换的中间人攻击，从而还原和篡改通信数据。HTTPS（SSL）劫持过程具体如下。

（1）在客户端和服务器进行HTTPS通信时，中间人截获客户端发送至服务器的请求。

（2）中间人伪装成客户端与服务器进行通信。

（3）中间人获取服务器返回的内容。

（4）中间人伪装成服务器与客户端进行通信。

通过劫持攻击，中间人可以获取客户端和服务器的所有通信数据，但是 HTTPS（SSL）劫持的前提是客户端没有验证中间人证书的合法性，如果客户端验证了证书的合法性，则会使劫持攻击失败。

可以使用 BaseProxy、Fiddler 等工具设置代理实现 HTTPS（SSL）劫持攻击，下面给出了使用 Fiddler 获取的手机端 HTTPS 通信信息。

```
    POST ****://flm.IoT_Weblogin.***/common/user/login_with_image?account=13843813438&password=
test1234&source=24&phone_sn=7fd69c85ac206634 HTTP/1.1
    Content-Type: Application/x-www-form-urlencoded
    User-Agent: Dalvik/2.1.0 (Linux; U; Android 8.1.0; MI MAX 3 MIUI/V10.0.3.0.OEDCNFH)
    Host: flm.IoT_Weblogin.***
    Connection: Keep-Alive
    Accept-Encoding: gzip
    Content-Length: 0


    HTTP/1.1 200 OK
    Server: nginx/1.4.6 (Ubuntu)
    Date: Mon, 15 Oct 2018 08:24:16 GMT
    Content-Type: Application/json;charset=UTF-8
    Content-Length: 158
    Connection: keep-alive
    Accept-Charset: big5, big5-hkscs, cesu-8, euc-jp, euc-kr, gb18030, gb2312, gbk, ibm-thai, ibm00858,
ibm01140, ibm01141, ibm01142, ibm01143, ibm01144, ibm01145,
    {"data":{"access_token":"08938d65f46d44fcee467b8c3c140451bd2edec50a3cb991b2188853942e427a","user_
id":"1626add872fd064"},"rlt_code":"HH0000","rlt_msg":"成功"}
```

从获取到的信息可以发现，手机端虽然通过 HTTPS 提交数据，但是通过中间人劫持可以获取明文的用户通信数据，从中可以提取客户端登录服务器的用户名和密码，具体如下所示。

```
    user: test
    pass: test1234
    data: {"data":{"access_token":"08938d65f46d44fcee467b8c3c140451bd2edec50a3cb991b2188853942e427a",
"user_id":"1626add872fd064"},"rlt_code":"HH0000","rlt_msg":"成功"}
```

## 9.6 移动 App 安全分析技术

本节主要讲述和 IoT 相关的移动 App 安全分析技术，具体为 App 代码安全和 App 数据安全。移动 App 安全分析技术框架如图 9-68 所示。移动 App 代码安全主要指移动 App 可以被反编译和二次打包篡改等安全问题：通过反编译工具还原 App 的功能和设计逻辑；通过二次打包在 App 中添加特定功能的代码，从而实现 App 代码的劫持。App 数据安全主要指 App 编码不规范，将密钥、证书等敏感信息硬编码到 App 中。此外，有些设备在开发过程中将敏感信息输出到日志中，攻击者可以通过日志信息发现设备的各类安全问题。

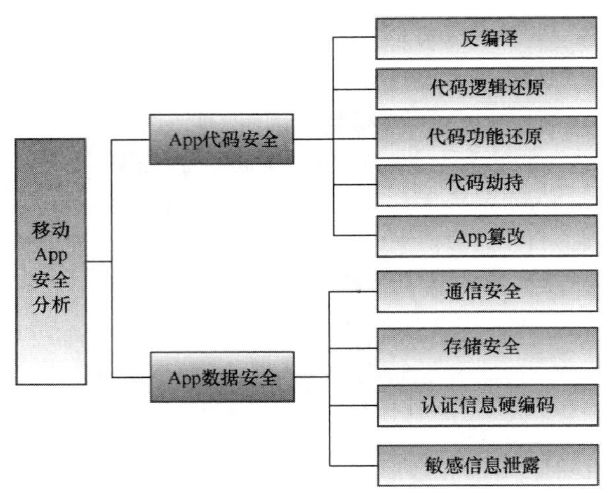


图 9-68　移动 App 安全分析技术框架

## 9.6.1　App 代码安全

以 Android App 为例，Android App 使用 Java 开发，而 Java 程序本身比较容易被反编译成源代码。未经过加密保护的 App 可以通过 apktool、dex2jar、jadx-gui 等反编译工具还原 Java 代码，即使是原生的（native 层）C 代码也可以通过 IDA 进行逆向分析。图 9-69 所示为某路由器移动 App 反编译结果，通过反编译结果可以很容易分析清楚 App 的设计流程，在此基础上可以支撑 App 漏洞的挖掘与利用。

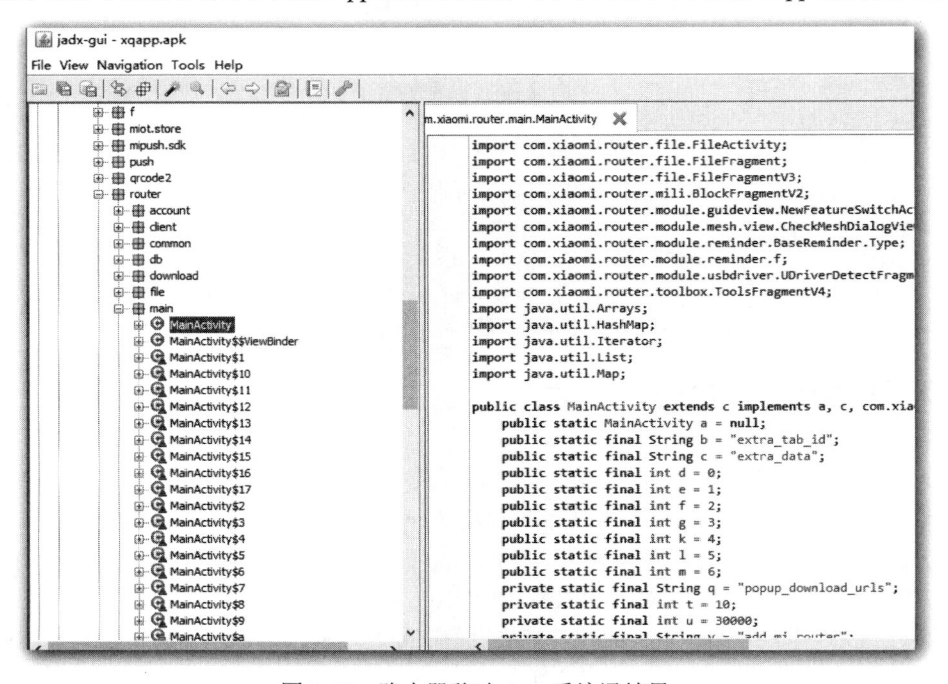


图 9-69　路由器移动 App 反编译结果

可在反编译后的 Java 代码中添加特定代码，然后重新编译生成新的 App。例如，在 App 加密通信过程中，对加解密函数进行劫持，将加解密函数的输入或者输出数据输出，则可实现加密通信数据的明文获取。

## 9.6.2 App 数据安全

在 App 反编译的基础上，通过对 App 代码和资源的分析可以发现 App 设计上的一些安全问题，如明文存储用户认证信息、通信加密脆弱性、IoT 设备隐藏后门账号等。以某智能门锁为例，该智能门锁存在认证数据硬编码问题。反编译智能门锁 App 得到的 Java 代码如图 9-70 所示。

```
public static final String SEND_AQ_ACTION = "com.sunshine.blelibrary.config.SEND_AQ_ACTION";
public static final String SET_MODE = "com.sunshine.blelibrary.config.SET_MODE";
public static final String START_SEVER_SCAN = "com.sunshine.blelibrary.config.START_SEVER_SCAN";
public static final String STOP_SEVER_SCAN = "com.sunshine.blelibrary.config.STOP_SEVER_SCAN";
public static final String TOKEN_ACTION = "com.sunshine.blelibrary.config.token_action";
public static final String UPDATE_DEVICE_LIST = "com.sunshine.blelibrary.config.UPDATE_DEVICE_LIST";
public static final String UPDATE_NEXT = "com.sunshine.blelibrary.config.UPDATE_NEXT";
public static final String UPDATE_VERSION_ACTION = "com.sunshine.blelibrary.config.UPDATE_VERSION_ACTION";
public static final String UPDATE_VIEW = "com.sunshine.blelibrary.config.UPDATE_VIEW";
public static final UUID bltFilterServerUUID = UUID.fromString("0000fbca-0000-1000-8000-00805f9b34fb");
public static final UUID bltServerUUID = UUID.fromString("0000fee7-0000-1000-8000-00805f9b34fb");
public static byte[] key = new byte[]{(byte) 32, (byte) 87, (byte) 47, (byte) 82, (byte) 54, (byte) 75, (byte) 63,
public static byte[] newPWD = new byte[]{(byte) 48, (byte) 48, (byte) 48, (byte) 48, (byte) 48, (byte) 48};
public static byte[] old_key = new byte[]{(byte) 32, (byte) 87, (byte) 47, (byte) 82, (byte) 54, (byte) 75, (byte)
public static byte[] old_yx_key = new byte[]{(byte) 58, (byte) 96, (byte) 67, (byte) 42, (byte) 92, (byte) 1, (byt
public static byte[] password = new byte[]{(byte) 48, (byte) 48, (byte) 48, (byte) 48, (byte) 48, (byte) 48};
public static final UUID readDataUUID = UUID.fromString("000036f6-0000-1000-8000-00805f9b34fb");
public static final UUID writeDataUUID = UUID.fromString("000036f5-0000-1000-8000-00805f9b34fb");
public static byte[] yx_key = new byte[]{(byte) 58, (byte) 96, (byte) 67, (byte) 42, (byte) 92, (byte) 1, (byte) 3

public static IntentFilter initFilter() {
    IntentFilter intentFilter = new IntentFilter();
    intentFilter.addAction(TOKEN_ACTION);
```

图 9-70 反编译智能门锁 App 得到的 Java 代码

对智能门锁的认证关键代码进行分析，例如，查找对 password、newPWD、old_kye、old_yx_key、yx_key 等变量的引用，可以找到一个非常关键的函数 setKeyAndPwd()，代码如下：

```
private void setKeyAndPwd() {
    if (App.getInstance().getMacList().contains(this.address)) {
        int index = 0;
        if (App.getInstance().getMacList().contains(this.address)) {
            index = App.getInstance().getMacList().indexOf(this.address);
        }
        if (index < App.getInstance().getMacList().size() && index >= 0) {
            App.getInstance().setLastDevice((DeviceInfoBean) App.getInstance().getDeviceList().get(index));
            if (App.getInstance().getLastDevice().getType() == 0) {
                GlobalParameterUtils.getInstance().setLockType(LockType.YXS);
                Config.yx_key = new byte[]{(byte) 58, (byte) 96, (byte) 67, (byte) 42, (byte) 92,
(byte) 1, (byte) 33, (byte) 31, (byte) 41, (byte) 30, (byte) 15, (byte) 78, (byte) 12, (byte) 19, (byte)
40, (byte) 37};
            } else {
                GlobalParameterUtils.getInstance().setLockType(LockType.MTS);
                Config.key = new byte[]{(byte) 32, (byte) 87, (byte) 47, (byte) 82, (byte) 54,
(byte) 75, (byte) 63, (byte) 71, (byte) 48, (byte) 80, (byte) 65, (byte) 88, (byte) 17, (byte) 99, (byte)
45, (byte) 43};
```

```
                }
                if (!TextUtils.isEmpty(App.getInstance().getLastDevice().getLockKey())) {
                    String[] split = App.getInstance().getLastDevice().getLockKey().split(",");
                    for (int i = 0; i < split.length; i++) {
                        Config.key[i] = Byte.parseByte(split[i]);
                        Config.yx_key[i] = Byte.parseByte(split[i]);
                    }
                }
                if (App.getInstance().getLastDevice().getLockPwd().isEmpty()) {
                    App.getInstance().getLastDevice().setLockPwd("000000");
                    Config.password = PasswordUtils.pwdStringToByte("000000");
                    return;
                }
                Log.e("getDeviceList::pwd", App.getInstance().getLastDevice().getLockPwd());
                Config.password = PasswordUtils.pwdStringToByte(App.getInstance().getLastDevice().getLockPwd());
            }
        }
    }
```

通过梳理智能门锁的开锁流程，我们可以发现App以Token值作为开、关锁蓝牙通信的加解密密钥。进一步分析发现，生成Token的key被硬编码到App中，其可以通过反编译的方式读取出来，从而可以模拟生成Token与智能门锁通信，实现开、关锁操作。

```
        findViewById(R.id.open_lock).setOnClickListener(new View.OnClickListener() {
    @Override
    public void onClick(View v) {
        if (mToken.getText() == null || mToken.getText().toString() == null) {
            ToastUtil.showToast(DeviceControlActivity.this, "还未获取到token，无法开锁");
            return;
        }
        String open_str = openLock();
        byte[] lock_key = new byte[]{55, 39, 2, 89, 88, 96, 55, 58, 57, 44, 77, 96, 7, 3, 42, 48};
        //nokelock
        String en_open_lock = AESCoder.ecbEnc(open_str,HexUtilTemp.bytesToHex(lock_key));
        ViseLog.i("获取加密发送 open lock 指令：" + en_open_lock);
        BluetoothDeviceManager.getInstance().write(mDevice,HexUtil.decodeHex(en_open_lock.toCharArray()));

        ViseLog.i("获取加密发送 open lock 指令完毕，等待开锁" );


    }
});
```

## 9.7　云端安全分析技术

云端主要用于采集和处理IoT设备数据，提供设备接入、设备管理和数据存储等服务。IoT很多安全问题是由云端导致的，云端是IoT的主要攻击界面之一，也是对IoT进行漏洞挖掘很好的切入点。云端安全分析技术框架如图 9-71 所示，本节主要从云平台安全和云应用安全两个方面来阐述云端安全分析技术。

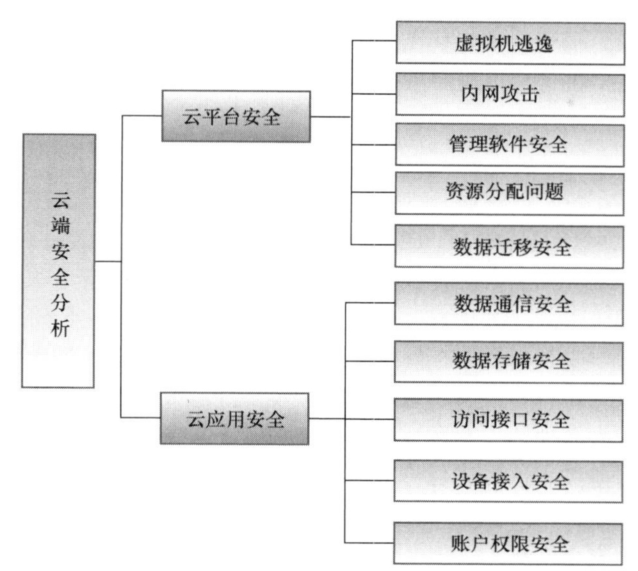


图 9-71 云端安全分析技术框架

## 9.7.1 云平台安全分析

云平台指云服务的提供者，包括第三方云平台和 IoT 厂商独自设计实现的云平台。云平台通过虚拟化技术进行资源发布与部署，实现操作系统运行、数据存储、数据通信和数据处理等功能。云平台通过分布式数据存储和海量数据管理等技术，满足大量用户并行和并发的访问请求，并对海量用户数据进行分析和处理。云平台的基础是虚拟化技术，云平台存在的安全问题主要有虚拟机网络安全、虚拟机管理软件安全、拒绝服务攻击、数据迁移安全等。

（1）**虚拟机逃逸**。虚拟机逃逸是目前虚拟化攻击研究的一大重点。利用虚拟化逃逸，攻击者通过虚拟机中的程序调用特殊函数可以获取宿主机访问权限，甚至能完全控制宿主机。在控制宿主机的基础上可以完全控制宿主机上运行的所有虚拟机。

（2）**虚拟机网络安全**。在虚拟化环境下，一台宿主机上会部署多台用户虚拟机，这些虚拟机之间的通信不经过网络，也不经过网络交换机，这会导致传统的入侵防护设备的防护策略无效。如果攻击者控制了一台虚拟机，可以以该虚拟机为“跳板”对同一宿主机中的其他虚拟机开展攻击，而不被传统的入侵防护设备阻拦。

（3）**虚拟机管理软件安全**。虚拟机管理软件可以对其上运行的所有虚拟机进行配置和管理，还可以获取所有虚拟机中的数据。攻击者利用虚拟机管理软件的漏洞（如弱口令、代码执行等漏洞）可以获取虚拟机管理软件控制权，实现虚拟机的管理和数据的获取。

（4）**拒绝服务攻击**。同一宿主机中的所有虚拟机共享资源，如果虚拟机管理程序资源调度出现问题，攻击者就可以通过一台虚拟机占用宿主机的所有资源和流量，导致其他虚拟机无法正常工作，以实现对云平台提供服务的拒绝服务攻击。

（5）**数据迁移安全**。云平台虚拟化支持虚拟机在线迁移，如果在线迁移过程使用明文数据传输，攻击者就可以在虚拟机迁移过程中嗅探、获取迁移虚拟机中的数据，还可以对传输的数据进行篡改实现代码的隐蔽植入。

## 9.7.2　云应用安全分析

云应用指云平台上运行的具体 IoT 应用服务。云应用提供设备接入、设备管理、数据存储等服务。云应用由 IoT 厂商在云平台上开发，但是因为一些 IoT 厂商安全意识薄弱或者不重视安全代码开发，导致很多云应用存在各种安全问题。云应用存在的主要安全问题包括设备接入安全、访问控制安全、数据通信安全、数据存储安全、外部访问接口安全等。

（1）**设备接入安全**。IoT 中设备所处的网络环境多样，设备分布广泛，有的甚至无人管理，因此在设备接入和管理方面往往会存在很多安全问题。攻击者可以分析云端是否对接入终端进行了充分的身份验证和访问控制，如果身份验证不充分，则可对设备进行身份伪造、终端节点复制等攻击；还可以分析云端对用户业务认证是否充分，是否存在假冒用户使用未授权的业务或授权用户使用未定制业务等安全问题，实现认证绕过和非授权数据访问等目的。

（2）**访问控制安全**。IoT 的“端—管—云”架构中，各节点互联互通的关键是基于身份认证的访问控制，通过访问控制可确保终端的合法性和数据交互的安全。但是有些厂商为了降低成本或者只是单纯满足功能要求，在访问控制方面使用简单的身份认证技术或者没有使用身份认证，导致攻击者可以很容易地获取设备和用户的云端数据。

（3）**数据通信安全**。设备与云平台之间、用户 App 和云平台之间时时刻刻在进行数据交互，可能存在通信数据流量分析、嗅探、篡改和重放等安全问题。

- 攻击者可以对通信数据进行嗅探，获取终端和云端之间的通信数据，分析是否存在用户身份、地理位置、账号密码、隐私数据等信息明文传输问题。
- 攻击者可以分析终端的身份认证信息的传输过程是否加密，能否篡改用户身份认证信息或者重放用户身份认证信息以实现身份认证和访问控制的绕过。
- 用户可以分析接入协议和通信协议是否安全，是否存在协议劫持攻击等安全问题。

（4）**数据存储安全**。IoT 云端会存储用户业务信息，如智能穿戴设备记录的个人信息、智能摄像头记录的影像信息、智能电表记录的用电信息等。此外云端还会存储一些管理信息，如设备的配置信息等。攻击者可以通过授权绕过、数据重放等攻击方式来分析数据存储是否安全，是否存在数据泄露、数据越权访问、非法修改等安全问题。

（5）**外部访问接口安全**。云端会开放一些外部访问接口并提供丰富的应用开发，这些外部访问接口也是云端安全分析很好的切入点。云端外部访问接口通常会存在注入、代码执行、文件上传下载等漏洞，可以使用 Web 服务常见的安全分析技术来分析云端外部访问端口是否存在漏洞。

# 9.8 应用场景安全分析知识

本节针对部分典型应用场景进行安全分析技术及配套工具介绍，达到抛砖引玉的效果。

## 9.8.1 智能家居安全分析

智能家居为典型的“端—管—云”架构，在智能家居场景下，智能家庭网关是其中一个重要节点。智能家居安全分析技术框架如图 9-72 所示，智能家居安全分析主要集中在终端安全、网络通信安全和云端安全，这里将智能家庭网关安全归属到终端安全。

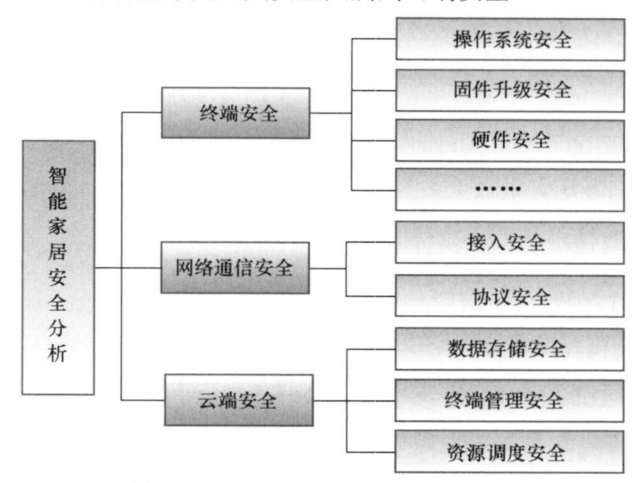


图 9-72 智能家居安全分析技术框架

（1）**终端安全分析**。终端安全分析技术主要包括操作系统安全、固件升级安全、硬件安全，还包括应用安全、数据存储安全、移动 App 安全等，涉及不当的证书验证、不安全的更新过程、开发者遗留在固件中的调试信息、弱口令等漏洞类型。

攻击者可通过设备预留的串口获取设备的控制权，在此基础上获取设备中存储的敏感信息和设备固件。例如针对智能温控器，攻击者可通过物理接触（串口或者 USB 端口）获取其系统控制权，在此基础上加载恶意代码到智能温控器上，阻止用户的智能温控器数据发送到服务器。

针对一些开放网络服务的设备，攻击者可以挖掘设备开启的 Telnet、SSH、Web 等服务漏洞，实现设备的远程控制。

智能家居一般通过手机 App 进行控制和管理，手机 App 在登录验证、远程控制、短信验证码发送等方面同样会存在各种安全问题。用户可以分析手机 App 在设备控制、云端数据读取、授权认证、密码重置等方面的安全问题。

智能家居网关可实现对所有智能家居信息的采集、输入、输出、集中控制、远程控制、联动控制等功能。智能家居网关可能会存在 Telnet、SSH、Web 等服务漏洞，一旦智能家居网关被控制，那么整个网络中的智能家居就会被控制，危害非常严重。

（2）**网络通信安全分析**。主要分析设备在和云端通信过程中是否存在不安全的网络通信、不安全的无线通信和身份劫持等安全问题，涉及无线监听、流量劫持、身份劫持、DDoS 攻击、伪基站、数据篡改、信息泄露、命令执行等漏洞。

身份劫持主要通过分析设备交互控制协议，劫持智能家居设备身份的“安全凭证”，实现相关设备的远程控制。智能家居身份的安全标识通常包含账号 Cookie（如身份 Token）、用户 ID（userid）、设备 ID（deviceid）、认证或加密的 key 等字段。设备通过携带 4 元组信息（userid、deviceid、token 和 action），向云端认证请求时，如果云端对 4 元组信息校验出现不一致，就会导致身份劫持。如把 userid、deviceid、token 三者中的一种直接当成用户身份，而不是进行严格的身份一致性判断。一旦设备对这些身份信息验证不严，就可能导致身份劫持，造成隐私敏感信息泄露、智能设备被任意控制、财产损失、随时被监控等危害。

不安全的网络通信包括数据未加密或者控制指令简单等，利用不安全的网络通信攻击者可获取敏感信息，甚至能澄清设备的工作方式。例如，在智能家居开发的过程中，由于不安全的网络通信，攻击者可以伪造各类指令，实现设备控制。

IoT 设备的 Wi-Fi、ZigBee 和蓝牙等无线通信协议可能存在漏洞，攻击者利用这些漏洞可实现 IoT 的嗅探、篡改、伪造数据包等。

（3）**云端安全分析**。云平台在 IoT 接入、管理和数据存储等方面存在安全问题，涉及 Web 安全、运维安全、身份认证安全、访问控制安全、云端系统安全等方面。

身份认证安全主要为云端身份认证存在漏洞，如弱口令、用户密码修改流程中的漏洞、认证绕过等。访问控制安全主要指云端访问控制机制不健全，导致用户可以访问其他用户的数据。云端一般支持 Web 服务，可能会存在 XSS、CSRF 以及 SQL 注入等常见的 Web 漏洞。云端采集并存储大量用户数据，可能会存在信息泄露等漏洞。云端服务器或路由器等网络设备使用的系统、软件同样会存在各种漏洞，攻击者利用这些漏洞可实现对云平台的接管。

## 9.8.2　智能汽车安全分析

智能汽车安全分析技术框架如图 9-73 所示。针对智能汽车的安全分析主要从车载远程控制网络安全、T-BOX 安全、CAN 总线安全、USB 设备安全、TCU 安全和汽车控制软件安全等方面开展。

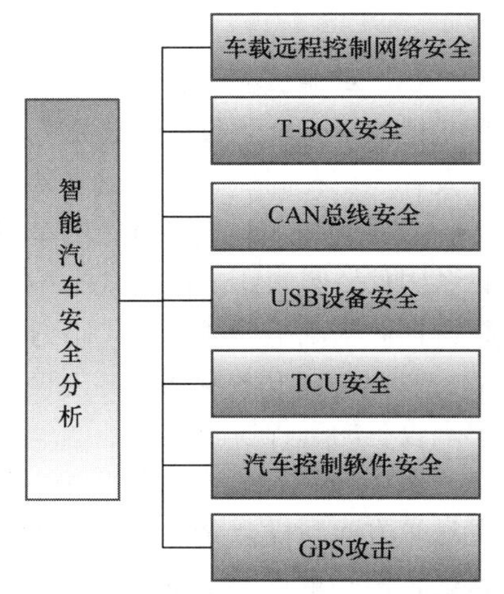

图 9-73　智能汽车安全分析技术框架

（1）**车载远程控制网络安全**。智能汽车通过车载联网系统实现与外部的网络连接（有的利用 3G 或 4G 实现联网通信）。车载联网系统为攻击者提供了入口，攻击者可以通过网络直接对智能汽车展开攻击。现阶段智能汽车上有很多通信装置，如智能钥匙、轮胎压力监测系统、路车间通信等。智能汽车使用的无线通信功能，就有可能受到通信被窃听、重发、信息篡改等安全威胁。

（2）**T-BOX 安全**。T-BOX 是车载智能终端 Telematics BOX 的简称，主要用于智能汽车与车联网服务平台之间的通信，它集成了 OBD、MCU/CPU、SENSOR、GPS、3G/4G、Wi-Fi/蓝牙等模块。对内与车载 CAN 总线相连，实现指令和信息的传递；对外通过云平台与手机/PC 端实现互联，是车内外信息交互的纽带。

T-BOX 安全问题主要有固件逆向和信息窃取。固件逆向主要通过分析 T-BOX 固件，获取加密算法和密钥，以及解密通信协议，用于窃听或伪造指令；信息窃取主要通过 T-BOX 读取智能汽车 CAN 总线数据和私有协议，通过 T-BOX 预留调试接口读取内部数据用于攻击分析，或者通过对通信端口的数据抓包，获取用户通信数据。

（3）**CAN 总线安全**。行车系统通过车电网络（CAN 总线）被控制，如果 CAN 总线通信缺乏加密和访问控制机制，则攻击者利用该问题可以逆向 CAN 总线通信协议，分析出智能汽车控制指令，伪造攻击指令。如果 CAN 总线通信缺乏认证及消息校验机制，则攻击者可以实现消息的伪造和篡改。

（4）**USB 设备安全**。对于车载娱乐系统，攻击者可以从 USB 设备中读取内容，系统读取 USB 设备过程中可能存在漏洞，实现代码的执行。例如攻击者在 U 盘上复制一组自动执行脚本，将其插入智能汽车的仪表板即可在固件上执行恶意代码。

（5）**TCU 安全**。TCU 是一种调制解调器，现在的汽车普遍用它来传输数据。利用 TCU，汽车之间可以互相通信，还可以用 Web 控制台和手机 App 来远程控制 TCU。TCU 在处理命令时可能存在代码执行和缓冲区溢出漏洞，攻击者可利用临时移动用户识别码（Temporary Mobile Subscriber Identity，TMSI）入侵并且控制内存等。

（6）**汽车控制软件安全**。通过分析汽车控制软件来实现对智能汽车的控制。这里的汽车控制软件主要为手机 App、智能钥匙、智能穿戴等，使用它可以分析 App 的漏洞、获取智能汽车控制软件权限，从而实现对智能汽车的控制。

（7）**GPS 攻击**。攻击者通过发送错误的信号来欺骗 GPS 接收器，导致智能汽车导航定位功能失效。

### 9.8.3 智能监控安全分析

视频监控设备在终端加固、数据传输、设备控制等方面存在安全问题，其安全分析原理和智能家居安全分析类似，可以从终端安全、网络通信安全和云端安全 3 方面开展安全分析，其主要安全分析技术如下。

（1）**终端安全**。终端安全主要包括物理安全、固件安全、系统安全和设备控制软件安全。

- 物理安全主要指预留调试接口、固件提取、设备序列号篡改、修改存储介质等安全问题。
- 固件安全主要指固件未加密，攻击者可以分析和调试固件，获取敏感数据、硬编码密码、敏感 API，逆向加密算法等安全问题。
- 系统安全主要指设备存在 Telnet、SSH、Web 等服务漏洞，设备广泛使用弱口令或者默认口令等安全问题。
- 设备控制软件安全主要指对 App 进行脱壳、使用反编译工具获取源码，分析手机 App 和云端对设备的远程控制协议，破解视频监控设备远程控制指令，以实现对设备的非授权控制。

（2）**网络通信安全**。主要指通信流量是否加密、可否抓包劫持通信数据等安全问题。

（3）**云端安全**。主要指任意用户注册、用户枚举、验证码缺陷、访问越权、重置密码等安全问题。

### 9.8.4 智能穿戴安全分析

智能穿戴安全分析主要体现在设备配对连接、数据泄露和云端安全 3 方面。

（1）**设备配对连接**。智能穿戴设备和智能手机之间的配对所用的蓝牙和 Wi-Fi 通信协议非常脆弱，虽然这些协议在不断改善，但是由于缺乏内置的个人识别号（Personal Identification Number，PIN）保护或安全指纹，这些设备配对可能会存在各种安全问题。例如尝试各种用户名和密码组合破解密码；挖掘配对蓝牙协议漏洞绕过手机直接与智能穿戴设备连接，在无须验证配对的基础上就可以直接控制智能穿戴设备。

（2）**数据泄露**。数据泄露主要指智能穿戴设备对外广播 MAC 和设备名称的时候没有进行加密、个人信息上报过程明文传输等，攻击者通过蓝牙嗅探工具可以轻易获取设备信息和个人数据。

（3）**云端安全**。智能穿戴设备的数据通过云端存储，攻击者可分析云端数据读取的脆弱性，找到越权访问漏洞接口，通过漏洞接口枚举云端用户信息，实现对其他用户数据的实时读取。

## 9.9 本章小结

本章首先介绍了 IoT 安全分析技术框架，作为 IoT 安全分析实践的切入点。在此基础上，以“端—管—云”为主线，先后阐述了设备固件获取方法、固件逆向分析技术、设备漏洞分析技术、业务通信安全分析技术、移动 App 安全分析技术、云端安全分析技术等几方面的分析技术以及相应的工具运用方式。最后，介绍了不同应用场景对应的安全分析知识，使读者能在原理基础上进行灵活验证、加深掌握程度。

# 第 10 章

# IoT 安全发展趋势

本章着眼于未来信息技术发展，展望零信任、5G 通信、人工智能、边缘计算、国产自主、区块链应用为 IoT 安全带来的一系列新影响，使读者能从不同方向了解 IoT 安全发展趋势，为读者的学习和工作选择提供参考。

## 10.1 零信任与 IoT 安全

零信任（Zero Trust，ZT）是一种安全理念和安全解决方案架构，指的是网络系统中各组成部分之间并非“默认”信任的，各组成部分之间的访问需要额外的身份认证来保障，认证通过则可以进行业务访问。零信任的核心是增加了系统中的身份认证环节，这样即使网络中某些环节被攻破，其他部分在一定程度上也是安全的。关于零信任模型及其应用的扩展知识，这里不展开，读者可查阅相关参考资料。

零信任是 IoT 安全发展趋势之一，在一些重要的应用场景中，设备、网关、云端、移动 App 都可以通过零信任引入合理的认证授权，以增强对 IoT 产品的隔离和访问控制能力。在车联网、智能家居等重要应用场景中，设备的操控配置、升级更新等环节往往可能被黑客进行非授权利用并造成严重后果，如果通过零信任增强认证防护，本书中介绍的许多安全风险都将得到遏制。

此外，许多 IoT 厂商尚处于产品设计与推广的“铺路架桥”阶段，通过引入零信任增加“防护栏”的做法意味着短期内产品成本的升高。从长远来看，零信任可能会先在某些安全敏感度较高的行业率先实施，包括汽车、家居、医疗等，然后在更多行业逐步实施。

## 10.2 5G 通信与 IoT 安全

5G 技术是第五代蜂窝移动通信技术，是 2G、3G、4G 技术的延伸，其主要特点是高速率、低延迟、低功耗和大容量等。与 4G 通信相比，5G 通信最大的优势是数据传输速率提高了上百倍，理论峰值可达 10Gbit/s,延迟低于 1ms，可满足设备连接、高清视频、虚拟现实等应用需求。

5G 通信的关键技术是网络切片技术，其原理及特性如图 10-1 所示，它对网络数据实行类似于交通管理的分流管理，其本质是将现实存在的物理网络在逻辑层面上划分为多个不同类型的虚拟网络。网络切片技术依照不同用户的服务需求，基于如时延高低、带宽大小、可靠性强弱等指标进行划分，从而应对复杂多变的应用场景。

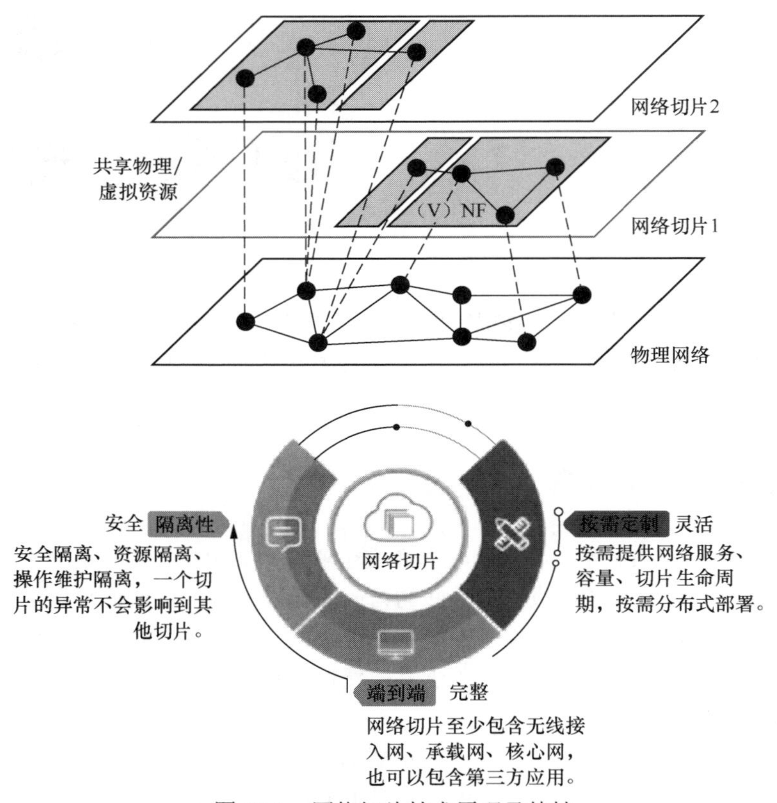


图 10-1　网络切片技术原理及特性

5G 的覆盖加速了 IoT 发展进程，将实现真正的“万物互联”。5G 网络覆盖手机、智能家居、自动驾驶、远程医疗、智慧城市等领域，影响人们生活中的方方面面。为了提高通信安全和保护用户隐私，在继承 3G、4G 网络安全技术的基础上，5G 网络设计实现了多种安全特性以确保自身的安全，新增的安全特性主要有以下几种。

（1）**增强接入和认证的安全**。在接入的身份认证方面，3G / 4G 终端的长期身份标识（即国际移动用户标志，International Mobile Subscriber Identity，IMSI）会直接以明文的形式在信道中传输，用户身份信息容易被截获。5G 使用 SUPI 唯一标识符标识用户，其通过在 USIM 卡中增加运营商设定的公钥，以该公钥直接将用户的 SUPI（即 IMSI）加密为 SUCI；电信网络用私钥来解密，从而保护用户身份不被窃听攻击。

在认证协议方面，5G 使用 EAP-AKA 实现统一框架下的双向认证，支持非第三代合作伙伴计划（3rd Ceneration Partnership Project，3GPP）的接入，使用 5G-AKA 增强归属网络控制。除了原有认证之外，5G 还可以借助第三方的二次认证提供认证服务。同时，5G 对海量 IoT 连接使用群组认证，对车联网使用 V2V 快速认证。5G 的密钥分发流程下发到网络边缘的各个认证节点，有效防止了对网络中间部署的、集中的认证中心的信令冲击。

（2）**构建网络切片安全机制**。5G 主要有增强型移动宽带（enhanced Mobile Broadband，eMBB）、大规模机器通信（massive Machine Type Communication，mMTC）、低时延高可靠通信（ultra Reliable&Low Latency Communication，uRLLC）三大应用场景。eMBB 是以人为中心的应用场景，集中表现为超高的传输数据速率、广覆盖下的移动性保证等。mMTC 中，5G 强大的连接能力可以快速促进智慧城市、智能家居、环境监测等行业的深度融合。uRLLC 的连接时延可达到 1ms 级别，而且可支持高速移动情况下的高可靠性连接。

（3）**提高 5G 终端的安全要求**。5G 终端通用安全要求包括信令数据的机密性保护、签约凭证的安全存储与处理、用户隐私保护等。5G 终端特殊安全要求包括对 uRLLC 终端需要支持高安全、高可靠的安全机制；对 mMTC 终端需要支持轻量级的安全算法和协议；对于一些特殊行业，需要专用的安全芯片，定制操作系统和特定的应用。

总体来看，5G 通过增加和改进安全特性，在网络安全上有较大进步。5G 上述安全特性的设计，对于提高网络和应用的安全具有重要作用。但是，5G 使得联网的 IoT 设备增多，使用 SIM 卡的设备增多，其在安全性方面仍面临着很大挑战，可能存在以下安全风险。

（1）**各厂商均先占领市场，未全面考虑安全问题**。目前，关于 5G 的一些安全机制还停留在设计层面，很多厂商为了抓住 5G 市场机遇，在开发 5G 产品时往往注重功能要求，而未全面考虑安全问题。这就可能导致设计和协议是安全的，但是在具体实现上打了折，导致出现一些不应该出现的安全问题。

（2）**联网系统复杂度增加**。4G 和以前的 3G 采用比较简单的信赖模型，只需验证本地端系统安全性。但是 5G 与过去的移动通信系统相比，在提供网络连接服务上的流程相对复杂许多，可能有其他不同的无线连接技术如 Wi-Fi、蓝牙、LoRa 等，使得联网系统的复杂度大为增加，系统间有更多身份验证和责任归属问题。

（3）**隐私安全问题**。智能手机相较于普通手机而言，更容易将隐私数据传输到互联网。5G 通信网络快速发展，个人隐私数据将与众多的 IoT 设备数据发生重合，IoT 云端将更多地存储个人隐私数据，难以确保 IoT 厂商针对用户隐私数据的保护强度。

（4）**攻击界面增加**。5G 使得以前难以实现的场景变得可行。在安全性方面，uRLLC 技术使原来不联网或相对封闭的网络连接到互联网上，设备一旦暴露在互联网，就存在被攻击的可能性。

另外，随着 5G 网络的铺设和大规模商用，越来越多的 IoT 设备会嵌入 SIM 卡或直接使用 eSIM 卡与 IoT 云端进行通信，从而绕过网关代理层（Wi-Fi 或手机）。这也会导致攻击界面的增加，恶意攻击者通过伪基站或运营商网络可直接对 IoT 设备进行攻击。

（5）**切片技术导致网络边界模糊化**。5G 网络中有一个突出的特点是基于切片技术的核心网虚拟化，使得传统的网络边界变得十分模糊，以前依赖物理边界防护的安全机制难以得到应用，给 5G 网络安全带来了新的安全风险和挑战。

## 10.3 人工智能与 IoT 安全

人工智能具备从海量数据中自动学习新知识的功能，这一特性与 IoT 设备的业务场景十分匹配，因为 IoT 设备总是无时无刻在处理来自外部的数据。从某种程度上来说，IoT 设备通常不缺乏数据，而是缺乏有效的数据处理程序。近年来，人工智能与物联网的结合（AIoT）正在兴起，其在消费、金融、汽车、文娱、高端制造、教育、物流和安防等行业开始尝试应用。一些大型企业，例如国内的百度、腾讯和阿里巴巴等，纷纷开始布局 AIoT，如表 10-1 所示。

表 10-1　企业 AIoT 发展战略和应用场景

| 日期 | 企业 | 发展战略 | 应用场景 |
| --- | --- | --- | --- |
| 2018 年 3 月 | 阿里巴巴 | AIoT 成为阿里巴巴的“第五个主赛道” | 智能家居、智慧城市、工业互联网 |
| 2018 年 4 月 | 百度 | AIoT 战略合作 | 自动驾驶、智能家居 |
| 2018 年 5 月 | 腾讯 | 3 张网布局：人联网、IoT、智联网 | 腾讯超级大脑 |
| 2018 年 11 月 | 小米 | AIoT 是小米的核心战略 | 智能家居、AIoT 硬件平台 |
| 2018 年 12 月 | 华为 | 华为 AIoT 战略 | 个人、家庭、办公、车载等 |
| 2018 年 12 月 | 京东 | 推出“京鱼座”AIoT 品牌 | 智能硬件、智能家居和智慧出行等 |
| 2019 年 1 月 | 云知声 | 公布了其多模态 AI 芯片战略 | 智慧城市、智能家居和智慧出行等 |
| 2019 年 1 月 | 思必驰 | 发布首款 AI 芯片 | 智能家居、智能车载、企业服务 |
| 2019 年 1 月 | OPPO | 成立新兴移动终端事业部专注 AIoT 技术研发 | 智慧生活 |
| 2019 年 1 月 | 旷视 | 宣布打造 AIoT 操作系统 | 制造业、智慧物流等 |

AIoT 大大促进了 IoT 和 AI 的发展。在 AIoT 架构中，AI 是数据的处理大脑，IoT 是数据采集终端。IoT 中数十亿的设备（如传感器和摄像头等）采集环境数据，并将这些数据传输给 AI 进行分析和处理。随着处理的数据增多，AI 从数据中学习到的知识就更加精准，AI 就会变得越来越“聪明”。同时，随着 AI 越来越“聪明”，反哺给 IoT 设备的智能化程度就越高。例如，智能家居系统将能更好地识别用户的意图，不再需要当下显式的用户参与的方式，将极大提升用户体验。

一方面，AIoT 显著提升了 IoT 的智能化处理能力；另一方面，目前 AI 技术还远远未成熟，势必会引起 IoT 攻击界面的增多。典型的有，AI 学习的模型在目前几乎不具备可解释性。在普通的信息系统场景下，不可解释的模型通常不会引起严重的后果，例如机场的人脸识别系统即使识别错误也还有工作人员进行复核，又如智能音响识别语音错误还可以再次启动语音输入。但是，在很多的 IoT 场景中，不可解释的模型可能会引发严重的安全事故，例如自动化生产过程中，如果其中采用的人脸识别和语音识别被识别错误，就可能导致生产过程失控，进而造成生产安全事故。已经有研究人员发现，一些语音识别技术甚至能处理人类不可听见的声音，如超声波，这使得 AIoT 存在攻击被放大的风险。

此外，AI 需要大量的数据来训练学习。在 AIoT 的场景下，为了强化智能化的能力，势必需要采集更多的数据。但是，与信息系统不同的是，IoT 系统采集的数据通常都有较强的隐私性。如人脸数据、语音数据、健康数据和起居数据等，这些数据一旦被泄露就可能造成直接和间接的危害。例如，直接泄露用户的健康数据可能对用户的治疗和名誉造成极大的影响。又如，黑客可以通过泄露的语音数据来训练模仿某个用户语音的语音模型，从而生成伪造的语音，这可能造成更大的潜在破坏。

最后，AI 也可以用在 IoT 系统中来对抗安全攻击。IoT 设备是受业务驱动的，但由于软硬件的资源限制，因此 IoT 设备的业务通常不会频繁变更。然而，IoT 设备的种类繁多且数量巨大，采用人工对设备进行业务分析是困难的。因此，IoT 也可以运用 AI 技术来自动学习每个设备的业务，最终实现智能设备自身异常行为的检测，从而抵御典型的安全攻击，包括病毒感染攻击、拒绝服务攻击和漏洞攻击等。

## 10.4 边缘计算与 IoT 安全

边缘计算是指在靠近物或数据源头的一侧，采用网络、计算、存储和应用核心能力为一体的开放平台，直接提供最近端的服务。由于数据的分析和处理在边缘侧，因此能产生更快的网络服务响应，可更好地满足行业在实时业务、应用智能、安全与隐私保护等方面的基本需求。

由于物联网设备的硬件资源有限，边缘计算对于物联网就显得格外重要。物联网采用边缘计算技术后，意味着许多设备的控制将通过本地边缘设备实现而无须交由云端，处理过程将直接在本地边缘计算层完成。显然，这将大大提升处理效率，减轻云端的负荷。同时将更加靠近用户，可为用户提供更快的响应，将需求在边缘侧解决。因此，图 10-2 所示的大量 IoT 应用场景在边缘计算的支持下，将会显著提升产品的智能化，智能家居和智慧城市等将会真正拥有极致的用户体验。

图 10-2 边缘计算支持的 IoT 应用场景

然而，边缘计算在提升物联网设备处理能力的同时，也带来了新的安全风险。具体来说，有如下的两大典型安全风险。

（1）**边缘计算平台自身的安全风险**。与末端的物联网设备相比，边缘计算平台的资源是较为充足的。但是，相较于物联网的云计算平台，边缘计算平台的资源是十分有限的。这意味着边缘计算平台自身的安全防护能力远不及云计算平台，其一旦被部署到靠近末端设备的边缘侧，则可能会造成严重的网络攻击。

由于边缘计算平台的自身漏洞（如 Web 应用漏洞和协议漏洞等）直接暴露在黑客面前，因此其很容易被黑客挖掘并加以利用，从而导致该边缘计算平台被黑客攻陷，进而使得接入该边缘计算平台的物联网设备也被攻击。现有的一些边缘计算平台多是封装在软硬件一体化的设备中的，其中潜在的安全问题还未得到充分暴露，需要进一步深入研究。

（2）**边缘计算的数据传输风险**。由于边缘计算避免了物联网设备到远处云端的数据传输延迟，因此边缘计算技术被整合到物联网系统后，无疑会有更多设备采集更全面的数据并传输到边缘计算节点进行分析和处理，从而提升设备的智能化程度。

随着更多类型的物联网数据接入边缘计算节点，数据传输的风险也在逐步增高。黑客通过捕获流入边缘计算节点的多类型数据，可能构建出高度威胁用户个人隐私的数据。因为很多物联网设备的计算资源是极其受限的，其数据传输甚至无法采用加密传输，所以边缘计算节点如果允许明文传输数据，则无疑会放大这种数据传输风险。

总的来说，边缘计算会给物联网设备带来处理能力的巨大提升，但这种提升不是在物联网设备内部完成的，而是通过把数据传输到外部的边缘设备完成的。因此，这种额外的传输和处理会增加新的攻击界面，需要引起足够的重视。边缘设备资源有限，现有数据安全保护适用于边缘计算。网络边缘高度动态的环境也会使网络更易受到攻击。

## 10.5　国产自主与 IoT 安全

随着国际形势发展，软件、硬件与行业生态的国产化与自主可控是我国信息产业的发展趋势。国产自主一方面使得国内企业可以在一定程度上减少对国外企业的依赖，另一方面自主、可控地构建全产业链生态圈，可确保国家和公民的信息安全。华为鸿蒙操作系统（HarmonyOS）是国产自主可控的典型代表。2019 年 8 月，在华为开发者大会上，华为公司发布基于微内核的全场景分布式鸿蒙操作系统，同时宣布将方舟编译器开源。鸿蒙操作系统是一款“面向未来”的操作系统，将适配移动智能终端、智能汽车、智能穿戴设备等多终端设备。鸿蒙操作系统的诞生拉开了改变操作系统全球格局的序幕，具有重大意义。鸿蒙操作系统的微内核架构如图 10-3 所示，鸿蒙微内核从底层即为 IoT 设计，连接实时性更好，同时结合 5G 通信的低时延场景，其能满足“万物互联”的要求。

鸿蒙操作系统一旦在 IoT 领域展开应用，可能会使许多行业的产品从底层硬件到上层业务应用随之发生变化，其安全基线可能相应提升，而华为公司负责提升基础安全，即只提供来自系统底层的安全防护。采用鸿蒙操作系统的各个设备厂商，可能会根据自身产品需求及特点，增加更多定制化的内容，这些内容可能产生新的攻击界面和漏洞，因此相关的安全研究工作也应长期持续开展。

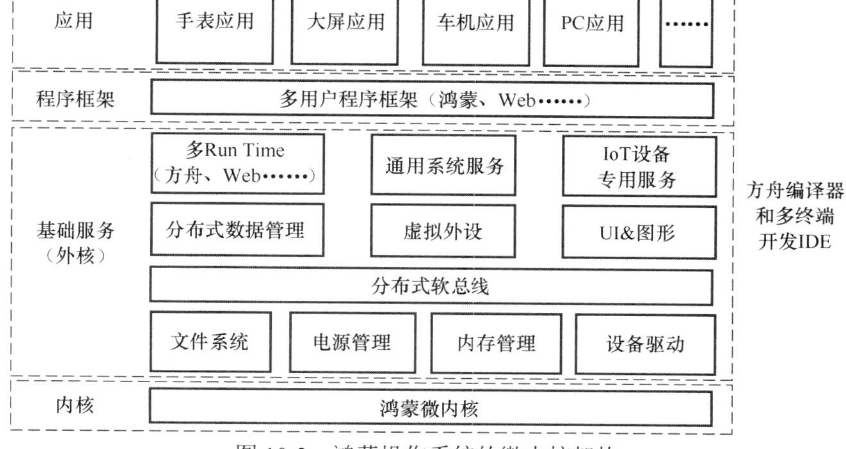


图 10-3 鸿蒙操作系统的微内核架构

## 10.6 区块链应用与 IoT 安全

区块链是近年来网络信息技术研究的热点，其核心是去中心化的分布式共享账本数据库技术，具有去中心化、不可篡改、全程留痕、可以追溯、集体维护和公开透明等特点。区块链的密码学机制和链式存储确保了其记录的不可篡改，引起了全球金融界、科技界、产业界和各国政府的高度关注。

区块链的去中心化、智能化和透明化等特性使得将其应用于物联网也许能有效解决目前的一些安全难题，其典型的潜在应用场景如下。

（1）**去中心化的身份认证**。目前，物联网设备的身份认证面临着较大的安全挑战。出于设备所在场景对设备外观的需求，很多物联网设备（如视频设备和声控设备）都不具备传统计算机的键盘和鼠标。因此，这类设备主要采用网络方式来访问。为了阻止对设备的非授权访问，设备多采用口令来验证用户的身份。然而，口令安全一直都是难题，用户通常为了便于记忆很容易选择弱口令，甚至不修改设备的默认口令。这给物联网设备带来了很大的安全隐患，2016 年 Mirai 病毒正是借助这种弱口令的漏洞攻陷了大量设备，并进一步通过 DDoS 攻击造成了严重的互联网安全事故。

区块链的认证大都采用了基于公钥体系的密码机制，天生就不存在弱口令这种漏洞。黑客破解公私钥而需要付出的代价远远地超过破解传统口令的代价。同时，区块链中的认证不仅仅是通信双方节点的事情，还有全系统节点的验证参与。因此，黑客无法通过攻陷通信双方节点来操控认证的历史数据。

（2）**设备集群的智能运维**。目前，物联网设备的管理仍然比较原始，即点对点的设备管理。

具体来说，运维人员首先和设备建立认证连接，然后发送指令来查询和更新设备的数据。在更复杂的场景下，运维人员可以在设备 1 中创建定时任务去管理设备 2。这种方式是十分低效的，典型的工作步骤如下。

首先，要正确配置设备 1 对运维人员的认证和授权参数。

其次，要正确配置设备 1 和设备 2 之间的认证和授权参数。

再者，针对多个设备 1，需要运维人员逐个登录并进行配置。

最后，如果运维人员变动，则需要对设备 1 的运维人员的认证和授权参数进行删除或修改。

上述问题在设备的集群管理场景下，尤其在有大量设备更替和运维人员流动的场景下，无疑会变得更加棘手。但是，区块链智能合约技术则可以解决这种场景下的设备集群智能运维难题。

- 通过智能合约来发布设备间的认证和授权参数。
- 通过智能合约来发布运维人员和设备间的认证和授权参数。
- 通过智能合约来发布运维人员之间的流动信息。
- 通过智能合约来发布设备的管理命令。

由于智能合约是能够自动化执行的，因此不用再逐个设备进行管理。并且智能合约的执行得到了区块链的可信保证，因此对设备的管理也将是可信的。此外，区块链技术存在 51%的节点被攻击的风险，然而物联网的节点数量比互联网节点的数量多得多，将区块链应用在物联网中将很难产生这种风险。

但是，将现有的区块链应用于物联网也面临着现实挑战。首先，现有区块链的节点有记账功能，该功能会不断消耗存储资源和计算资源，而物联网节点的硬件资源通常是十分有限的。其次，现有区块链的通信吞吐量比较小，存在较大的延迟，并且随着节点规模的扩大会进一步放大延迟，但是物联网的节点规模相比互联网大得多，使用现有的区块链对通信延迟的影响是难以接受的。最后，现有区块链依赖的密码学算法难以抵御量子计算机的攻击，一旦被量子计算机攻击，则整个区块链的底层算法依赖将会崩塌瓦解。

总的来说，区块链对物联网有很大的潜在价值，但最终能否适用于物联网大规模节点和有限硬件资源还需要进一步的探索。

## 10.7　本章小结

物联网安全是未来社会健康发展的基石，但尚处于非常薄弱的阶段。本章作为本书的最后一章，从零信任描述开始，聚焦 5G、人工智能、边缘计算、国产自主、区块链等物联网发展的热点融合领域，介绍相关新趋势、新应用可能为物联网安全带来的新影响，希望能为读者在学习和从事物联网及其安全方向的研发应用工作提供有意义的参考。